"十二五"职业教育国家规划教材

经全国职业教育教材审定委员会审定

机织试验与设备实训

（第2版）

佟 昀 主编

瞿建新 蔡永东 副主编

中国纺织出版社

内 容 提 要

本书分为两部分，第一部分为机织试验，系统介绍了织造各工序在工艺、设备、操作、质量控制、管理等方面的试验。第二部分为机织实训，重点介绍了较为典型国产和引进设备的结构、关键部件、工艺流程、安装与调试、机上工艺参数调试、故障检修、操作要点等，并介绍了织物整理操作要点（如验布、折布定等、织疵分析等）。

本书供纺织高职高专院校在实验、实训、实习教学中使用，也可供纺织企业的试验、工艺设计、生产管理、设备维护等工程技术人员和管理人员参考。

图书在版编目(CIP)数据

机织试验与设备实训/佟昀主编. —2 版. —北京：中国纺织出版社, 2015.1

"十二五"职业教育国家规划教材

ISBN 978 - 7 - 5180 - 1179 - 7

Ⅰ.①机… Ⅱ.①佟… Ⅲ.①机织—实验—高等职业教育—教材 ②织造机械—高等职业教育—教材 Ⅳ.①TS105 ②TS103.3

中国版本图书馆 CIP 数据核字(2014)第 250929 号

策划编辑：孔会云　责任编辑：王军锋　责任校对：王花妮
责任设计：何　建　责任印制：何　建

中国纺织出版社出版发行
地址：北京市朝阳区百子湾东里 A407 号楼　邮政编码：100124
销售电话：010—67004422　传真：010—87155801
http://www.c-textilep.com
E-mail:faxing @ c-textilep.com
中国纺织出版社天猫旗舰店
官方微博 http://weibo.com/2119887771
北京通天印刷有限责任公司印刷　各地新华书店经销
2008 年 11 月第 1 版　2015 年 1 月第 2 版第 2 次印刷
开本：787×1092　1/16　印张：15
字数：263 千字　定价：38.00 元（附光盘 1 张）

凡购本书，如有缺页、倒页、脱页，由本社图书营销中心调换

出版者的话

百年大计,教育为本。教育是民族振兴、社会进步的基石,是提高国民素质、促进人的全面发展的根本途径,寄托着亿万家庭对美好生活的期盼。强国必先强教。优先发展教育、提高教育现代化水平,对实现全面建设小康社会奋斗目标、建设富强民主文明和谐的社会主义现代化国家具有决定性意义。教材建设作为教学的重要组成部分,如何适应新形势下我国教学改革要求,与时俱进,编写出高质量的教材,在人才培养中发挥作用,成为院校和出版人共同努力的目标。2012年12月,教育部颁发了教职成司函[2012]237号文件《关于开展"十二五"职业教育国家规划教材选题立项工作的通知》(以下简称《通知》),明确指出我国"十二五"职业教育教材立项要体现锤炼精品,突出重点,强化衔接,产教结合,体现标准和创新形式的原则。《通知》指出全国职业教育教材审定委员会负责教材审定,审定通过并经教育部审核批准的立项教材,作为"十二五"职业教育国家规划教材发布。

2014年6月,根据《教育部关于"十二五"职业教育教材建设的若干意见》(教职成[2012]9号)和《关于开展"十二五"职业教育国家规划教材选题立项工作的通知》(教职成司函[2012]237号)要求,经出版单位申报,专家会议评审立项,组织编写(修订)和专家会议审定,全国共有4742种教材拟入选第一批"十二五"职业教育国家规划教材书目,我社共有47种教材被纳入"十二五"职业教育国家规划。为在"十二五"期间切实做好教材出版工作,我社主动进行了教材创新型模式的深入策划,力求使教材出版与教学改革和课程建设发展相适应,充分体现教材的适用性、科学性、系统性和新颖性,使教材内容具有以下几个特点:

(1)坚持一个目标——服务人才培养。"十二五"职业教育教材建设,要坚持育人为本,充分发挥教材在提高人才培养质量中的基础性作用,充分体现我国改革开放30多年来经济、政治、文化、社会、科技等方面取得的成就,适应不同类型高等学校需要和不同教学对象需要,编写推介一大批符合教育规律和人才成长规律的具有科学性、先进性、适用性的优秀教材,进一步完善具有中国特色的职业教育教材体系。

(2)围绕一个核心——提高教材质量。根据教育规律和课程设置特点,从提高学生分析问题、解决问题的能力入手,教材附有课程设置指导,并于章首介绍本章知识点、重点、难点及专业技能,增加相关学科的最新研究理论、研究热点或历史背景,章后附形式多样的习题等,提高教材的可读性,增加学生学习兴趣和自学能力,提升学生科技素养和人文素养。

(3) 突出一个环节——内容实践环节。教材出版突出应用性学科的特点,注重理论与生产实践的结合,有针对性地设置教材内容,增加实践、实验内容。

(4) 实现一个立体——多元化教材建设。鼓励编写、出版适应不同类型高等学校教学需要的不同风格和特色教材;积极推进高等学校与行业合作编写实践教材;鼓励编写、出版不同载体和不同形式的教材,包括纸质教材和数字化教材,授课型教材和辅助型教材;鼓励开发中外文双语教材、汉语与少数民族语言双语教材;探索与国外或境外合作编写或改编优秀教材。

教材出版是教育发展中的重要组成部分,为出版高质量的教材,出版社严格甄选作者,组织专家评审,并对出版全过程进行过程跟踪,及时了解教材编写进度、编写质量,力求做到作者权威,编辑专业,审读严格,精品出版。我们愿与院校一起,共同探讨、完善教材出版,不断推出精品教材,以适应我国职业教育的发展要求。

中国纺织出版社
教材出版中心

第 2 版前言

随着科技进步及我国加入 WTO，我国的纺织工业发展由规模数量型转变为以产业升级和设备的更新换代为特征的新模式，新设备、新工艺、新原料、新产品不断涌现，因而带来了新的课题：一是总结、梳理与之相关的原料、半成品、成品的质量检验及生产过程的工艺控制以及新设备的认识、安装、机上调试与动态检修的知识，二是以培养应用型人才为特色的高职高专院校的试验、实训、实习等实践教学的内容和人才培养模式的改革如何适应不断变化的科技进步的需求，鉴于此，我们在总结企业生产、工艺试验、操作、管理设备的安装、调试、检修和相关研究成果及以往教学内容的基础上，结合纺织科技的最新进展，我们编写了本书。

本书旨在配合"现代织造技术"课程中的实践教学内容和"机织技术基础实训"、"机织设备考工实训"、"机织设备维护实训"等实训课程教学以及参观、认识性实习和预就业期间的岗位综合实践和毕业设计等教学环节需要，即通过试验、实训、生产实习和岗位综合实践提高学生分析和解决实际问题的能力和动手能力，以尽快适应现实生产的实际工作需要。此外，为生产企业的工程技术人员在工艺试验与分析、管理与质量控制、设备安装、调试与检修等方面提供参考。本书力求三个面向：面向现代织造技术、面向生产一线、面向高等院校的实践教学和企业技术培训。本书以棉型织物的试验与设备为主线，适当涉及毛织和其他生产工艺，力求淡化学术理论推导，淡化陈旧的设备讨论，摒弃了过时的、不常用的试验项目，贴近企业的实际应用和核心问题。力争做到简明扼要、图文并茂，并附以试验分析指导和视频教学，提高可操作性和手册性，搭建理论与实际应用间的桥梁。

修订版在总结以往教学经验和近几年的纺织行业的发展趋势以及企业的试验需求和装备现状的基础上，在内容上做了相应调整，并新增加了织物上浆料检测试验、机织面料鉴别和分析试验以及喷气织机的操作实训、工艺参数调试实训和常见织疵分析和相关设备调试实训。

本书中第一章至第三章、第四章的试验一至试验十二、第五章、第八章和第十二章的第二节由佟昀编写，第四章的试验十三和第十一章的实训三由蔡永东编写，第六章、第七章的实训一至实训四及第十二章第一节由周祥编写，第七章实训五、实训六由徐蕴燕编写，第九章由马顺斌编写，第十章由瞿建新编写，第十一章的实训一、二、四、五、三十四由瞿建新、马顺斌共同编写。全书由佟昀、蔡永东统稿。宋波、姜生也参加了本书的大纲制订及编写工作。

本书所附的光盘内容由周祥、佟昀、马顺斌、瞿建新编写、拍摄和制作完成。

河北保定依棉集团尹贺平高级工程师、西安工程大学戴鸿教授、常州纺织服装职业技术学院朱红教授、陕西工业职业技术学院冯秋玲副教授对本书编写和修订提出了宝贵的意见,在此一并致谢。

限于编者水平有限,本书的缺点、错误在所难免,热诚欢迎读者批评指正。

编者

2014 年 10 月

第 1 版前言

随着科技进步及我国加入 WTO，我国的纺织工业发展由规模数量型转变为以产业升级和设备的更新换代为特征的新模式，新设备、新工艺、新原料、新产品不断涌现，因而带来了新的课题：一是总结、梳理与之相关的原料、半成品、成品的质量检验及生产过程的工艺控制以及新设备的认识、安装、上机调试与动态检修的知识；二是以培养应用型人才为特色的高职高专院校的试验、实训、实习等实践教学的内容和人才培养模式的改革如何适应不断变化的科技进步的需求。鉴于此，我们在总结企业生产、工艺试验、操作、管理，设备的安装、调试、检修和相关研究成果及以往教学内容的基础上，结合纺织科技的最新进展，编写了本书。

本书旨在是配合"现代织造技术"课程中的实践教学内容和"机织技术基础实训"、"机织设备考工实训"、"机织设备维护实训"等实训课程教学以及参观、认识性实习和预就业期间的岗位综合实践和毕业设计等教学环节需要，即通过试验、实训、生产实习和岗位综合实践提高学生分析和解决实际问题的能力和动手能力，以尽快适应实际工作需要。此外，为生产企业的工程技术人员在工艺试验与分析，管理与质量控制，设备安装、调试与检修等方面提供参考。本书力求三个面向：面向现代织造技术、面向生产一线、面向高等院校的实践教学和企业技术培训。本书以棉型织物的试验与设备为主线，适当涉及毛织和其他织物的生产工艺，力求淡化学术理论推导，淡化陈旧的设备讨论，摒弃了过时的、不常用试验项目，贴近企业的实际应用和核心问题。力争做到简明扼要、图文并茂，并附以试验分析指导，提高可操作性和便查性，搭建理论与实际应用间的桥梁。

本书中第一章~第三章、第四章的试验三十~试验三十九、第五章、第九章和第十二章的实训三十三由佟昀编写，第四章的试验四十和第十一章的实训二十九由蔡永东编写，第六章、第八章的实训一至实训四及第十二章的实训三十二由周祥编写，第七章由瞿建新编写，第八章实训五、实训六由徐蕴燕编写，第十章由马顺斌编写，第十一章的实训二十七、二十八、三十、三十一由瞿建新、马顺斌共同编写。全书由佟昀、蔡永东统稿。宋波、姜生也参加了本书的大纲制订及编写工作。

本书所附的光盘内容由周祥、佟昀、马顺斌、瞿建新编写、拍摄和制作。

河北保定依棉集团尹贺平高级工程师、西安工程大学戴鸿教授对本书编写提出了宝贵的意见，在此一并致谢。

限于编者水平有限，本书的缺点、错误在所难免，热诚欢迎读者批评指正。

编者

2008 年 6 月

课程设置指导

本课程设置意义 强化试验与实训教学,是高职教育特色所在。作为纺织行业的生产、管理、经营一线的高技能人才,应该掌握机织生产中的有关试验项目的内容、原理与方法,以及常规上机工艺调试方法与操作技能,为此将有关机织试验与实训内容单立出来或单独开课很有必要,这样可以为强化纺织高职学生的职业技能培训提供有利条件。

本课程教学建议 "机织试验与实训"课程作为现代纺织技术专业中的"现代织造技术"课程的配套实验教学,可选取其中的机织试验部分进行教学,建议教学时数为24课时;作为"机织技术基础实训"课程的配套教材,可选取其中的机织设备认识及上机操作部分进行实训教学,建议教学时数为1周;作为"机织设备维实训"课程的配套教材,可选取其中的机织设备维护及上机调试部分进行实训教学,建议教学时数为3周。

当然,各院校教师可根据教学内容、教学时数、教学条件(教学场所、试验条件)作有选择的试验。同时也可作为学生课外试验和岗位综合实践和毕业设计中的试验、设备实训、生产管理、质量控制(如检测和跟单工作)的指导用书。

本课程教学目的 通过本课程的学习,学生应掌握有关机织生产中的主要试验项目的内容、原理与方法,了解各主要机织设备的结构组成与工作原理,熟悉常用机织设备的维护与操作,掌握机织生产各工序质量控制途径等,为以后从事相关工作打下良好的基础。

目　录

第一章　络筒工序试验 ··· 1
- 试验一　筒子卷绕密度试验 ·· 1
- 试验二　络筒百管断头试验 ·· 4
- 试验三　络筒十万米纱疵分析试验 ··· 5
- 试验四　络纱张力试验 ··· 7
- 试验五　毛羽增长率试验 ·· 9
- 试验六　好筒率试验 ··· 11
- 试验七　电子清纱器正切率、清除效率试验 ··························· 13
- 试验八　络筒工序质量控制主要指标试验 ······························· 15
- 思考题 ··· 15

第二章　整经工序试验 ··· 17
- 试验九　整经万米百根断头率试验 ·· 17
- 试验十　经轴卷绕密度的试验 ·· 18
- 试验十一　经纱排列均匀度试验 ··· 19
- 试验十二　经轴经纱回潮率试验 ··· 20
- 试验十三　刹车制动试验 ·· 21
- 试验十四　经轴好轴率试验 ··· 22
- 思考题 ··· 23

第三章　浆纱工序上浆效果试验 ··· 24
- 试验十五　浆纱回潮率试验 ··· 24
- 试验十六　上浆率试验 ··· 26
- 试验十七　毛羽损失率试验 ··· 29
- 试验十八　浆纱伸长率试验 ··· 30
- 试验十九　模拟调浆试验 ·· 34
- 试验二十　浆纱毛羽贴伏率试验 ··· 35
- 试验二十一　浆纱切片试验 ··· 37
- 试验二十二　浆纱增强率、减伸率试验 ·································· 42
- 试验二十三　浆纱增磨率试验 ·· 45
- 试验二十四　浆纱落物率试验 ·· 47

试验二十五　浆纱浆轴卷绕密度试验 …………………………… 48
　　试验二十六　浆纱的墨印长度试验 ………………………………… 49
　　试验二十七　浆纱上浆率与回潮率横向均匀性试验 …………… 50
　　试验二十八　浆纱好轴率试验 ……………………………………… 52
　　试验二十九　试验室模拟上浆与浆纱性能综合试验 …………… 53
　　附录　主要浆纱质量控制指标测试 ………………………………… 56
　　思考题 …………………………………………………………………… 56

第四章　浆纱工序浆液试验 ……………………………………………… 58
　　试验三十　浆液的含固率试验 ……………………………………… 58
　　试验三十一　浆液分解度试验 ……………………………………… 63
　　试验三十二　浆液相对黏度的测定试验——恩氏黏度计 ……… 64
　　试验三十三　浆液绝对黏度的测定试验——旋转式黏度计 …… 66
　　试验三十四　快速测定浆液黏度试验——漏斗式黏度计 ……… 68
　　试验三十五　浆液的 pH 试验 ……………………………………… 69
　　试验三十六　浆液的温度试验 ……………………………………… 71
　　试验三十七　浆液的黏附性试验 …………………………………… 71
　　试验三十八　浆液的浸透性试验 …………………………………… 73
　　试验三十九　浆膜性能试验 ………………………………………… 75
　　试验四十　毛用浆料的上浆性能专题测试试验 ………………… 77
　　思考题 …………………………………………………………………… 80

第五章　浆料和助剂的质量检验与控制试验 ………………………… 81
　　试验四十一　淀粉及变性淀粉的质量检测与控制试验 ………… 81
　　试验四十二　聚乙烯醇(PVA)浆料的质量检测与控制试验 …… 85
　　试验四十三　聚丙烯酸类浆料的质量检测与控制试验 ………… 87
　　试验四十四　羧甲基纤维素钠(CMC)的检测试验 ……………… 88
　　试验四十五　氢氧化钠的检测试验 ………………………………… 89
　　试验四十六　浆纱油脂的检测试验 ………………………………… 90
　　试验四十七　2-萘酚的检测试验 …………………………………… 91
　　试验四十八　硅酸钠(水玻璃)的检测试验 ………………………… 92
　　试验四十九　甘油的检测试验 ……………………………………… 93
　　试验五十　常用纺织浆料的快速定性鉴别试验 ………………… 94
　　思考题 …………………………………………………………………… 98

第六章　上机工艺参数调试试验 ………………………………………… 99
　　试验五十一　开口时间调试试验 …………………………………… 99

试验五十二　引纬工艺调试试验 …………………………………… 103
　　试验五十三　机上纬密调试试验 …………………………………… 105
　　试验五十四　上机工艺试织试验 …………………………………… 106
　　试验五十五　纹纸冲孔试验 ………………………………………… 109
　　试验五十六　喷气织机主喷与辅助喷嘴的压力与释放时间
　　　　　　　　调试试验 …………………………………………… 111
　　试验五十七　毛巾织机通信信号传递试验 ………………………… 112
　　试验五十八　整浆联合机穿定幅筘试验 …………………………… 113
　　试验五十九　GA747型剑杆引纬工艺调试试验要点 ……………… 114
　　试验六十　　GA747型剑杆织机上机调试试验要点 ……………… 115
　　思考题 ………………………………………………………………… 116

第七章　织造工序试验 ……………………………………………………… 117
　　试验六十一　织轴好轴率的检测试验 ……………………………… 117
　　试验六十二　织机开口清晰度的检测试验 ………………………… 118
　　试验六十三　织机断头率的检测试验 ……………………………… 118
　　试验六十四　经纱织缩率的检测试验 ……………………………… 120
　　试验六十五　纬纱织缩率的检测试验 ……………………………… 122
　　试验六十六　毛巾织物毛倍率的检测试验 ………………………… 123
　　试验六十七　棉型织物物理指标的检测试验 ……………………… 124
　　试验六十八　1m² 无浆干重的检测试验 …………………………… 127
　　试验六十九　棉型织物棉结杂质疵点格率的检测试验 …………… 128
　　试验七十　　小样织造试验 ………………………………………… 130
　　试验七十一　机织面料分析和鉴别试验 …………………………… 131
　　思考题 ………………………………………………………………… 136

第八章　整理工序实训 ……………………………………………………… 137
　　实训一　整理工序的基本内容认识实训 …………………………… 137
　　实训二　整理工序的工艺流程认识实训 …………………………… 137
　　实训三　验布工序实训 ……………………………………………… 138
　　实训四　折布、量布工序实训 ……………………………………… 141
　　实训五　分等工序实训 ……………………………………………… 142
　　实训六　织疵分析实训 ……………………………………………… 144
　　思考题 ………………………………………………………………… 149

第九章　织造车间设备认识实训 …………………………………………… 150
　　实训七　现代络筒机设备与工艺流程认识实训 …………………… 150

实训八　现代整经机设备与工艺流程认识实训 …………………… 152
　　实训九　浆纱机设备与工艺流程认识实训 ………………………… 153
　　实训十　整浆联合机设备与工艺流程认识实训 …………………… 154
　　实训十一　穿经、结经认识实训 …………………………………… 155
　　实训十二　GA747型挠性剑杆织机认识实训 ……………………… 156
　　实训十三　新型挠性剑杆织机认识实训 …………………………… 158
　　实训十四　喷气织机认识实训 ……………………………………… 160
　　实训十五　剑杆提花（毛巾）织机认识实训 ……………………… 162
　　实训十六　片梭织机认识实训 ……………………………………… 164
　　实训十七　喷水织机认识实训 ……………………………………… 165
　　实训十八　现代织造设备关键机构与辅助设备认识实训 ………… 166
　　思考题 …………………………………………………………………… 170

第十章　织机安装与调试实训 ………………………………………… 171
　　实训十九　GA747型剑杆织机多臂开口部分 …………………… 171
　　实训二十　GA747型剑杆织机传剑部分 ………………………… 176
　　实训二十一　GA747型剑杆织机卷取部分 ……………………… 178
　　实训二十二　GA747型剑杆织机传动部分 ……………………… 179
　　实训二十三　GA747型剑杆织机剪切部分 ……………………… 180
　　实训二十四　GA747型剑杆织机选纬部分 ……………………… 181
　　实训二十五　天马剑杆织机前调试实训 ………………………… 182
　　实训二十六　天马剑杆织机后调试实训 ………………………… 183
　　实训二十七　喷气织机人机界面操作实训 ……………………… 183
　　实训二十八　喷气织机上机工艺参数设定 ……………………… 191
　　思考题 ………………………………………………………………… 195

第十一章　织机检修与操作实训 ……………………………………… 196
　　实训二十九　GA747型剑杆织机检修实训 ……………………… 196
　　实训三十　GA747型剑杆织机经纬纱断头处理实训 …………… 202
　　实训三十一　天马剑杆织机挡车操作实训 ……………………… 203
　　实训三十二　舒美特SM93型与斯密特TP400型、TP500型剑杆
　　　　　　　　织机重点检修实训 ………………………………… 204
　　实训三十三　津田驹ZA型与毕加诺PAT型喷气织机重点检修
　　　　　　　　实训 …………………………………………………… 206
　　实训三十四　JAT610型、GA708型、GA718型、SPR700型
　　　　　　　　等喷气织机织疵及相关调试 ……………………… 209
　　思考题 ………………………………………………………………… 214

第十二章 通用试验仪器的操作与化学试剂的配制实训 …………… 215
    实训三十五 通用实验仪器的操作实训 ……………………………… 215
    实训三十六 化学试剂的配制实训 …………………………………… 220
    思考题 …………………………………………………………………… 221

参考文献 ……………………………………………………………………… 222
附录 纺织试验结果的数据处理 …………………………………………… 223

第一章 络筒工序试验

> **本章知识点**
>
> 1. 重点掌握筒子卷绕密度、络纱张力等测试方法与步骤。
> 2. 掌握络筒百管断头、十万米纱疵、毛羽增长率、好筒率等主要络筒质量指标试验方法与步骤。
> 3. 了解电子清纱器正切率,清除效率试验原理与方法。
> 4. 了解络筒工序质量控制主要指标与及其影响因素。

试验一 筒子卷绕密度试验

一、试验目的与意义

(1)测试圆锥形筒子和圆柱形筒子的卷绕密度。
(2)筒子的卷绕密度直接影响到筒子的卷装容量。
(3)筒子的卷绕密度间接反映络纱张力的高低。
(4)对于染色用的筒子,卷绕密度影响染液的渗透,从而影响上染的均匀性。

二、试验周期与取样

各品种每季度至少测一次,翻改品种时必须试验,取样时随机取筒子的数量不少于5只。

三、试验仪器与用具

钢板尺、天平(量程必须大于筒子的最大重量)。

四、试验方法与计算

1. 圆锥形筒子的测试

(1)测量。用钢板尺测试如图1-1所示的各项数据,并用天平称出筒子的重量。
(2)计算。根据下述公式计算筒子的卷绕体积和卷绕密度。

$$V = \frac{\pi}{12}(D^2 + D_1^2 + DD_1)H + \frac{\pi}{12}(d^2 + D^2 + dD)h - \frac{\pi}{12}(d^2 + d_1^2 + dd_1)(H + h)$$

$$\gamma = \frac{G}{V}$$

式中:V——圆锥形筒子的绕纱体积,cm^3;

D——筒子大端直径,cm;

D_1——筒子小端直径,cm;

d——圆锥形筒子筒管大端直径,cm;

d_1——圆锥形筒子筒管小端直径,cm;

H——筒子绕纱高度,cm;

h——筒纱绕纱锥体底部的高度,cm;

G——筒子净重,g;

γ——卷绕密度,g/cm³。

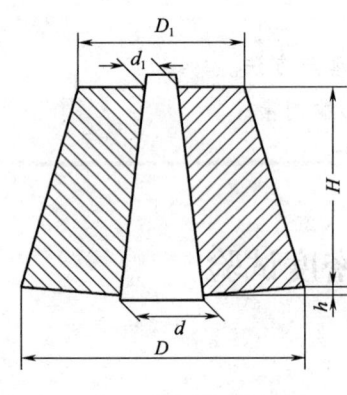

图1-1　圆锥形筒子

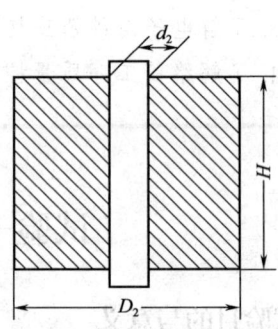

图1-2　圆柱形筒子

2. 圆柱形筒子的测试

(1)测量。用钢板尺测试如图1-2所示的各项数据,并用天平称出筒子的重量。

(2)计算。根据下述公式计算筒子的卷绕体积和卷绕密度。

$$V = \frac{\pi}{4}(D_2^2 - d_2^2)H$$

$$\gamma = \frac{G}{V}$$

式中:D_2——筒子直径,cm;

　　　d_2——圆柱形筒子筒管直径,cm;

　　　H——筒子高度,cm。

五、纯棉纱圆锥筒子卷绕密度的经验控制标准(表1-1)

表1-1　筒子卷绕密度

纱线线密度(tex)	卷绕密度(g/cm³)	纱线线密度(tex)	卷绕密度(g/cm³)
31~42	0.35~0.4	13~19	0.45~0.5
20~30	0.4~0.45	13以下	0.5~0.55

注　1. 股线较单纱卷绕密度高10%~20%。

　　2. 涤棉等混纺纱较纯棉纱卷绕密度高约10%。

六、影响筒子卷绕密度的主要因素

(1)络纱线张力高,则卷绕密度大。

(2)络纱线速度高,则卷绕密度大。

(3)纱线线密度小,则卷绕密度大。

(4)纤维材料:纤维弹性好、表面光滑,则卷绕密度大。

①涤棉混纺纱的弹性较高,卷绕密度较纯棉纱高10%~15%。

②粘胶纱较纯棉纱的筒子卷绕密度高约10%。

(5)筒子的卷绕角 α:

$$\gamma = \frac{C}{\sin\alpha}$$

式中:γ——卷绕密度,g/cm³;

α——卷绕角的角度数;

C——系数。

由上式可知,在其他条件一定时,随卷绕角的增加,卷绕密度逐渐降低。α=0°,即平行卷绕时,卷绕密度最大;α=90°,即垂直交叉卷绕时,卷绕密度最小。

棉纺织生产中,由于整经筒子的卷绕角为30°,染色用的松式筒子卷绕角为55°左右,故后者的卷绕密度较前者小。

(6)筒子重量。随着卷绕直径的增加,筒子自重增加,络纱张力逐渐增加,易形成外紧内松的"菊花芯"结构,现代络筒机采用了气压式筒子重量平衡装置(图1-3)。

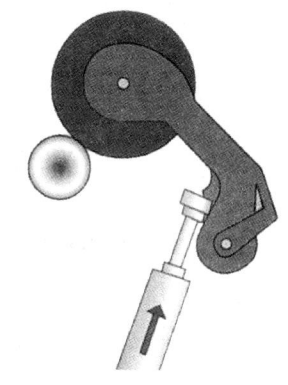

图1-3 筒子重量平衡装置

七、快速测定卷绕密度的方法

(一)仪器与原理

1. 试验仪器 邵氏硬度计(图1-4)。

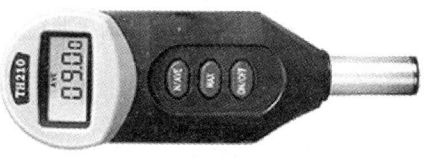

图1-4 邵氏硬度计

2. 测试原理 筒子的卷绕密度越大,即纱线卷绕越紧密,则其硬度越高,通过测定其邵氏硬度(HS_A),可间接测定筒子的卷绕密度(g/cm³)。

3. 仪器基本原理 将具有一定形状的钢制压针,在试验力作用下垂直压入试样表面,当压足表面与试样表面完全贴合时,压针尖端相对压足平面有一定的伸出长度,其值的大小来表征邵氏硬度的大小,伸出长度值越大,表示邵氏硬度越低,反之硬度越高。邵氏硬度大小与压针位移量有关,通过测量压针的位移量,即可计算出邵氏硬度值。

本硬度计用传感器测量出压针位移量,再通过 CPU 计算处理,得出邵氏硬度,并直接显示出邵氏硬度值。

(二)试验方法

(1)将邵氏硬度计的探测头端抵住筒子的表面并充分密接,直接读取读数,再根据预先建立的筒子实测卷绕密度(g/cm^3)与邵氏硬度值(HS_A)的分挡对应关系表查出对应的卷绕密度。

(2)在不同的位置测定五处,取平均值。

(三)注意事项

(1)该试验方法具有快速简便的特点,但准确性稍差,一般用于生产现场估测。

(2)该试验仪器对试验人员操作熟练程度要求较高。

(3)邵氏硬度计一般用于橡胶辊(如浆纱机压浆辊)的硬度检测,也可用于筒子、整经轴、织轴、布轴卷绕密度的测定。

试验二 络筒百管断头试验

一、试验目的与意义

测试纺织厂原纱质量,并及时分析络筒时由于原料、工艺、操作、机械等方面而引起断头的原因,以便采取措施降低断头,为提高络筒效率创造条件。

二、试验周期

各品种每周至少测一次。

三、试验方法

(1)在络筒机上测定 100 个纱管自满管络到空管的总断头数,分析、记录断头类型及原因,如双纱、弱捻、粗节、细节、异性纤维等。

(2)对有突出问题的纱应留出样品,反馈给有关部门进行详细分析,测试结果记录在表 1-2 中。

表 1-2 百管断头率原因分析表

细纱								因成形不良吊断头	清洁器不良	其他	百管断头次数
双纱	接头不良	飞花	杂质	弱捻纱	粗细节	小辫子	脱圈				

(3)试验前后分别记录靠近试验区的温度和相对湿度。

四、试验结果计算

$$A_d = \frac{D_n}{D_s} \times 100\%$$

式中：A_d——络筒百管断头率(次/百管)；

D_n——断头次数，次；

D_s——测定管纱只数，只。

所得结果中需保留一位小数。

五、测试结果分析

测试时，应将断头原因及时记录在表1-2中，以便分析。

(1) 百管断头的主要原因是细纱质量不好，其次是络筒机械、工艺和操作不良。

(2) 若个别管纱断头高时，先检查张力盘的轴心、张力盘底部或张力杆是否起槽，导纱通道是否光滑。

(3) 若某种纱较长时间断头率高，根据断头原因分析，在"其他断头"一项所占比例较多时，则可检查络筒工艺是否合理，如张力盘加压，清纱工艺参数是否符合工艺规定。

试验三 络筒十万米纱疵分析试验

一、试验目的与意义

分析原纱质量，反馈质量信息，为改进工艺提供依据。

二、试验仪器

YG072型(图1-5)或CLASSMAT-3型纱疵分级仪。纱疵分级仪主要组成：主机(纱疵仪)、校验仪、检测头、数据转换器、脉冲传感器、脉冲传感器连线(双芯线)、校验仪与数据转换器连线。

图1-5 YG072型纱疵分级仪

三、试验方法

(1) 仪器调试：主要包括检测头的检查及调整和数据转换器的检查。

(2) 设定纱速：600m/min。

(3) 纱疵分级仪应预先设定针对短粗节、长粗节、长细节等纱疵的清纱通道参数：灵敏度(即纱疵截面变化率，%)、纱疵长度(cm)。不同的质量要求的纱线清纱特性曲线以纱线质量要求而异。

(4) 将未经电子清纱器的筒子，在纺纱试验室的纱疵分级仪上进行倒筒试验，填入表1-3。

(5) 一般 $A_3 + B_3$ 是原料温湿度的因素，C_3 为设备清洁因素，D_2 为操作因素。经过定量定性分析，以利于在生产中进行合理控制。

应当指出,转杯纺的粗节纱不同于环锭纺,即环锭纺每一粗节之后必有细节,转杯纺则不一定有细节产生。

表1-3 十万米纱疵分析表　　　　　品种:

线密度(tex)	清纱通道		结论
	纱疵截面增量(%)	纱疵长度(cm)	
短粗节(个/100km)			
长粗节(个/100km)			
长细节(个/100km)			

注 1. 该纱疵分级仪亦可检验电子清纱器的工艺性能如正切率、漏切率、清纱效率、清纱品质因素等。
　　2. 对于带电脑监控、统计功能的自动络筒机,可直接进行机上试验。

四、纱疵产生原因分析

纱疵的产生涉及原料选配、工艺设计、机械设备、车间温湿度、操作水平、运转管理等各个方面的工作。

1. 短粗节　突发性短粗节主要产生在梳棉、并条和粗纱工序,精梳混纺纱中含有化纤成分时尤其严重;其次,精梳棉条的棉结和粗纱的通道是否光滑也是影响因素。灰花短绒竹节的主要产生环节是在粗纱牵伸部位的绒板、绒带花造成。突发性短粗节长度一般在3cm左右,其产生原因主要有以下几个方面。

(1)棉网质量和生条棉结粒数对成纱粗节和棉结起决定作用,梳棉工序是纺纱流程的"心脏",梳棉机一定要做到"四快一准"。梳棉的分梳是否充分,是否有束纤维存在,盖板斩刀花是否正常、连续,将直接影响成纱粗节和棉结的多少。

(2)因并条工序承担降低质量不匀率、改善条干和内部结构、减少纤维弯钩、提高纤维的伸直平行度的作用。而现代高速并条机往往会出现在牵伸区将纤维伸直平行,又在集束和圈条部分形成弯钩或挂花甚至搓揉,破坏条子的结构和伸直状态,这是产生突发性短粗节的最主要的原因之一。这类粗节一般会被误认为是细纱或其他工序产生的,往往延误整治时机。

(3)人为磨破条子和条筒不光滑也是破坏条子结构、产生弯钩、形成粗节的重要原因。

(4)其他如飞花、牵伸部件故障、清洁工作不善等造成的竹节可以采取正常管理措施将其减少,一般不会因此产生突发性的粗节。

2. 长粗节
(1)如果长粗纱疵分散不集中,其产生应该在并条和粗纱工序,产生原因可能是并粗工序牵伸不开或对纤维控制不力造成纤维集束移动所形成,同时由于挡车工的操作不规范,如"追搭头"也会产生长粗节。

(2)如果长粗节集中反复出现在某些管纱中,则应考虑细纱和粗纱的可能性大一些,如粗纱罗拉对棉条或细纱罗拉对粗纱握持不够、粗纱出"硬头"、粗纱飘入邻锭、细纱机上各种原因造成的双根粗纱喂入等都会产生长粗节。

3. 细节　造成细节的原因,以粗纱工艺的因素为最多。如粗纱的纺纱张力过大,防细节装置失灵,锭翼动平衡破坏,粗纱捻系数太低。细纱机的粗纱吊锭回转不灵活也会在粗纱捻系数不高时产生细节,但首先应检查粗纱机的纺纱张力和防细节装置是否完好。

短粗节和细节是成纱中经常出现的突发性有害纱疵,长粗节出现频率较少。

试验四　络纱张力试验

一、试验目的与意义

(1)测试络筒张力,因络筒张力影响纱线的内在机械性能(如弹力、强力等)。

(2)络筒张力高低直接影响筒子的卷绕密度(即卷装的松紧程度)。

(3)络筒张力直接影响络筒工序的经纱断头率。

二、试验内容

(1)测定不同张力垫圈压力时,纱线张力的变化。

(2)测定不同导纱距离时,纱线张力的变化。

(3)测定不同纱线线密度时,纱线张力的变化。

(4)测定不同络纱线速度时,纱线张力的变化。

(5)测定不同络纱层级位置(管顶部、管中部、管底部)时,纱线张力的变化。

三、试验仪器与用具

三罗拉单纱张力仪、转速表、卷尺、钢尺、扳手、螺丝刀等。三罗拉单纱张力仪的工作原理是将被测的纱线从两个固定的和一个活动的带有滚动轴承的导轮上绕过。当纱线张力变化时,活动导轮摆动,并通过杠杆的作用产生相应的张力值,所测得的张力值因纱线本身张力波动大,且有惯性和机械振动的影响,仅能作定性分析之用。该仪器也可用来测试整经、浆纱、织造工序的纱线运行张力。

四、试验方法

(1)张力仪放于张力装置与槽筒导纱点之间,测量时必须将纱线按进程直线放好(即使纱线自张力装置至槽筒中间沟槽成直线),再将纱线以波浪形放入三罗拉之间(图1-6)测定并读取读数。

(2)按试验内容中的顺序,当某一条件改变时,则各测两个管纱,在离管顶4cm和管底4cm处作上相应记号,并记下退绕管顶纱(满纱)与退绕管底纱(小纱)的张力值各两次的平均值。

(3)由于络纱时,纱线张力随各项因素变化波动很大,则读数时应读其变化范围(如5~10cN),然后记下平均值。

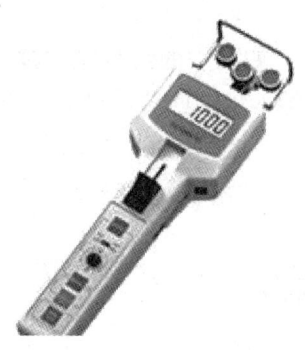  

图 1-6　三种不同样式的单纱张力测试仪

五、络筒张力的影响因素

1. 张力盘加压力（重力、弹力、电磁力、气动力）　根据累加法原理，纱线出张力盘后所受张力 T：

$$T = T_0 + 2\mu N$$

式中：T_0——纱线进入张力装置前的初始张力，N；
　　　μ——摩擦系数（下同）；
　　　N——正压力，N。

2. 纱线与导纱柱的包围角　根据倍积法（欧拉公式）原理，纱线出张力盘后所受张力 T'：

$$T' = T_0 \times e^{\mu\theta}$$

式中：θ——纱线与导纱机件的包围角的角度数。

由上式可见，包围角 θ 越大，所经过的导纱机件越多，则所受摩擦力越高，则克服摩擦力所需的络纱张力越大。

3. 络筒线速度　络筒线速度越高，则络纱张力越大。

4. 管纱卷绕密度　管纱卷绕密度越高，即纱线卷绕越紧密，则退绕张力越大，络纱张力也越大。

5. 纱线线密度的影响　实践证明，纱线线密度越高，则络纱张力越大。

6. 导纱距离　短导纱距离（小于 50mm）或长导纱距离（自动络筒机可大于 250mm）络筒张力的峰值和波动都较小。

7. 纱线与纱管表面摩擦纱段长度和包围角 θ　随着管纱退绕过程的进行，纱线对纱管的包围角逐渐增加，根据欧拉公式，则络纱张力逐渐增加。

8. 气圈将影响络筒张力的均匀性　使用气圈破裂器可使管纱退绕到管底时出现的单节气圈破裂成双节气圈，避免张力剧增。

试验五 毛羽增长率试验

一、试验目的与意义

管纱经过络筒后,由于纱线与导纱部件的摩擦和气圈的高速回转,毛羽大幅度增加,通过测试可了解管纱经过络筒工序后,对纱线外观质量的影响,并为改进络筒工艺和设备提供依据,从而进一步提高络纱质量,并有预见地制订合理的浆纱工艺;以减少织造时由于毛羽过多而造成的开口不清,从而减少"三跳、纬缩"疵点和喷气织造时由于毛羽多而产生的纬纱阻断问题。

二、试验原理

纱线的毛羽外观形态比较复杂,其基本形态有四种:端毛羽、圈毛羽、浮游毛羽和假圈毛羽。

考核毛羽的指标有毛羽指数、毛羽的伸出长度和毛羽量。毛羽指数是指单位纱线长度内,单侧面上伸出长度超过设定长度的毛羽累计数,单位为根/m。毛羽量是指纱线上一定长度内毛羽的总量。

毛羽测试基本原理是基于不同观察方法,对各种长度毛羽进行测量和统计。

三、试验周期与取样

每台络筒机每月至少测一次。每个品种随机取 10 只管纱和筒纱,满管纱去掉 100m 左右,满筒纱去掉 1000m 左右,连续测 10 次,最后求平均值。

四、试验仪器

YG172 型光电投影计数式纱线毛羽测试仪(图 1-7)。

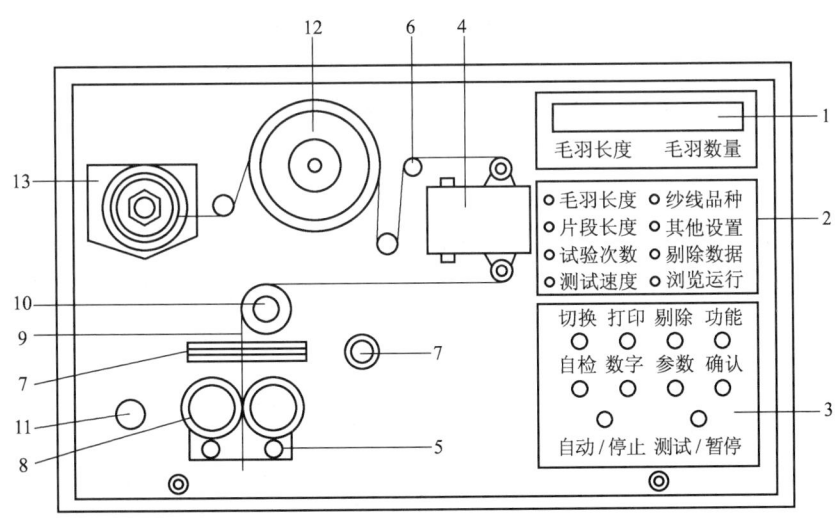

图 1-7 YG172A 型光电投影计数式纱线毛羽测试仪

1—显示单元 2—指示灯 3—键盘 4—检测头 5—预加张力 6、10—导纱轮 7—纱线调位装置
8—罗拉 9—纱线 11—胶辊脱开按键 12—磁性张力器 13—防缠绕张力器

五、试验方法

1. 校验仪器

(1) 接通电源前,主机和打印机电源开关应处在关闭状态。

(2) 连接打印机。

(3) 接通220V电源,按电源开关,指示灯亮,预热10min。

(4) 按"自检"按钮,面板显示"J",按"确认",仪器进行自检。

(5) 仪器自检正常,面板显示"J Good",打印机打印"仪器自检正常"后,面板显示"J",按"自检"按钮,仪器回到待机状态。

2. 试验参数选择　选择毛羽设定长度、测试速度、纱线片段长度、测试次数和预加张力,具体试验参数选择见表1-4。

表1-4　试验参数选择

纱线种类	毛羽设定长度(mm)	测试速度(m/min)	纱线片段长度(m)	每个卷装测试次数	预加张力(cN/tex)
棉纱及棉型混纺纱	2	30	10	10	0.5±0.1
毛纱及毛型混纺纱	3	30	10	10	0.25±0.025
中长纤维纱	2	30	10	10	0.5±0.1
绢纺纱	2	30	10	10	0.5±0.1
苎麻纱	4	30	10	10	0.5±0.1
亚麻纱	2	30	10	10	0.5±0.1

3. 操作规程

(1) 将待测管纱(或筒子纱)插在供纱架上,按照主机面板的纱路图正确引入纱线。

(2) 按下"启动/停止"按钮,罗拉带动纱线运行,用纱线张力仪校验张力,并调节到规定范围。再次校验其他显示部分,正常后仪器置零。

(3) 按"测试/暂停"按钮,进行测试,完毕后自动停止测试。

(4) 打印结果。

4. 注意事项及使用说明

(1) 装纱时先拉去管纱表层纱,使纱线表面的毛羽维持原有的状态。

(2) YG172A型光电投影计数式纱线毛羽测试仪筒纱毛羽测定时,要调节预加张力器,使纱线在检测区内无抖动。

(3) 需经常清除检测器中的灰尘杂物。

5. 毛羽增长率计算

$$毛羽增长率 = \frac{M_1}{M_2} \times 100\%$$

式中:M_1——筒纱毛羽数;

M_2——管纱毛羽数。

六、影响毛羽增长率的主要因素

(1)槽筒是影响毛羽增长的主要因素,而槽筒的材质、表面光洁度起决定性作用。一般情况下,采用金属槽筒,其表面光滑、耐磨性好、抗静电性高,因而毛羽增加要比采用胶木材料的槽筒要少一些。

(2)纱路曲度对毛羽增长也有影响,一般直线形纱路毛羽增长比曲线形纱路毛羽增长少。这是由于直线形纱路减少了作用于纱线上的摩擦和附加张力,这就减轻了纱线的磨损,减少了毛羽的产生。

(3)络筒工艺参数如络纱速度、络筒张力对毛羽增长率有很大影响,应根据加工纱线的不同来选择适当的工艺参数。

试验六 好筒率试验

一、试验目的与意义

通过试验可以全面了解到筒子的质量,并可以了解每个挡车工的产品质量,并作为挡车工的质量考核成绩,以达到提高筒子质量,从而稳定整经生产,提高效率和经轴质量。

二、试验周期

各品种每季度不少于一次,品种翻改时必须检验。

三、试验方法

按络纱好筒率考核标准进行考核,检查时在整经车间与织造车间随机抽查筒子各50只,总只数不少于100只(同线密度),倒筒抽查不少于50只。

四、计算方法

$$络纱好筒率 = \frac{检查筒子总只数 - 坏筒数}{检查筒子总只数} \times 100\%$$

五、络纱好筒率考核标准及造成筒子疵点的原因(表1-5)

表1-5 棉型纱络筒好筒率考核标准及造成坏筒的原因

疵点名称	考 核 标 准	造成原因
筒子磨损	扎断底部,头端有1根作坏筒,表面拉纱处满3m作坏筒	机械或工艺配置不当,筒子太大,被槽筒磨损
错特、错纤维	作质量事故处理	管理不善
接头不良	捻接纱段有接头、松捻作坏筒,捻接处暴露纤维硬丝或纱尾超过0.3cm作坏筒,捻接处有异物和回丝花衣卷入作坏筒	操作不良

续表

疵点名称	考 核 标 准	造成原因
双纱	双纱作坏筒	操作不良
成形不良 (图1-8)	(1)菊花芯:喇叭筒超筒管长度1.5cm,作坏筒 (2)软硬筒子:手感比正常筒子松软或过硬作坏筒 (3)葫芦形、腰鼓形都作坏筒 (4)重叠:表面有重叠腰带状作坏筒(手感目测),重叠造成纱圈移动,倒伏状作坏筒,表面有攀纱性重叠作坏筒 (5)凸边、涨边、脱边等均作坏筒 (6)攀头:喇叭筒子,大头攀1根一只坏筒,小头绕筒管一圈作一只坏筒,小头攀1~3根作一只坏筒,4根及以上作一只坏筒。一次检查中疵点超过3只作一只坏筒	操作或机械不良
油污渍	表面浅油污纱满5m作坏筒,内层不论深浅均作坏筒,深油作坏筒	操作不良,清洁工作未做好
筒子卷绕大小	按各厂工艺规定的卷绕半径落筒,喇叭筒子细特纱允许误差±0.3cm,中粗特纱允许误差±0.5cm,超过误差标准作坏筒	
杂物卷入	飞花、回丝卷入作坏筒	操作不良
责任标记印	记偏离筒管低端1.5cm以上作坏筒,印记不清和漏打作坏筒	操作不良
绕生头不良	绕生头时出现两个头或无头作坏筒	操作不良
空管不良	筒管开裂、豁槽、闭槽、空管毛刺,变形均作坏筒	磨损造成

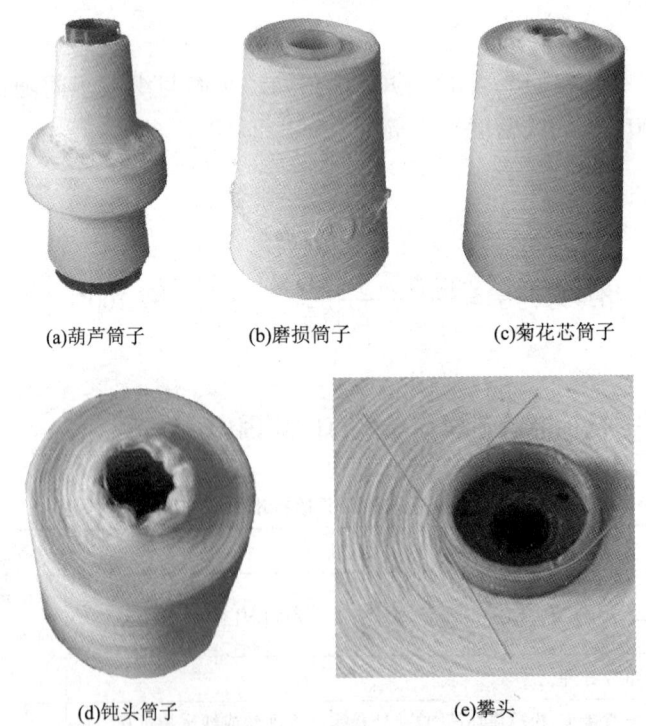

(a)葫芦筒子　　(b)磨损筒子　　(c)菊花芯筒子

(d)钝头筒子　　(e)攀头

图1-8　各种筒子疵点

试验七 电子清纱器正切率、清除效率试验

一、试验目的与意义

通过试验,既可以检验电子清纱器质量好坏,又可以了解电子清纱器效率和检测系统的灵敏度和准确性。电子清纱器检测头和现场试验分别如图1-9和图1-10所示。

图1-9 电子清纱器检测头

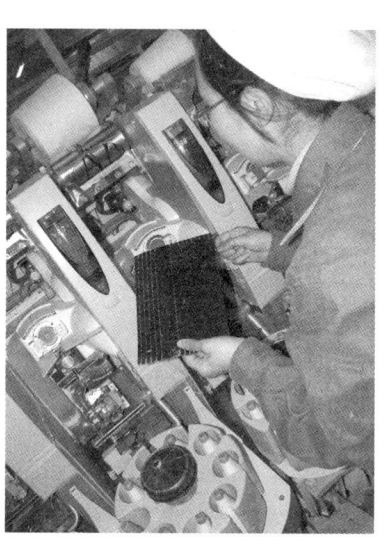

图1-10 现场试验

二、试验周期

每月每台络筒机测试至少一次,品种翻改时随时测试。

三、试验方法

(一)正切率试验

(1)每一次工艺试验,各锭清纱器的试验长度不少于十万米。

(2)分锭采下被清纱器切断的全部纱疵(包括空切的纱线)。

(3)将采下的纱疵逐根与该清纱工艺参数相适应的纱疵样照和清纱特性曲线对照,确定正切根数。

(4)分锭计算正切率,然后求出算术平均数,即为该套清纱器的正切率。

(二)清除效率试验

(1)把已经清过纱的筒子放在原锭上倒筒,清纱器灵敏度应该正常。

(2)分锭取下被切断的纱疵,再对照纱疵样和清纱特性曲线确定漏切数。

(3)分锭计算清除效率,然后求平均值,作为该套清纱器的清除效率。

四、计算方法

1. 正切率

$$B = \frac{Z}{Z+W} \times 100\%$$

式中：B——正切率；

Z——正确切断根数；

W——误切根数。

2. 清除效率

$$P = \frac{Z}{Z+L} \times 100\%$$

式中：P——清除效率；

L——漏切根数。

五、试验结果分析

正切率和清除效率反映了电子清纱器检测系统的准确性和灵敏度。正切率和清除效率高，则说明纱疵被漏切的少，因而络纱的质量较高，有利于后道工序加工质量和提高织物质量。一般要求正切率和清除效率要大于85%。

在使用电子清纱器时，必须选择最佳清除范围，如果设定的灵敏度太高，就会增加接头次数，降低络筒效率和增加劳动强度；如果设定的灵敏度太低，则难以保证筒子质量。因此，应根据原纱和后道工序的要求，对照纱疵样，合理制订清纱范围，从而保证电子正切率和清除效率以及络筒机工作效率。

实例1：短粗节灵敏度 = 250%；参考长度 = 2cm；长细灵敏度 = -70%。

实例2：电子清纱器的清纱特性曲线（图1-11）。

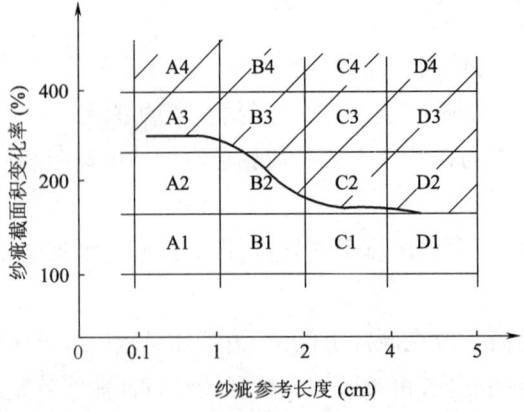

图1-11 清纱特性曲线图举例

试验八　络筒工序质量控制主要指标试验

络筒工序质量控制指标,是工序质量管理的基本内容,直接关系到下道工序的产品质量与效率,其主要内容见表1-6。若工厂都能按以上指标对络筒工序认真控制,就能够保证后道工序正常进行和织物质量。但在实际当中,各个厂由于各种原因,只对部分指标如百管断头、卷绕密度、电清效率加以控制,而不对接头质量、毛羽等指标加以考核和控制。

现在,人们对织物质量要求在不断提高,新型无梭织机已被广泛使用,无梭织机织造具有"小开口、强打纬、大张力、高速度"的特点,加之细特高密的品种不断增多,接头质量和毛羽的影响越来越大,它们不但会影响纱线的性能和质量,而且还会影响后道工序。若接头质量不符合要求,就易造成断头。毛羽在织造过程中,尤其在无梭织机织造时,会导致开口不清,经纱断头多,并会影响引纬的顺利和引纬质量,严重影响布机效率,并产生"三跳、纬缩"疵布。由此可见,只控制个别指标还远不能保证和提高后道工序的效率和织物质量。

表1-6　络筒工序质量控制指标(以 14.6tex、9.7tex 为例)

指　标　名　称	技术要求	测　试　方　法
百管断头率(%)	<15	常规测试,生产现场实测
捻结强力比(%)	≥80	专题测试,YG024A-1型单纱强力仪,Y361-1型单纱强力仪,村田株式会社 PP-705 型单纱强力仪,USTER-TENSORAPID 型单纱强力仪
捻结强力合格率(%)	>85	
好筒率(%)	>98	按好筒率标准生产现场实测
捻接区增粗倍数	<1.3	专题测试,显微镜目测,投影仪 IPI 目测
电清切除效率(%)	>85	专题测试(GB 4145—84)
正切率(%)	>90	USTER-CLASSIMAT 型纱疵分级仪专题测试
毛羽增长率(%)	<250	YG171B 型纱毛羽仪,BT-2 型纱线毛羽仪
捻接成结率(%)	>97	专题测试,TG021A-1型单纱强力仪,Y361-1型单纱强力仪
捻接单纱强力 CV 值	<20	

注　以上指标由工厂根据已有设备、试验条件等实际情况作为参考选择,并可附加其他指标为工厂内部控制指标,以保证络筒质量。

思　考　题

1. 如何测试筒子的卷绕密度？其影响因素有哪些？
2. 如何测试络纱张力？其影响因素有哪些？
3. 工厂中如何测定络筒百管断头、十万米纱疵？
4. 络筒毛羽对后道生产有何影响？如何快速测定？
5. 疵筒主要有哪几种类型？其主要成因是什么？

6. 电子清纱器性能指标主要有哪些？如何测定？

7. 络筒工序质量控制主要指标有哪些？

8. 如何调节电容式电子清纱器的短粗节、长粗节、长细节的纱疵灵敏度和参考长度以及材料系数、纱线线密度（特数）？

第二章　整经工序试验

● 本章知识点 ●

1. 重点掌握整经万米百根断头率、经轴经纱回潮率和经轴好轴率等主要整经质量指标的试验方法与步骤。
2. 掌握经轴卷绕密度、经纱排列均匀度以及刹车制动等试验原理与方法。
3. 了解整经工序质量控制主要指标及其影响因素。

试验九　整经万米百根断头率试验

一、试验目的与意义

(1) 通过试验,测试纺纱工序及络筒工序的经纱质量。

(2) 整经断头率直接影响着浆纱质量和织机经纱断头率。整经断头率高,会造成浆轴倒断头多,影响织机的生产效率。

(3) 将测试结果及时反馈给相关部门以改进、优化工艺,并根据整经断头率调整整经机速度。如果整经断头率较高,则应降低整经机的速度,以降低整经经纱张力。

二、试验方法与计算

1. 现场测试并填表(表2-1)

表2-1　整经万米百根断头分析表

断头原因	断头记录(用"正"字)	累　计
弱　捻		
糟　线		
粗　节		
细　节		
异性纤维		
回丝附入		
切　断		
不明原因		
其　他		
总断头数		

品种：　　总经根数：　　经轴根数：　　测试长度：　　轴号：　　车号：　　日期：

2. 计算

$$整经万米百根断头率 = \frac{断头总数}{经纱根数 \times 测试长度(m)} \times 10^6$$

3. 实测计算　一般取测试长度为 5000m,则：

$$整经万米百根断头率 = \frac{断头总数}{经纱根数} \times 200$$

三、工厂实际内控整经万米百根断头率的一般经验标准

(1) 整经万米百根断头率 < 0.5,则经纱质量很好。
(2) 整经万米百根断头率 < 1.0,则经纱质量较好。
(3) 整经万米百根断头率 < 2.0,则经纱质量一般。
(4) 整经万米百根断头率 < 2.5,则经纱质量较差。
(5) 整经万米百根断头率 > 3,则经纱质量很差。

试验十　经轴卷绕密度的试验

一、试验目的与意义

(1) 控制经轴的卷装容量,并为工艺设计提供依据。
(2) 卷绕密度反映经纱的卷绕张力的高低。
(3) 卷绕密度直接影响经纱在后道工序的退绕。
(4) 卷绕密度不匀、经轴表面高低不平会影响布面平整。

二、试验周期

每品种每季度试验不少于一次,翻改品种时必须试验。

三、试验方法与计算

(1) 用软尺沿空经轴的横向分左、中、右三处测出其周长,计算出空经轴的轴管直径,并测量出盘片间距离,也可查设备说明书得出相关数据。
(2) 按上述方法测出满轴卷绕直径(图 2-1),可计算出卷绕密度：

$$\gamma = \frac{G \times 10^3}{V} = \frac{4 \times L \times N \times Tt}{10^3 \pi H(D^2 - d^2)}$$

式中：γ——卷绕密度,g/cm^3；
$\quad\quad G$——卷装经纱的净重,kg；
$\quad\quad V$——卷绕体积,cm^3；
$\quad\quad L$——卷绕长度,m；

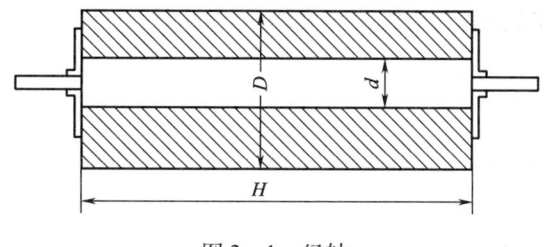

图 2-1 经轴

N——经纱根数；

Tt——经纱纱线线密度，tex；

H——经轴宽度，cm；

D——卷绕直径，cm；

d——轴管直径，cm。

另外，也可采用称轴重法求出卷绕密度，具体计算不再赘述。

四、影响卷绕密度的主要因素

1. 卷绕张力　卷绕张力由筒子架上张力盘的加压力和经纱与导纱瓷柱的包围角决定，卷绕张力越高，则卷绕密度越大。
2. 整经机的速度　整经机整经的速度越高，则相应整经张力越高，卷绕密度越高。
3. 纱线线密度　纱线线密度越低，则卷绕密度越高。
4. 纤维材料　涤棉纱表面较纯棉纱光滑且弹性较好，因而卷绕密度较纯棉纱大10%。

五、卷绕密度的经验控制标准（表 2-2）

表 2-2　棉型经纱卷绕密度的经验控制标准

经纱纱线线密度(tex)	卷绕密度(g/cm^3)	经纱纱线线密度(tex)	卷绕密度(g/cm^3)
20~42	0.5~0.53	12~18	0.58~0.62
13~19	0.53~0.57	涤棉混纺 13	0.6~0.65

六、卷绕密度的控制原则

在保证下道工序经轴退绕轻快均匀的情况下，经轴的卷绕密度应较筒子的卷绕密度高10%~20%。

试验十一　经纱排列均匀度试验

一、试验目的与意义

通过测试，可了解经轴纱线排列是否符合工艺要求。纱线排列均匀与否，不仅会影响浆纱质量,还会影响布面平整光洁,织纹清晰和织疵的多少。

二、试验周期
每个品种每周至少试验一次,品种翻改时必须及时试验。

三、试验方法
在抽查每个经轴的左、中、右不同三处地方,用尺子测10cm内的纱线根数,然后把所测得结果与考核指标对比,看排列均匀度是否符合工艺规定。一般按其品种工艺规定±5%来考核,若测得每个经轴三处中有一处结果不符合要求,则说明经轴纱线排列不匀。

四、影响经纱排列不匀的因素
(1)伸缩筘宽度和盘片间距离不协调,不符合要求。
(2)伸缩筘中心与两盘片的中心不对正。
(3)纱线在伸缩筘中穿根数多少不均匀。

五、经纱排根数指标的制定

$$平均根数(根/10cm) = \frac{N}{W} \times 10$$

式中:N——每轴经纱根数;
W——经轴幅宽,cm,现代整经机经轴为180cm标准幅宽。

试验十二 经轴经纱回潮率试验

一、试验目的与意义
(1)经轴经纱回潮率是调整车间温湿度的依据之一。
(2)经轴经纱回潮率是计算产量的依据之一。

二、试验仪器与用具
密封用的铁桶、天平(电光天平或工业链条天平)、电烘箱、玻璃干燥器。

三、试验方法与计算
(1)在经轴上取全幅纱样,放入密封的铁桶中。
(2)在天平上称重 W_1。
(3)将纱样放入电烘箱中烘燥(约105℃,1.5h)。
(4)将纱样放入玻璃干燥器中冷却15min。

(5)再在天平上称出干重 W_0。

(6)最后根据回潮率公式求出回潮率：

$$回潮率 = \frac{W_1 - W_0}{W_0} \times 100\%$$

试验十三　刹车制动试验

一、试验目的与意义

通过试验，可以了解整经机制动系统的性能，为改善制动系统提供依据。

二、试验周期

每台整经机每季度不少于一次试验。

三、试验方法

在正常情况下，与挡车工相配合，在筒子架处的任一筒子端剪断纱线。在剪断的同时刹车，直到静止为止。测量断头的纱线卷入经轴的长度，连续用同样方法做五次，求其平均值，就是刹车制动距离，填入表2-3并分析。

表2-3　整经机刹车制动试验记录　　　　整经机车号：

试验次数	实测制动距离(m)	结　论	原因分析
1			
2			
3			
4			
5			
平均制动距离(m)			

四、试验结果分析

刹车制动距离一般要求在4m内，若超过4m，则易造成经纱断头卷入经轴内层，造成倒断头。这不仅给挡车工操作带来不便，影响整经效率，还会影响浆纱质量，而且在制动过程中，压辊(或滚筒)与经轴摩擦滑移多而损伤纱线较严重。

整经机的制动距离取决于断头自停装置反应时间与经轴制动机构的制动时间。所以，制动距离不符合要求，应检查电气与机械装置反馈和制动装置的工作状态是否良好。缩短整经机的灵敏性，现代高速整经机采用如下措施。

(1)整经轴、压纱辊、测长辊三辊同步制动。

（2）改善制动系统性能或采用新型高效能耗的制动系统,如液压式、气动式制动,其制动力强,作用稳定可靠,经纱断头后,可在0.16s内被制动,刹车制动距离也在2.7m左右。

（3）采用无反跳的接触的断头自停装置（如本宁格整经机）和电容式压电感应断头自停装置（如斯拉夫霍斯特整经机）以减轻信号反馈的滞后现象。

试验十四　经轴好轴率试验

一、试验目的

经轴好轴率是整经工序半制品质量的一个重要指标,它直接影响着浆轴质量、织机效率和布面质量,并与节约浆纱回丝有直接关系,同时检验结果也可以作为考核挡车工工作质量和成绩的依据。

二、试验周期

各品种每周至少测一次,若品种翻改,必须及时测试。

三、试验方法

按经轴好轴率标准在生产现场实查。

四、好轴率考核标准

考核标准及造成疵点的原因见表2-4。

表2-4　经轴好轴率考核标准与造成疵点原因

疵点名称	考核标准	造成原因
浪纱	下垂3cm,4根以上作一只疵轴,下垂5cm、1根以上作一只疵轴,超过5cm作经轴质量事故处理	（1）操作不良,两边未较对整齐,造成经轴边纱部分不平,低于或高于其他部分 （2）伸缩筘与经轴幅宽的位置不适当 （3）经轴两端加压不一致,轴承磨灭过大等机械原因,造成经轴卷绕直径不一 （4）经轴轴管变曲及盘片歪斜或运转时左右窜动,造成经轴卷绕直径有差异 （5）滚筒两边磨损 （6）滚筒（压辊）与经轴不平行
长短码	一组经轴的绕纱长度相差大于0.5匹纱长度作疵轴,大卷装大于50m作疵轴,满100m作质量事故	（1）操作不良,码分表未拨准 （2）整经机测长机构失灵,如测长齿轮磨损、跳动,销子脱落或电子计数器故障
绞头	有2根以上作疵轴（包括吊绞头在内）	（1）断头后刹车过长,造成寻清 （2）落轴时,穿绞线不清

续表

疵点名称	考 核 标 准	造 成 原 因
错 特	经纱(轴)上发现错特作前工序质量事故,及时调整处理未造成经济损失和未影响后道坯布质量不作疵轴;否则作疵轴;经纱(轴)上未发现或发现后未认真处理好、作事故处理	(1)换筒工操作不认真,筒子用错 (2)筒子内有错特或错纤维纱,未能发现
错根数 (头份)	经纱根数未按艺规定搞错的,未影响后道质量作疵轴,造成影响质量作质量事故处理	翻改品种时,挡车工没检查根数或筒子数点错
油污渍	影响后道深色油污疵点作疵轴	(1)清洁工作不良,将油飞花掉在经轴内 (2)加油不当,油飞溅在经轴上
杂物卷入	有脱圈回丝及硬性杂物卷入作疵轴	(1)做清洁工作时,飞花等落入经纱层上,未及时清除 (2)换筒子回丝没有放好而吹入纱层上 (3)筒子结头带回丝未及时摘掉 (4)筒子堆放时间长,上面附有飞花
标记用错	封头布、轴票用错作疵轴	挡车工操作不当
嵌边、凸边	经轴边纱部分平面凹下或凸起,作疵轴处理	(1)挡车工未要好摇好伸缩筘 (2)经轴盘片严重歪斜

五、计算方法

$$经轴好轴率 = \frac{每月实际生产轴数 - 疵轴数}{每月实际生产轴数} \times 100\%$$

思 考 题

1. 如何测试整经万米百根断头率？测定其有何意义？
2. 如何测试经轴卷绕密度、经纱排列均匀度？
3. 经轴好轴率考核标准是什么？其主要影响有哪些？
4. 如何进行刹车制动试验？
5. 整经工序质量控制主要指标有哪些？

第三章　浆纱工序上浆效果试验

> ● 本章知识点 ●
>
> 1. 重点掌握浆纱回潮率、浆纱上浆率、毛羽损失率、浆纱伸长率、毛羽贴服率、浆纱增强率、浆纱减伸率、浆纱增磨率等主要质量指标的试验方法与步骤。
> 2. 掌握浆纱切片试验及模拟调浆试验的方法与步骤。
> 3. 了解浆纱落物率、浆轴卷绕密度、墨印长度、上浆率与回潮率横向均匀性、浆纱好轴率等试验的方法与步骤。
> 4. 了解生产车间主要浆纱质量控制指标的常规测试方法。
> 5. 了解浆纱工序质量控制主要指标与及其影响因素。

试验十五　浆纱回潮率试验

一、试验目的与意义

（1）检测回潮率，并将其控制在标准范围之内。

（2）回潮率影响纱线的弹性。如果回潮率过低，浆纱弹性下降，纱线将不能抵抗织造过程中的冲击、弯曲、摩擦，产生脆断头。

（3）回潮率影响浆膜性能。回潮率过高，则浆膜软，耐磨性较差，同样容易产生织造断头。对棉型织物而言，回潮率过高，布面会产生大量的棉球。

（4）回潮率影响开口清晰度。回潮率过高，经纱易彼此粘连，从而造成织造时的开口清晰度差，易产生"三跳、纬缩"疵布。

（5）回潮率过高，经纱更易产生伸长，产生窄幅长码布。

（6）回潮率过高，布面易发霉。

（7）对淀粉为主的混合浆料而言，回潮率过低，浆膜脆硬，被覆不牢，织造时落物率（落浆、落棉）高，恶化织造生产条件。

（8）回潮率在一定程度上决定织造车间的温湿度控制范围。

二、试验仪器与用具

电阻式测湿仪、电烘箱、天平（工业链条天平或电光天平）、玻璃干燥器、密封铁桶、切刀或剪刀等。

三、试验方法与计算

回潮率的测试方法一般有电测法和烘干称重法两种,电测法是采用电阻式测湿仪安装在浆纱机上检测,以方便操作工人及时控制浆纱运行状态下的回潮率的大小,具有测试迅速、方便的特点,但测试数据随着仪器的灵敏程度不同有一定的差异。为了准确地测定出浆纱的回潮率,在实际生产中常用烘干称重法来测定浆纱回潮率。下面是烘干称重法的具体测定回潮率的方法。

(1)浆纱落轴时,割取或剪取10cm左右全幅经纱放入密封铁桶内。
(2)在天平上称出烘前重量W_1。
(3)将纱样放入电烘箱中烘燥(约105℃,1.5h)。
(4)将纱样放入玻璃干燥器中冷却15min。
(5)再在天平上称出干重W_0。
(6)最后根据回潮率公式求出回潮率W:

$$W = \frac{W_1 - W_0}{W_0} \times 100\%$$

四、浆纱回潮率的控制原则

(1)纱片的横向回潮率(左、中、右)要均匀,差异一般不超过0.3%。
(2)纱片的纵向回潮率要一致。

五、浆纱回潮率的控制范围(表3–1)

表3–1 浆纱回潮率的控制范围

品 种	回潮率(%)	品 种	回潮率(%)
纯棉纱	6.0 ± 0.5	涤65/粘35 混纺纱	3.0 ± 0.5
涤65/棉35 混纺纱	2.5 ± 0.5	纯粘胶纱	10.5 ± 0.5

六、回潮率的相关影响因素

1. **纤维材料** 纤维材料是影响回潮率的内在决定性因素。纺织纤维分子如果含有较多的亲水性基团,吸湿性强,则回潮率较高,如粘胶经纱的回潮率大于纯棉经纱,棉经纱的回潮率大于涤棉经纱。

2. **烘筒(或热风烘房)的温度** 同样的浆纱速度条件下,烘筒(或热风烘房)温度越高,则浆纱回潮率越低。

3. **浆纱机的车速** 烘燥温度一定的条件下,浆纱机的车速越低,则回潮率越低。

4. **湿加重率及上浆率** 其他条件一定的条件下,湿加重率及上浆率越高,则烘筒(或热风烘房)的负担越重,回潮率越高。

5. 压浆辊的表面状态与烘房内的气流状态　压浆辊的表面状态一致性将影响横向回潮的均匀性,压浆辊和上浆辊接触不良,烘房内气流紊乱,流量不匀或有死角等,都会影响浆纱回潮率的均匀。

七、回潮率的确定原则

(1)回潮率的大小应根据纱线原料、特数和上浆率等情况来确定。一般纯毛纱的回潮率最大,合成纤维纱则较低,纯棉纱的回潮率居中。

(2)应尽量使织轴在织造车间处于放湿状态,这是因为一方面过度干燥的浆纱很难在织造车间通过吸湿获得必要的回潮率;另一方面,可以减轻织造车间的空调负担。

(3)南方的梅雨季节,回潮率应控制的低些(下偏差范围内),以避免布面产生棉球。

试验十六　上浆率试验

一、试验目的与意义

(1)使上浆率被控制在标准范围之内。

(2)上浆率的高低将直接决定上浆后经纱的强力、伸长、弹性及耐磨性,最终决定织造效率的高低。

(3)上浆率过低会影响浆液对经纱外表面毛羽的被覆与浸透效果,进而影响织造时的开口清晰度,由此导致三跳(跳花、跳纱、星跳)、纬缩疵布。最终影响产品质量(下机一等品率)。

(4)上浆率高低将影响产品生产成本(包括浆料成本和染整工序的退浆成本)。

二、试验方法与计算

(一)硫酸退浆法

适用于以淀粉浆或以淀粉为主的混合浆的经纱退浆(同时进行回潮率试验),不适用于粘胶纤维品种。

1. 试验仪器及试剂　烧杯(1000mL)、玻璃棒、电炉(1500W)、电烘箱、玻璃干燥器、天平(工业链条天平或电光天平)、硫酸[34%(21.9°Bé)]、稀碘液(用作淀粉的指示剂)、甲基橙指示剂(用作酸的指示剂)。

2. 试验步骤

(1)取样。落轴时取全幅纱样约10cm,放入密封的铁桶中。

(2)称湿重。在天平上称纱样烘干前重W_2。

(3)烘干。将纱样放入电烘箱中烘燥(105℃,约1.5h)。

(4)冷却。将纱样迅速放入玻璃干燥器中冷却15min。

(5)称退浆前干重W_1。

(6)计算浆纱回潮率(方法同前)。

(7)配退浆液。将烧杯中倒入 700mL 水,缓慢注入 14mL 稀硫酸[34%(21.9°Bé)]。

(8)退浆。将烧杯放在电炉上加热至水沸腾,再将纱样放入烧杯进行退浆,退浆过程中要用玻璃棒不断搅拌纱样,目的是保证退浆均匀以及将气泡释放以避免烧杯爆裂。

(9)检验。在退浆过程中用稀碘液指示剂滴在纱样上,如颜色呈蓝黑色或蓝色,说明浆料未退净,如颜色变为橙色(稀碘液本身的颜色)说明浆液已经退净。由于蒸发作用,退浆过程应补充水和硫酸。

(10)水洗并检验硫酸。将退净浆的纱样用水不断冲洗以去除残留的硫酸,用甲基橙指示剂检验,如果纱样的颜色呈红色,说明硫酸未洗净,如果颜色变为橙色(甲基橙的本色),说明硫酸已洗净。

(11)将湿纱样放入电烘箱烘至恒重(105℃,约 2.5h)。

(12)将纱样取出,迅速放入玻璃干燥器中冷却 15min。

(13)称退浆后干重 W_0。

(14)计算退浆率:

$$J = \frac{W_1 - \frac{W_0}{1-\beta}}{\frac{W_0}{1-\beta}} \times 100\%$$

式中:J——退浆率;

W_1——试样退浆前干重,g;

W_0——试样退浆后干重,g;

β——毛羽损失率。

采用上式计算较为繁琐,可以将公式化简为:

$$J = \left(\frac{W_1}{W_0} \times F - 1\right) \times 100\%$$

其中,毛羽损失率系数 $F = 1 -$ 毛羽损失率 β(试验方法见本章毛羽损失率试验)。

3. 影响试验结果准确性的因素

(1)试验时的操作速度。如果操作速度慢,热的纱样将从空气中吸收水分。

(2)退浆时间。退浆时间应当精确,如果退浆时间不必要的延长,会造成毛羽的损失过高,纱样退浆后干重 W_0 减小,从而使退浆试验结果大于实际值。

(3)残余硫酸。如果纱样上残余硫酸未充分洗净,纱样烘燥时纤维将会产生炭化作用,退浆后干重 W_0 减小,退浆试验结果将大于实际值。

(4)毛羽损失率。毛羽损失率的试验时间应和该品种的退浆时间相对应。

注:上浆率的测定也可采用称轴重计算法。

(二)氯胺 T 退浆法

该法适用于淀粉上浆的粘胶纤维经纱的退浆,也可用于 PVA、聚丙烯酸甲酯、聚丙烯酸酰胺混合浆的退浆。

1. 试验仪器及试剂　烧杯(1000mL)、玻璃棒、电炉(1500W)、电烘箱、玻璃干燥器、天平(工业链条天平或电光天平)、氯胺T退浆试液(配方:氯胺T 2g、硫酸铜 0.1g、石油磺酸钠 3g、烧碱 3g、水 1000mL)、稀碘液、淀粉—碘化钾溶液。

2. 试验步骤

(1)以 1g 纱线 30~40mL 的比例配制氯胺T退浆液,将纱样放入退浆液中煮沸 5min,其间要不停用玻璃棒搅拌以释放气泡,而后取出纱样,用清水漂洗,用稀碘液检验淀粉是否退净,再用淀粉—碘化钾溶液检验氯胺T是否洗净,洗净后为橙黄色,未洗净呈蓝色。

(2)退浆后的其余试验步骤与计算方法同硫酸退浆法中的步骤。

(3)淀粉—碘化钾溶液的配制方法:取 100mL 蒸馏水于 500mL 烧杯中,加热煮沸后,加入 0.5g 可溶性淀粉(预先将淀粉调成糊状),再煮沸 5min,待冷却后加入 10g 碘化钾,储于棕色瓶中。

(三)清水退浆法

此方法主要用于纯 PVA 上浆的经纱的退浆。

1. 试验仪器及试剂　烧杯(1000mL)、玻璃棒、电炉(1500W)、电烘箱、玻璃干燥器、天平(工业链条天平或电光天平)、碘—硼酸溶液(用于检验 PVA)。

2. 试验步骤

(1)以 1g 50~80mL 水的比例,将试样用清水煮沸 30~40min,然后用温水漂洗 2~3min,再换水煮沸 10min。最后用碘—硼酸溶液检验浆液是否退净,如退净则显示黄色;如未退净,完全醇解 PVA 呈蓝绿色,部分醇解 PVA 呈绿转棕红色。

(2)退浆后的其余试验步骤与计算方法同硫酸退浆法中的步骤。

(3)碘—硼酸溶液配制方法。取 1.5mL 4% 的硼酸和 15mL 浓度为 0.01mol/L 的碘溶液混合均匀,储于棕色瓶中。

(四)氢氧化钠退浆法

该法适用于聚丙烯酸酯上浆的经纱退浆。

1. 试验仪器及试剂　烧杯(1000mL)、玻璃棒、电炉(1500W)、电烘箱、玻璃干燥器、天平(工业链条天平或电光天平)、2% 的氢氧化钠溶液。

2. 试验步骤

(1)将试样放入1g 纱 30~40mL 比例配制的 2% 的氢氧化钠溶液中,煮沸 10min 后取出,以清水漂洗纱样,洗净为止。

(2)退浆后的其余试验步骤与计算方法同硫酸退浆法中的步骤。

三、影响上浆率的主要因素

1. 浆液的浓度　浆液的浓度是影响上浆率的决定性因素,浆液的浓度越高,则上浆率越高。

2. 浆液的黏度　浆液的黏度是控制上浆率的重要手段,浆液的黏度越高,被覆上浆增加(浆膜变厚),则上浆率相应增大,同时落浆率可能增加。

3. **浆液的黏附力** 浆液的黏附力越高,落浆率减少,上浆率有增加的趋势。

4. **压浆辊的压力** 压浆辊的压力越低,则压浆后浆液的在纱线上的余留越多,被覆上浆越高,上浆率越高;反之,压浆辊的压力高,则浸透上浆高,被覆上浆低,即压浆后纱线上余留的浆液少,上浆率低。靠近烘房的压浆辊对上浆率起决定作用。

5. **压浆辊的表面状态** 压浆辊表面弹性好、有微孔,将有利于浆液的吸附及压浆后浆液的二次分配,上浆率较高。压浆辊在使用过程中橡胶层表面会逐渐老化,弹性下降,应该每六个月到一年磨修一次,以保证上浆效果。

6. **浸没辊的高低** 浸没辊的深度大,浸浆区长,上浆率较高。但调节浸没辊的高低位置会恶化浆纱伸长,一般使其中心位置与液面平齐。

7. **浆纱机的车速** 其他条件一定的前提下,浆纱机的车速高,压浆后经纱上浆液的余留较多,上浆率较高。

8. **经纱张力** 经纱张力越高,经纱结构紧密,将不利于浆液浸透与吸附,上浆率较低。

9. **浆液温度** 一方面,浆液温度的提高,浆液分子的布朗运动加剧,有利于浆液的浸透,对上浆率的提高有积极作用。另一方面,浆液温度的提高,会加速浆液的分解,使得浆液的黏度降低,导致上浆率的降低。上浆率的最终结果主要取决于上述两方面中的后者。

10. **经纱的性质**

(1)经纱表面毛羽较多(如气流纺纱),将有利于对浆液的吸附,上浆率较高。

(2)经纱的捻度较小,经纱结构相对松散,将有利于对浆液的吸附,上浆率较高。

11. **纤维的性质**

(1)纤维的吸湿性。亲水性纤维(例如棉、麻、粘胶纤维)中由于含有大量的羟基,因而根据相似相容原理对同样含有亲水性羟基的浆料(如淀粉、PVA、CMC等)有很好的亲和性,上浆率较高。

同理,涤纶纤维如采用淀粉混合浆上浆,则上浆率较低,所以应该采用对其有一定黏附性的PVA、聚丙烯酸酯上浆。

(2)纤维的表面性质是影响上浆率的次要因素。涤纶的纤维表面较光滑,不利于淀粉浆液的吸附。

试验十七 毛羽损失率试验

一、试验目的与意义

(1)毛羽损失率可以反映经纱配棉(例如棉纤维的主体长度)或混纺比的变化情况。

(2)毛羽损失率用于修正退浆率的计算结果(见试验十六中的相关计算)。

二、试验仪器与用具

电烘箱、玻璃干燥器、烧杯(1000mL)、玻璃棒、天平(工业链条天平或电光天平)。

三、试验方法与计算

(1) 在浆纱起机或了机时剪取未上浆的全幅经纱。

(2) 将纱样放入电烘箱中烘干(约105℃,1.5h)。

(3) 取出纱样,立即放入玻璃干燥器中冷却15min。

(4) 称退浆前干重 W_1。

(5) 在烧杯中放入水并将纱样投入水中,放到电炉上煮沸,在煮沸过程中,应用玻璃棒搅动,纱样在沸腾状态下的时间应等于该品种经纱的平均退浆时间。

(6) 将纱样取出并拧干,放到电烘箱烘干(约105℃,2.5h),再放入玻璃干燥器中冷却15min后称退浆后干重 W_0。

(7) 计算。

① 毛羽损失率 $\beta = \dfrac{W_1 - W_0}{W_1} \times 100\%$。

② 毛羽损失率系数 $F = 1 - \beta$。

(8) 同时试验五组,取平均值。

四、影响毛羽损失率的主要因素

(1) 纤维主体长度。如果纤维的主体长度短,则清水煮沸时毛羽损失率高。

(2) 短绒含量。如果经纱中短绒含量较高,则毛羽损失率较高。

(3) 纤维类别。涤纶的纤维较整齐且主体长度较长,其所纺经纱中,如涤棉混纺(T65/C35)纱毛羽损失率较低,一般为0.5%;而纯棉纱的毛羽损失率一般在1.2%以上。

(4) 纱线结构。

① 环锭纱较气流纺纱毛羽损失率低。

② 纱线捻度大,则毛羽损失率低。

(5) 其他条件一定时,线密度小的经纱由于配棉品级较高。有较长的纤维主体长度,则毛羽损失率较低。

试验十八　浆纱伸长率试验

一、试验目的与意义

(1) 保证伸长率在工艺要求的范围之内。

(2) 浆纱伸长率对织机织造效率、成布质量、生产成本有重要影响。

① 织造效率。伸长率将影响经纱的弹性与回复性,最终影响织造断头率。

② 织物缩率。浆纱伸长率过高,织物的缩率将增加,尺寸稳定性下降。

③ 布幅。伸长率过高,易出窄幅长码布。

④ 织物质量。伸长率将影响织物的内在质量,例如服用牢度。

⑤ 生产成本。一方面,浆纱伸长率将影响经纱用纱量,从而直接影响产品的成本。另一

方面,浆纱伸长率将影响经纱的弹性与断头率从而间接影响生产成本。

⑥机配件的寿命。如果将浆纱的伸长率控制的过高,则对同种纤维材料的经纱所需张力相应增加,这会加速机件疲劳,从而使得机配件寿命缩短。

总之,浆纱伸长率反映了上浆过程中纱线的拉伸情况。伸长率过大时,纱线的弹性会损失过多,同时断裂伸长率下降,因此伸长率是一项十分重要的浆纱质量指标。

二、试验方法与计算

(一)计算法测定浆纱总伸长率

1. 试验程序

(1)测定与记录。在浆纱起机及了机时分别测定、记录下列长度。

L_1——浆纱长度,m;

L_2——浆回丝长度,m;

L_3——浆纱起机时软(未上浆)回丝长度,m;

L_4——浆纱了机时软(未上浆)回丝长度,m;

L_0——整经长度(已知),m。

(2)浆纱总伸长率 E 计算。

$$E = \frac{L_1 + L_2 + L_3 + L_4 - L_0}{L_0} \times 100\%$$

$$L_4 = \frac{G}{\text{Tt} \times N} \times 1000;$$

式中:G——了机时软回丝的重量,g;

Tt——经纱纱线线密度,tex;

N——总经根数,根。

2. 讨论

(1)浆纱总伸长率反映的是一缸浆浆纱的总体伸长水平。

(2)这种试验方法不能反映浆纱各区(退绕区、上浆区、烘燥区、分绞区、卷绕区等)的伸长值。

(3)对于并轴式浆纱机,如果各经轴了机时经纱伸长不一致,则不能准确测定浆纱了机时软(未上浆)回丝长度 L_4,从而影响试验结果的准确性。

(二)采用伸长率在线测试仪

1. 试验仪器与原理 采用光电或电磁式角度编码器,在输入检测端和输出检测端分别装有检测用的角度编码器随被测物理量回转,将角位移转换成二进制编码或一串电压脉冲,编码器输出的脉冲测量信号值(图3-1)转换成各自得线速度值,经中央处理器比较、计算,可得出各区伸长率。

(1)电磁式角度编码器由磁性齿轮的回转产生脉冲信号。祖克 S432 型浆纱机采用的 JAQUET 型在线伸长测试仪属于此类。

（2）光电编码器是一种通过光电转换将输出轴上的机械几何位移量转换成脉冲或数字量的传感器，由光栅盘和光电检测装置组成。把转动角（转数）变换成脉冲序列的电信号。光电式在线伸长测试仪属于此类（图3-2）。

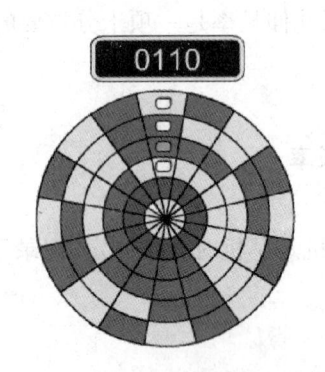

图3-1　角度编码器的编码原理示意图

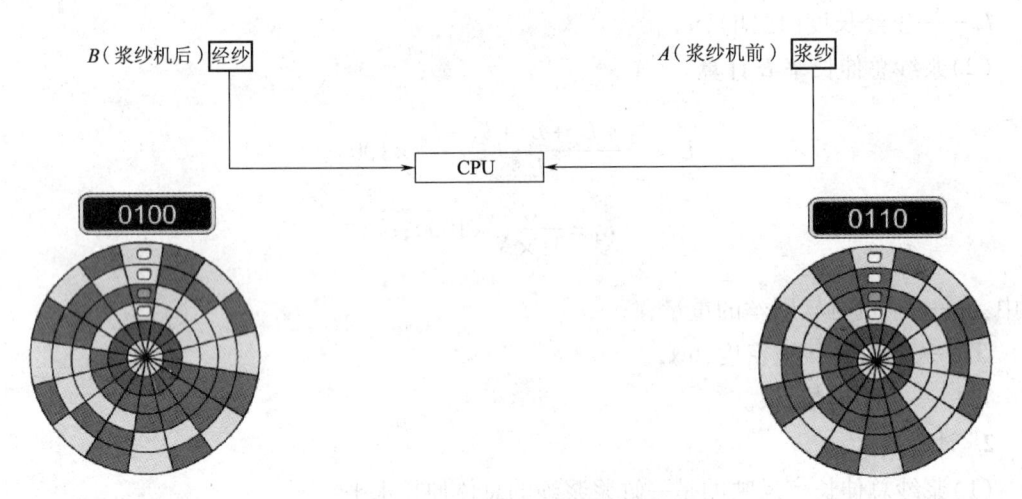

图3-2　光电式在线伸长测试仪原理图

2. 测试步骤

（1）用测试罗拉同时检测出浆纱输入端 B 线速度 v_b 和输出端 A 的线速度 v_a。

（2）计算浆纱伸长率。

$$浆纱伸长率 = \frac{v_a - v_b}{v_b} \times 100\%$$

3. 讨论

（1）该试验方法可以测定浆纱各区的伸长率。

（2）由于输入、输出值差异微小，且采用经纱摩擦传动测速罗拉，因而罗拉与纱线之间的滑溜及纱线抖动会造较大试验误差。

三、浆纱伸长率的控制原则

(1)纤维材料是决定浆纱伸长率的关键因素,粘胶纱由于纤维内结晶区少,无定型区多,在张力、热、湿等作用下容易产生伸长,因而伸长率较大;棉纱次之;涤棉混纺纱中的涤纶是热塑性纤维,受热收缩可抵消部分受力产生的伸长,伸长率不高,股线由于捻缩的影响伸长最小。

(2)其他条件一定时,低特纱的浆纱伸长率应当较小,以保持经纱的弹性,以减少织造断头,如用纱线线密度为9.7tex的纯棉纱作经纱时,浆纱伸长率以低于0.8%为宜。

浆纱伸长率的一般控制标准见表3-2。

表3-2 浆纱伸长率的一般控制标准

纱线种类	伸长率(%)	纱线种类	伸长率(%)
纯棉纱	0.8~1.2	粘胶纱	3.5
涤棉混纺纱(65/35)	0.5	棉股线	0~0.2

(3)应使得各个经轴在退绕过程中的伸长彼此一致,以减少了机回丝。

(4)使得各个经轴在退绕过程中(自满轴到小轴)的伸长始终一致,以保持纱线原有性能。

四、浆纱伸长率的控制要点

浆纱张力是影响浆纱伸长率的重要因素,对其控制尤为重要。

1. **经轴制动力** 经轴制动力的目的是防止纱线松弛,但对纱线的伸长有重要的影响。制动力过大时会造成经纱退绕时张力较大,使纱线的伸长率增加,因此经轴的制动力应尽可能的小些。

2. **浸浆张力** 纱线在浆槽中浸浆时应呈松弛的状态,这样对减少伸长有利,为此引纱辊和上浆辊之间的伸长应为负伸长。又由于上浆后的经纱在高温高湿状态下易伸长,因此需加装积极式送纱装置,以保持经纱在浆槽内呈低张力状态。

3. **湿区张力** 合理选择烘燥方法,缩短经纱在烘房内的穿纱长度,采用积极式的烘筒传动方式,对减小浆纱伸长有利。

4. **干区张力** 为了顺利分纱,浆纱出烘房后应有适当的张力。张力过大,易发生分纱时经纱崩断;张力过小,会发生因浆纱堵塞伸缩筘而发生的断头。在烘房和拖引辊间设置控制伸长的差微变速装置,如XP1、双曲线铁炮等,对控制干区张力极为有利。

5. **卷绕张力** 为了使织轴的卷绕紧密,应有足够张力,在保证卷绕成形的前提下,适当的采用小的卷绕张力,同时各只经轴、导纱辊、浸没辊、上浆辊、分绞棒、张力辊、拖引辊、测长辊都必须平行,通道光洁,回转灵活,以减少拖引时的阻力从而减少伸长。

总之,"湿、热、张力"是产生浆纱伸长的三要素,张力与伸长不是一个概念,张力是产生伸长的条件之一。伸长率最小的区域是浆槽区;伸长率最大的区域是烘燥区中的湿纱区;而张力最大的是卷绕区;分绞区张力次之。

试验十九 模拟调浆试验

一、试验目的与意义
(1) 模拟简易调浆过程,观察淀粉的糊化过程。
(2) 估算给定浆料配方条件下的各浆料投放量。

二、试验仪器、用具与浆料
烧杯、电炉、玻璃棒、天平、温度计、NDJ-79型回转式黏度计、浆料(淀粉、PVA、CMC等)、浆纱助剂。

三、试验内容与方法

(一) 浆料性质认识
对照教材了解各种浆料的物理、化学性质。

(二) 模拟调浆试验

1. 根据浆液配方估算浆料的投放量

(1) 对单一黏着剂组分的浆液,可按下式估算浆料的投放量。

$$C = \frac{G \times (1 - W)}{G + G_1} \times 100\%$$

式中:C——设计浆液含固率;
G——估算浆料的投放量,g;
G_1——做浆所需水的重量,g;
W——浆料的含水率;

注:一般淀粉含水率约为14%,PVA含水率为8%,CMC含水率为10%。

(2) 对于A、B两种黏着剂组分的浆液,设A浆料的投放量为G_A,B浆料的投放量为G_B,已知A浆料的含水率为$A\%$,B浆料的含水率为$B\%$;已知浆料A与B的比例为$X:Y$。

$$C = \frac{G_A \times (1 - A) + G_B(1 - B\%)}{G_A + G_B + G_1} \times 100\% \tag{1}$$

$$G_A : G_B = X : Y \tag{2}$$

联立式(1)和式(2),则可分别计算出浆料A和B的投放量G_A和G_B。

2. 淀粉浆调浆的试验步骤

(1) 在烧杯内先用少量水将已知重量的淀粉搅拌均匀,呈糊状,再将其余水倒入,至规定体积,把烧杯放到电炉上加热,不断搅拌。

(2) 记录开始糊化温度和完全糊化温度。

(3) 用NDJ-79型回转式黏度计测出浆液黏度。

(三)注意事项

1. CMC 浆液调制注意事项

(1)由于 CMC 极易溶于水,应缓慢投放,以避免浆料结块,出现"白芯"现象。

(2)观察测定 CMC 浆液的黏度和黏度稳定性(温度、酸碱、加热时间)。

2. PVA 浆液的调制注意事项

(1)PVA-1799 在常压下需煮沸 2h 以上才能完全溶解。

(2)PVA-1788 和 PVA-205 易溶解,但容易起泡。

试验二十 浆纱毛羽贴伏率试验

一、试验目的与意义

(1)经纱上浆后毛羽(一般指 3mm 以上的有害毛羽)的贴伏率是衡量上浆效果和浆纱被覆性能的重要指标。

(2)对于高密织物,提高浆纱毛羽贴伏率有利于提高织造开口清晰度,减少"三跳、纬缩"次布。

(3)对于喷气织机,提高浆纱毛羽贴伏率,有利于减少因梭口不清而产生的纬纱阻断,提高织机效率。

(4)浆纱毛羽贴伏率是衡量浆纱被覆性能的重要指标。

二、试验仪器与用具

YG171D 型离线纱线毛羽测试仪,BT-2 型在线毛羽测试仪,黑板。

三、试验方法与计算

毛羽的测试方法分为仪器检测法和人工计数法;仪器检测法又分为离线毛羽测试仪和在线毛羽测试仪。

取样应尽量靠近边纱处取样以避免造成人为倒断头,最好与测墨印长度的试验同时进行。

(一)仪器检测法

采用 YG171 型离线毛羽测试仪或 BT-2 型在线毛羽测试仪测试均可,其测试的基本原理是用光电检测的方法将纱线上毛羽引起的光通量的微弱变化变成电信号,来得到纱线毛羽的数据。一般用毛羽指数来表示,即 10cm 内长度的纱线内单侧长度达 3mm 毛羽的根数称为毛羽指数。

1. YG171D 型离线纱线毛羽测试仪(图 3-3) 该仪器是用于测试纱线毛羽指标的专用仪器,符合纺织行业 2000 年颁布的新标准:纱线毛羽测定方法——投影计数法 FZ/T 01089—2000。该仪器毛羽设定长度精度高,纱线走纱稳定,计算机自动检测、校正、显示和统计。

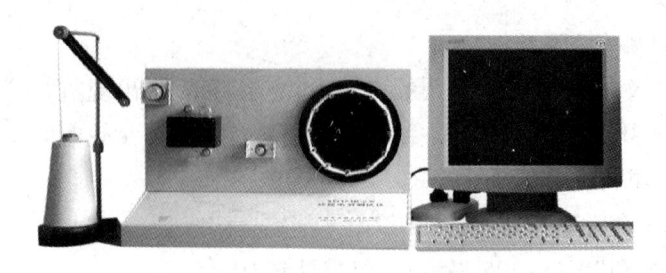

图 3-3 YG171D 型离线纱线毛羽测试仪

也可采用 YG172 型毛羽测试仪测试(见第一章),试验方法基本类似。

2. BT-2 型在线毛羽测试仪　用两个带有槽孔的探头(根据毛羽长度的检测要求选择不同的探头)同时测定 A 点和 B 点的毛羽数,中央指示仪显示其数值并可打印(图 3-4),但由于纱线抖动及探测元件精度,试验误差大。

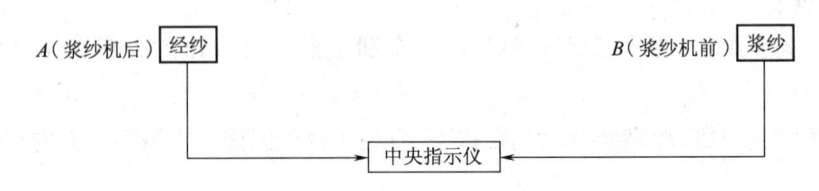

图 3-4　BT-2 型在线毛羽测试仪原理

(二)人工计数法

(1)分别在黑板上绕取的未上浆的经纱和上过浆的经纱各 1m,相邻两根经(浆)纱的间距为 10mm。

(2)分别目测计数两块黑板上经纱(或浆纱)上单侧突出 3mm 以上的毛羽数。

(3)计算上浆后的毛羽贴伏率。

$$毛羽贴伏率 = \frac{未上浆的经纱毛羽数 - 上过浆的经纱毛羽数}{未上浆的经纱毛羽数} \times 100\%$$

(4)人工计数法数据稳定性好,但需定期统一目光。

四、影响毛羽的主要因素

1. 配棉或原料配比

(1)如果配棉的主体长度短或短绒含量高,则毛羽较多。

(2)由于静电作用,涤棉混纺纱的毛羽对织造危害更大。

2. 纺纱工艺　新上车的钢领和衰退的钢领由于和钢丝圈配合不好,纺纱过程中产生的毛羽较多;走熟的钢领毛羽较少。

3. 纱线结构　纱线的捻度大,结构紧密,则毛羽较少。

4. 纺纱方式　紧密纺纱的纱线毛羽较环锭纺纱的毛羽少。

5. 络筒工艺与设备

(1)采用机械式清纱器的国产络筒机(如1332M、1332P型)络纱的纱线毛羽较多。

(2)机械式清纱器的清纱隔距越小,越易刮毛纱线,络纱后纱线毛羽越多。

(3)金属槽筒与胶木槽筒相比,由于其抗静电、耐磨、表面光滑,因而产生的毛羽较少。

(4)采用电子清纱器的国产络筒机和进口络筒机毛羽较少。因而国产络筒机的老机改造时普遍采用了电子清纱器。

6. 浆纱工艺 毛羽贴伏率指标与浆纱配方、浆液性质、浆纱工艺和浆纱设备等因素均有密切的关系,该指标反映出上浆的综合质量。

(1)浆料的被覆性越好,则上浆后毛羽的贴伏性越好。PVA 浆优于 CMC 浆,CMC 浆优于淀粉浆。

(2)上浆率高,浆液的被覆性就高,毛羽较少。

(3)浆纱的分纱阻力小,则浆纱出烘房后因分绞而产生的再生毛羽较少,采用不同浆料的浆液上浆后的分纱阻力的一般顺序:CMC < 淀粉 < PVA - 205 < PVA - 1799、PVA - 1788。

(4)上浆时经纱覆盖系数小,相邻经纱不易粘连,毛羽较少。采用双浆槽,分层预烘,再合并烘干的方式,纱线间的间隙较大,有利于纱线表面浆膜的完整,对贴伏毛羽有利。

(5)浆纱后上蜡。浆纱后上蜡有利于增加纱线的平滑性,贴伏毛羽,消除涤棉混纺品种的静电现象而避免毛羽极化。一般上蜡率为 0.3% 左右。

(6)压浆辊的压力。压浆辊的压力高,将有助于毛羽的贴伏,从而使浆纱毛羽减少。现代浆纱技术强调高压上浆的目的之一就是提高毛羽贴伏性能。

(7)湿分绞。在纱线进烘房前,适当的湿分绞有利于浆膜完整和减少毛羽,这是由于纱线间的间隙增加导致的,生产中所采用的湿分绞棒根数一般为 3 根左右。

试验二十一　浆纱切片试验

一、试验目的与意义

(1)检验上浆后浆液在经纱中的分布(浸透、被覆)情况。

(2)检验浆膜的完整情况。

(3)浆液的浸透与被覆是上浆过程中相互关联的重要因素。

(4)浆液的浸透性会使上浆后经纱中纤维彼此粘合,使纤维集体抵抗外界作用力,增加其拉伸断裂强力。

(5)浆纱被覆性及浆膜完整性的主要作用如下。

①增强浆纱抵抗织造时综丝、经停片,特别是钢筘打纬对经纱的摩擦作用的能力。

②贴伏毛羽,提高织造开口清晰度,减少"三跳、纬缩"疵布。

(6)浆膜要求完整,完整的浆膜是经纱织造良好的保护。

二、试验方法与计算

(一)浆纱切片制作

1. 哈式切片仪法

(1)采用哈式切片仪制作浆纱切片所采用的仪器、用具、试剂和材料有哈式切片仪(图3-5、图3-6)、火棉胶溶液、刀片、未上浆的经纱等。

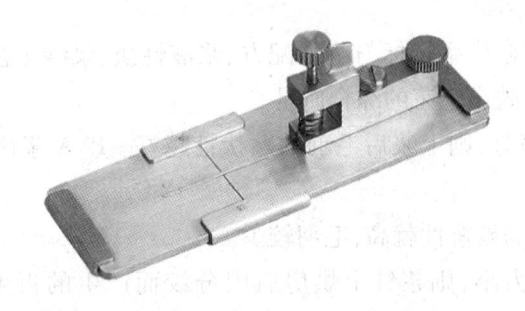

图3-5 哈式切片仪

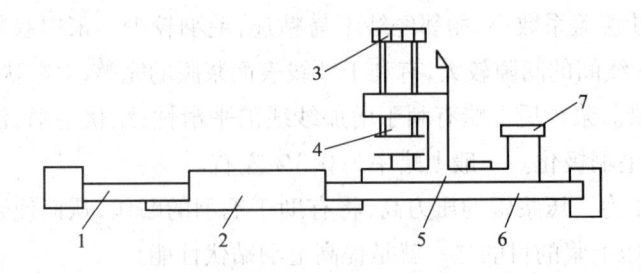

图3-6 哈式切片仪结构
1—左底板　2—侧支架　3—匀给螺钉　4—匀给器　5—匀给架
6—右底板　7—定位螺栓

(2)制作步骤。

①将匀给螺钉逆时针转动,使匀给器与右底板不接触。

②将定位螺栓轻轻拔起,使匀给器转动一定角度,以便将试样放入切片器的缝隙中。

③将左右底板拉开,把试样(浆纱和未上浆的经纱)平行嵌入右底板的缝隙中,将左底板沿导槽推进,扣紧,夹紧试样(图3-7)。

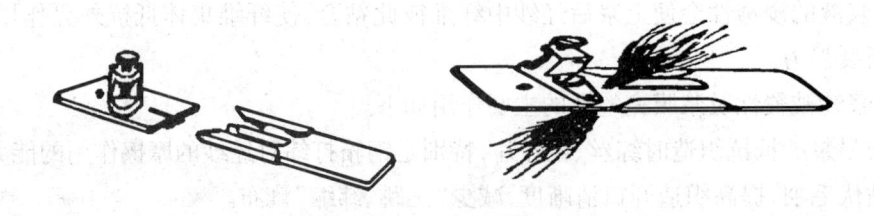

图3-7 哈式切片仪操作示意图

④在缝隙处将一小滴火棉胶溶液滴入试样,待胶液充分浸入并蒸发干后,用刀片切去露出试样。

⑤调节匀给螺钉,使试样露出底板,再在试样表面薄薄地涂上一层胶液。

⑥待胶液蒸发干后,用刀片将试样从底板切掉并弃之。

⑦用匀给螺钉控制切片厚度,用同样的方法相继切出第二片、第三片、…试样。

2. 铝板穿孔法

(1)铝片穿孔法制作浆纱切片所用的用具、试剂和材料有铝板(厚约1mm,且上面钻有直径1.0mm的小孔)、U形综丝、双面刀片、稀碘液、未上浆的经纱等。

(2)制作步骤。

①将一束未上浆的经纱和一根浆纱合并弯成V形(图3-8),并将其引过小孔,经纱起固持浆纱的作用,注意松紧适度。

②用锋利的双面刀片沿铝板的正反两表面切去外露的纱束,只留下小孔中的纱束切片。

③在孔中的纱束切片上滴一滴稀碘液,以使浆纱显色。

④将带有浆纱切片的铝板放到显微镜下,按十字校正法使得有浆纱切片的小孔对准显微镜的物镜中心进行观察(图3-9)。

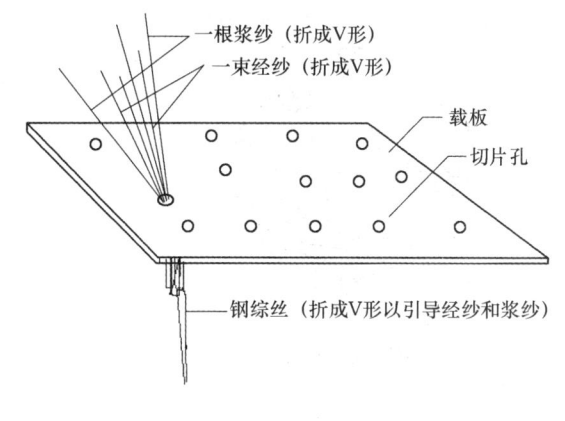

图3-8 金属丝钩导入经纱和浆纱   图3-9 两个浆纱切片

该方法易于掌握,成功率高,且一次可以制作两个切片。

3. 封石蜡切片法

(1)封石蜡切片法制作浆纱切片需要用浇蜡模、稀碘液、材料石蜡(熔点58~60℃)、坩埚(容量150mL左右)、镊子、刀片、载玻片、吸水纸等。

浇蜡模用0.5mm厚的不锈钢或铜皮制成,且由如图3-10所示两部分组成。稀碘液由0.1g碘和0.3g的碘化钾溶于100mL蒸馏水中而成。

(2)制作步骤。

①先将石蜡放在坩埚中加热,直到石蜡冒白烟为止,然后将其冷却凝固,使用时只要将其熔化即可。

②将浆纱试样取一小束轻轻夹在浇蜡模上的细缝中,使其伸直。

③将60℃液态石蜡注入浇蜡模,使其液面稍高于纱线。

④待石蜡冷却凝固后,取出已有浆纱的蜡块,用刀片削去浆纱束四周石蜡。

⑤将上述浆纱束按横截面方向仔细地切下薄片(越薄越好),将薄片用镊子夹至涂有稀碘液的载玻片上,约2min后吸去稀碘液,此时因浆液中的淀粉与碘反应,而使浆纱切片出现蓝色。

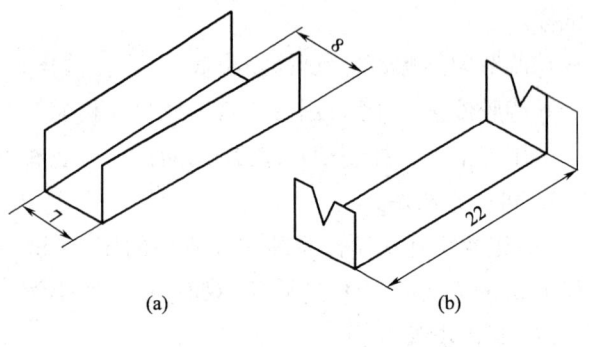

图3-10 浇蜡模

(二)定性观察与描绘

1. 定性观察描绘试验采用的仪器、用具　显微镜(100~400倍)、面密度均匀的纸板、铅笔。

2. 描绘方法　在面密度均匀的纸板上用铅笔描绘浆液浸透与被覆状况(图3-11)。

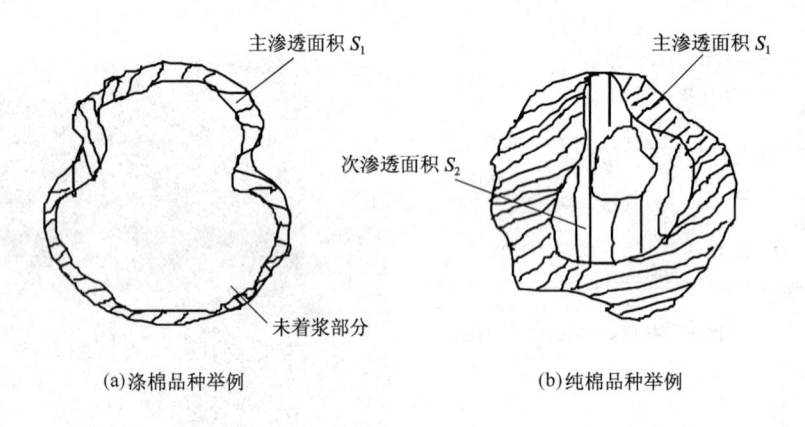

图3-11 显微镜下浆纱切片的定性观察与描绘

(三)定量测试

定量测试试验可以采用面积积分仪和显微镜投影仪,但工厂常采用剪纸称重法。

1. 剪纸称重法所用的仪器和用具　天平(工业链条天平或电光天平)、剪刀。

2. 试验步骤　将已描绘在均匀纸板上的浆纱的横截面,用剪刀小心沿浆纱外轮廓线剪下,用天平称重,为浆纱总截面的重量,然后分别剪下浸浆截面和未浸入浆液的截面,分别放到天平上称其纸板重量,并测量浆膜的完整度,按下式计算:

(1) 主浸透率:
$$P_1 = \frac{G_1}{G} \times 100\%$$

(2) 次浸透率:
$$P_2 = \frac{G_2}{G} \times 100\%$$

（3）浆膜完整率：
$$P_3 = \frac{\sum \alpha}{360°} \times 100\%$$

式中：P_1——主浸透率；

P_2——次浸透率；

P_3——浆膜完整率；

G_1——主浸透面积 S_1 所占的重量，g；

G_2——次浸透面积 S_2 所占的重量，g；

G ——总切片面积 S 所占的重量，g；

$\sum \alpha$——浆膜总覆盖的角度之和。

三、影响浆液的浸透性、被覆性及浆膜完整率的主要因素

1. **纤维材料的性质** 它是影响浆液浸透性与被覆性的决定性因素，某种意义上讲，水是浆液的载体，纺织材料的亲水性好，则浆液的浸透性也好。

2. **纱线的结构**

（1）紧密纺纱的纱线结构紧密，浆液对其的浸透性较差。

（2）捻系数较大的环锭纺纱，浆液对其的浸透性也较差，同时浆液对其的被覆性也较差。

（3）如果纱线的配棉主体长度较短，且短绒较多，则导致纱线结构较为松散，毛羽较多，但浆液对其的浸透性和被覆性都较好。

3. **上浆时经纱覆盖系数**

（1）较低的经纱覆盖系数有利于浆液的浸透与被覆。

$$C = \frac{0.037 \times N \times \sqrt{\text{Tt}}}{W} \times 100\%$$

式中：C——上浆覆盖系数；

N——总经根数，根；

Tt——经纱纱线线密度，tex；

W——经轴宽度，mm（即经轴的盘片间距，工厂普遍采用的经轴宽度是1800mm）。

（2）减少上浆时经纱覆盖系数的最有效的途径是采用双浆槽浆纱机。

4. **浆液黏度** 浆液的黏度低，则浆液对纱线的浸透性相应增加，但被覆性则相应下降，这是由于浆液黏度的降低导致浆膜厚度变薄而引起的。

5. **浆液的温度** 浆液温度的提高有利于增加浆液的流动性，同时使浆液对经纱的浸透性增加。

6. **浆料的黏附性** 浆料的黏附性增加，有利于增加浆料在经纱表面的吸附，使浆液对经纱的被覆性增加。

7. **压浆辊的压力** 压浆辊的压力增加，有助于浆液与经纱内部空气置换，可使浆液对

经纱的浸透效果好,但被覆性较差。

8. 压浆辊的表面状态　压浆辊的表面弹性越好,则使浆液对经纱的浸透效果较弱,但被覆性较好。

9. 浸没辊的深度　浸没辊的深度越大,则使浆液对经纱的浸透效果越好。但为避免恶化浆纱伸长,一般不经常调整浸没辊的高低位置。

10. 浸压方式　粘胶纱通常采用单浸单压或蘸浆法;高密厚重织物可采用双浸四压;一般织物采用双浸双压。

11. 浆纱车速　浆纱车速度越高,经纱在浆液中停留时间较短,浆液对经纱的浸透较少,而留在经纱表面的浆液较多,被覆较高。

12. 浸透剂　浸透剂能有效降低浆液的表面张力,增加浆液对经纱的浸透性。

四、影响浆膜完整率的主要因素

1. 上浆经纱的覆盖系数　上浆经纱覆盖系数越高,相邻两根经纱上浆后容易彼此粘连,浆膜的完整率较差。

2. 浆液的黏度　浆液的黏度越高,则使浆膜的厚度增加,同时浆膜的完整度较好。

3. 浆液的黏附力　浆液的黏附力越高,则使浆膜不易剥离,成膜较好。

4. 浆膜的强力　浆膜的强力高则分纱阻力大,分绞时相邻两根纱的浆膜易破裂,即浆膜的完整性较差。

5. 浆液的成膜性浇蜡　浆液的成膜性是影响浆膜完整性的主要因素,浆液的成膜性越高,浆膜越完整。不同浆料的成膜性比较:PVA 优于 CMC,CMC 优于淀粉浆料。

试验二十二　浆纱增强率、减伸率试验

一、试验目的与意义

(1)测试拉伸断裂强力、断裂伸长、断裂强度、断裂功、断裂时间等物理指标。

(2)上浆后由于浆液浸透入纱线在纤维之间起黏合作用,增加了纱线中的纤维集体抵抗外力的作用,因而拉伸断裂强力提高,但由于纤维的彼此间的滑移受到限制,所以断裂伸长率降低。浆纱强力的提高对降低织造断头率有积极作用,而减伸率提高会使上浆后经纱的剩余伸长减少,回弹性下降,引起织造断头。

(3)考察增强率、减伸率的高低,可以评价浆料配方、上浆工艺参数的合理性,为调整工艺提供依据。

二、试验仪器

本试验采用等速牵引(CRT)型、等速伸长(CRE)型和等加负荷(CRL)型三种单纱强力试验仪中的等速牵引(CRT)型单纱强力试验仪。单纱强力试验仪又分为机械摆锤式和电子式两种。

三、试样调湿

(1)标准温度(20±2)℃,相对湿度(65±2)%;快速试验可采用(20±3)℃,相对湿度(65±3)%。

(2)调湿时间:绞纱不少于24h,卷装需4h,使试样与标准温湿度达到含湿平衡。

四、试验参数

(1)断裂时间按规定为(20±3)s。快速试验可采用(10±1.5)s。试验前应先校对断裂时间,连续进行5次至平均值达到规定要求时,方可开始进行试验。

(2)试样夹持距离为500mm。

(3)棉纱和化纤长丝的预加张力分别采用(0.5±0.1)cN/tex和(0.0567±0.01)cN/旦。

五、试验方法与计算

(一)摆锤式单纱强力仪法

1. 摆锤式单纱强力仪的结构(图3-12)

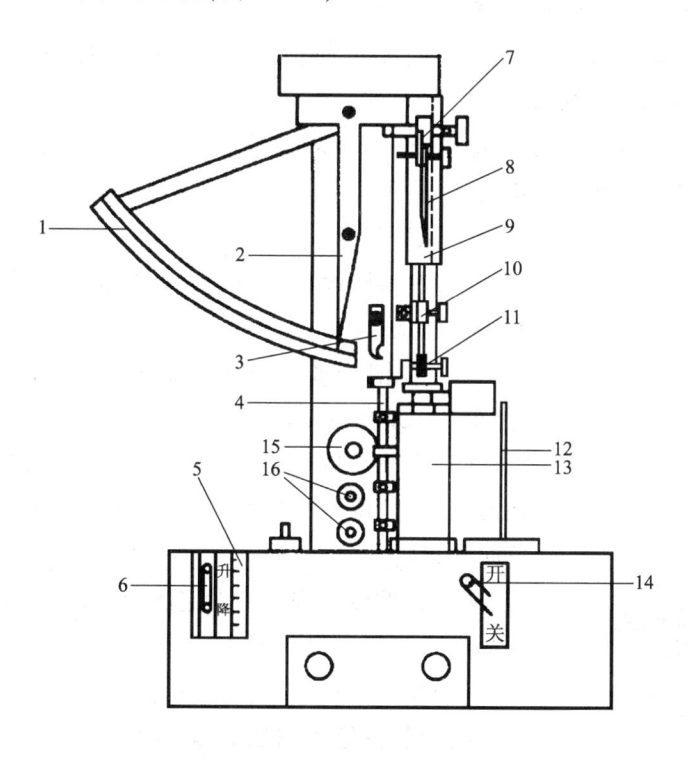

图3-12 摆锤式单纱强力仪

1—拉伸强力标尺 2—强力指针 3—指针挡板 4—拉伸动程定位杆 5—升降速度标尺 6—升降开关
7—上夹持器 8—伸长指针 9—伸长标尺 10—下夹持器 11—预加张力钩
12—纱座 13—升降杆 14—开关 15—备用重锤 16—电源开关

2. 仪器的调整

(1)首先校正仪器水平,然后调整上下夹持器间距至试验要求距离。

(2)调整伸长尺位置,使伸长指针对准伸长尺零位。

(3)检查预加张力秤的游码放在零位时,张力秤是否平衡。

(4)挂好重锤,且张力在 9.8~196cN(10~200g)范围内挂 A 锤,张力在 39~980cN(40~1000g)范围内挂 B 锤。

(5)检查限位开关、电器开关是否正常,再打开电源开关,试开空车后看小车升降停位等是否正常。

3. 试验步骤

(1)将断裂时间计数器和测试次数计数器清零,并用制动杆扣住指针杆。

(2)选择下夹持器下降速度,确定断裂时间在(20±3)s 内(调下降速度)。

(3)调整重锤,使试样的断裂强力值在强力计数尺示值的 20%~80%。

(4)将需测试的纱绕过导纱钩、上夹持器、下夹持器、预加张力钩,进入夹紧装置的夹持面,注意操作中防止经纱退捻。

(5)扳动上夹持器偏心扳手,将纱线夹紧于上夹持器中,然后右手扳动下夹持器偏心板手(此时左手松开纱头),使下夹持器夹紧纱线。

(6)拔开止动钩,使强力指针臂松开,按下下降按钮,拉伸断裂时读取数据。

(二)电子式单纱强力机法

1. 仪器原理　电子单纱强力机(图 3-13)采用等速牵引原理,与计算机联机时可实时显示负荷伸长曲线、断裂强力与断裂伸长率。

2. 试验步骤

(1)在参数设置页面里设置参数,如纱线线密度、断裂余值、伸长上限等。

(2)单击"试验",进入试验状态,默认"隔距"为 500mm、"速度"为 500mm/min。

(3)上下夹持器夹好纱线,点击屏幕"拉伸"键,或按单纱强力机上的"拉伸"键,下夹持器下移。断纱后,下夹持器自动返回到起始位置。

(4)拉伸试验进行到设定次数时,如不需要删除的数据,按"停止"键进入打印统计值等待状态。

(5)按"统计"键,打印统计值。

(三)计算浆纱增强率、减伸率

(1)取 10 根浆纱(另取样做退浆率试验)做单纱强力(cN)和伸长(mm)试验,取平均值(剔除异常值)。

(2)取 10 根未上浆的经纱做单纱强力(cN)和伸长(mm)试验,取平均值(剔除异常值)。

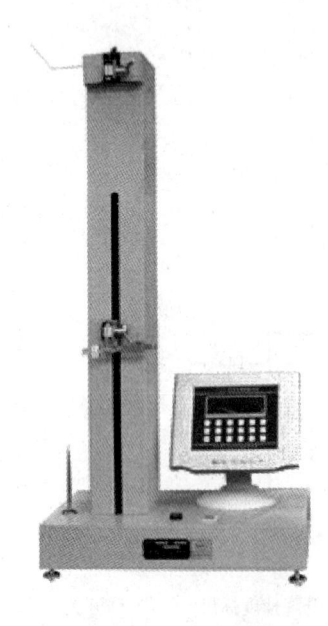

图 3-13　电子单纱强力机

(3)根据上面的试验结果计算：

$$浆纱增强率 = \frac{浆纱强力 - 经纱强力}{经纱强力} \times 100\%$$

$$浆纱减伸率 = \frac{经纱伸长 - 浆纱伸长}{经纱伸长} \times 100\%$$

六、浆纱增强率、减伸率的主要影响因素

1. **上浆率** 上浆率越高,将会增强经纱中的纤维集体抵抗外界拉伸作用的能力,但纤维之间的滑移能力降低,因而增强率、减伸率均有增加。

2. **浆液的浸透与被覆** 浆液对经纱的浸透能力越高,则相应的增强率、减伸率越高;反之,浆液对经纱的被覆越高,则浆纱的增强率、减伸率都较低,剩余伸长较长。

3. **浆料性质** PVA的浆膜强力较高,在同样上浆率及相似上浆工艺的条件下,浆纱增强率较其他浆料的高。其浆膜的断裂伸长亦较高,即减伸率较小。

4. **纤维材料**
(1)涤棉混纺纱等含疏水性纤维的经纱上浆易形成被覆上浆效果,增强率、减伸率都较低。
(2)黏胶纤维和棉等亲水性纤维的经纱易形成浸透上浆,增强率、减伸率都高。

试验二十三　浆纱增磨率试验

一、试验目的与意义

(1)织造过程中,开口运动使得经纱与经停片、综丝发生摩擦,钢筘的打纬运动使得经纱与筘齿发生剧烈摩擦,浆纱抵抗这种摩擦的能力叫做浆纱的耐磨性。

(2)浆纱的耐磨性是衡量上浆后经纱可织性的重要指标,可用其比较、确定浆料选择、浆液配方和上浆工艺参数的合理性。

二、试验方法与计算

(一)仪器法

1. **常见纱线耐磨仪**

(1)原理与结构。仪器法是指比较浆纱与未上浆的经纱在指定预加张力下与指定磨料摩擦,直至断裂,所需摩擦的次数。可采用纱线耐磨试验仪(图3-14)试验,也可以采用纱线抱合力仪进行纱线耐磨试验。

(2)测试方法。两组被测纱线分别夹持于悬吊了重锤的两组夹持器中,计数器清零,打开电源,开始测试,梳针板反复摩擦纱线,纱线发生断裂时记录摩擦次数。若为浆纱耐磨性测试,则需分别测试纱线上浆前后的耐磨情况。

2. **LFY-109型电脑多功能纱线耐磨性能试验仪(图3-15)** 它主要适用于单纱、股线等纺织材料耐磨性能的测定。其技术指标主要有以下几个。

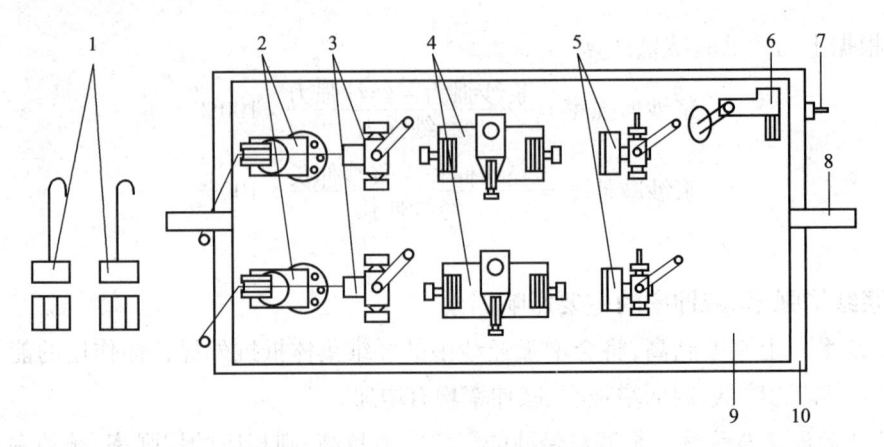

图 3-14 纱线耐磨仪结构

1—重锤　2—滑轮　3—后夹持器　4—梳针板　5—前夹持器　6—计数器
7—开关　8—防尘罩把手　9—防尘罩　10—机座

(1) 测试试样数:20 根。
(2) 摩擦方式:匀速摩擦。
(3) 摩擦频率:约 60 次/min。
(4) 数据输出项目:最大值、最小值、平均摩擦次数、摩擦次数变异系数、单次值。
(5) 砝码重量与数量:25cN、30cN 各 20 块。

(二) 织机实际模拟法

织机实际模拟法最接近浆纱在实际织造中所受到各种摩擦情况,具体方法如下。

(1) 选取即将了机的织机,断开织机的送经、卷取、断纬自停等运动。

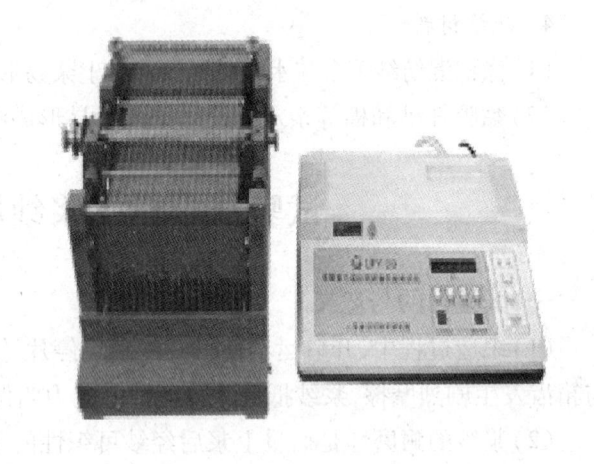

图 3-15　LFY-109 型电脑多功能纱线耐磨性能试验仪

(2) 将一只没有纡子的梭子投入梭口(若为无梭织机,则储纬器停止供纬)。
(3) 开动织机,则经纱与经停片、综丝、钢筘摩擦,记录经纱断头数/(台·h)(或万纬)。
(4) 浆纱耐磨性计算公式:

$$浆纱耐磨性 = \frac{浆纱的磨断次数 - 经纱的磨断次数}{经纱的磨断次数} \times 100\%$$

三、浆纱耐磨性的主要影响因素

1. 浆纱性质

(1) 如果浆纱强力高、弹性好,则浆纱抗疲劳性能好、耐磨性高。

(2)纱线线密度对浆纱的耐磨性有重要的影响,线密度高的纱线耐磨性好。

(3)纱线的结构、纱线的捻度、精梳纱与非精梳纱等因素均与浆纱的耐磨性有关。经纱捻度高,纤维间抱合紧,耐磨性就好;精梳纱含短绒少,表面光滑,且强力高,则其浆纱耐磨性好。

2. 浆膜性能 如果浆膜强力高、韧性好、表面平滑,将极大改善浆纱的耐磨性。不同浆料的浆液所形成的浆膜的耐磨次数比较:PVA > CMC > 丙烯酸系浆料 > 淀粉类浆料。

3. 助剂的采用

(1)柔软剂的采用虽然有助于增加浆纱的耐屈曲性,从而改善浆纱的耐疲劳性,但柔软剂会软化浆膜,降低浆纱的耐磨性,所以柔软剂的用量不宜过多。

(2)后上蜡的采用有助于改善浆纱表面的平滑性,降低摩擦系数,从而提高浆纱的耐磨性,后上蜡率一般为0.3%左右。

4. 浆纱回潮率 浆纱回潮率过高,会软化浆膜,降低耐磨性,增加织造断头,严重时会导致布面起球。

5. 浆液的被覆率 浆液对经纱的被覆率的提高将有助于增加浆纱的耐磨性。

6. 上浆率 一般来讲,上浆率提高,浆液的渗透率与被覆率(主要是被覆)增加,耐磨性得到改善。

7. 浆纱工艺 它是影响浆纱耐磨性的重要因素。浆液温度高,压浆力大,可使浆液浸透到纤维内部,使纤维互相粘结,纱线的毛羽伏贴,表面光滑,从而增强纱线的耐磨性。

试验二十四 浆纱落物率试验

一、试验的目的与意义

(1)落物率是指上浆后的经纱在分绞区的落浆率与落棉率之和。

(2)浆纱落物率反映浆液对经纱的浸透与被覆情况。

二、试验方法与计算

(1)将一块塑料布铺于浆纱机分绞区的下方(图3-16),一般测试5个浆轴。

(2)用100目的细筛分开落棉与落浆。

(3)将落棉与落浆分别放到烘箱中烘干(105℃,约1.5h)。

(4)称烘干后重量。

(5)计算:

$$落棉率(g/100m) = \frac{落棉干重(g)}{浆纱总长度(m)} \times 100m$$

$$落浆率(g/100m) = \frac{落浆干重(g)}{浆纱总长度(m)} \times 100m$$

$$落物率(g/100m) = 落棉率(g/100m) + 落浆率(g/100m)$$

图 3-16 浆纱分绞台落物

三、浆纱落物率的主要影响因素

1. 浆液的浸透　浆液的浸透是被覆的骨架,如果浆液对经纱的浸透不良,会形成表面上浆,则浆纱落物率较高。

2. 浆液的黏度　浆液的黏度过大,则形成的浆膜过厚,易形成表面上浆,落浆率较高。

3. 浆液的黏附性　PVA 浆液对绝大多数纤维的经纱黏附性较好,所浆纱线落物率较低;用淀粉浆上浆的纱线落物率较高;丙烯酸酯类浆料对涤纶等疏水性纤维黏性高,落浆率较低。

4. 浆液的分解情况　以淀粉浆为例,如果浆液分解度过低,糊化不充分,则上浆后落浆率较高。

5. 配棉情况　如果经纱主体长度较短,短绒较多,则上浆后落棉率较高。

试验二十五　浆纱浆轴卷绕密度试验

一、试验目的与意义

(1) 控制织轴的卷装容量,并为工艺设计提供依据。
(2) 浆轴卷绕密度反映浆纱工序的卷绕张力的高低。
(3) 浆轴卷绕密度过大,则纱线弹性损失严重,过小则卷绕成形不良,织轴容量小。

二、试验方法与计算

(1) 具体试验步骤参见第二章"经轴卷绕密度测试"。
(2) 计算公式:

$$\gamma = \frac{G}{V} = \frac{4L \times \mathrm{Tt} \times (1+Z) \times N}{10^3 \times (D^2 - d^2) \times \pi \times H}$$

式中：G——浆纱重量，g；

　　　V——卷绕浆纱体积，cm³；

　　　γ——卷绕密度，g/cm³；

　　　L——卷绕长度，m；

　　　Tt——经纱纱线线密度，tex；

　　　Z——上浆率；

　　　N——总经根数，根；

　　　D——卷绕直径，cm；

　　　d——轴管直径，cm；

　　　H——经轴宽度，cm。

（3）根据卷绕密度的公式可计算卷绕长度：

$$L = \frac{10^3 \times (D^2 - d^2) \times \pi \times H \times \gamma}{4\text{Tt}(1+Z)N}$$

三、棉型浆纱卷绕密度的经验标准（表3-3）

表3-3　棉型浆纱卷绕密度的经验标准

纱线线密度（tex）	卷绕密度（g/cm³）	纱线线密度（tex）	卷绕密度（g/cm³）
19~41	0.4~0.45	10~12	0.48~0.55
13~18	0.45~0.48	13（T65/C35）	0.5~0.6

注　涤棉混纺经纱的卷绕密度比纯棉经纱高10%~15%。

四、浆轴卷绕密度的影响因素

（1）卷绕张力的大小。卷绕区张力越高，则浆轴的卷绕密度越高。卷绕张力的大小应根据总经根数与经纱线密度而制订。

（2）经纱线密度。其他条件一定的条件下，经纱线密度越低，则卷绕密度越高。

（3）涤棉混纺经纱表面较纯棉纱光滑且弹性较好，因而卷绕密度较纯棉经纱高10%~15%。

（4）股线的卷绕密度比单纱高15%~25%，阔幅织机的卷绕密度较窄幅织机低5%~10%。

（5）卷绕密度与浆轴卷绕张力调节装置有关。

试验二十六　浆纱的墨印长度试验

一、试验目的与意义

在浆纱的时候需要在织物每个匹长的两端打上印记，以方便落轴操作和织造产量的统计，这个印记之间的长度就是浆纱的墨印长度。浆纱的墨印长度的准确与否对织物的匹长和联匹长度是否准确非常关键，如果不准确或印记不全，会造成织物的长短码现象，给企业带来损失。

二、试验方法与计算

（一）手工测长法

1. 试验用具（图3－17）　木制测长尺一根（长70cm×宽3cm×厚0.6cm），在木尺两端各钉一枚钉子，两钉间距离为0.5m。

2. 试验步骤

（1）浆纱机开车运转时，在打印装置打印前，从墨印打及的范围内任意摘取1根浆纱。

（2）从浆纱第一墨印起，将纱轻轻地绕在测长尺上，直至第二墨印为止。

3. 计算

实际墨印长度 = 1m × 圈数 + 不足1圈的长度

4. 注意事项　若发现长度不正确，应先检查操作手法是否正确，在操作无误的条件下，检查测长轮是否调对或打印机构是否失灵，如码表齿轮啮合不正确，落轴打印时墨印锤击打不及时，打印机构不灵活等都会影响墨印长度准确。如祖克S232型、S432型等浆纱机采用喷墨打印装置，电磁阀失灵会造成墨印长度不准。

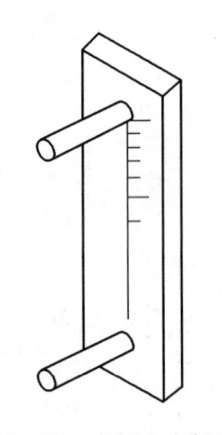

图3－17　手工浆纱墨印测试工具

这种简易的测试方法具有操作方便、快捷的特点，在生产中非常实用。

（二）浆纱墨印测试仪测长法

测长前先将测长仪搭挂于浆纱机前车平纱辊或支架上，使仪器上的测长盘贴靠在浆纱机的测长辊上。仪器的开关与打印装置相连，第一次打印后，测长仪开始转动，第二次打印后测长仪停止转动，于是可从测长仪的计数表上读出浆纱墨印长度。

三、墨印长度对织物的影响

墨印长度是决定织物匹长的重要指标，过长、过短均会造成长短码布，导致零布增加，造成不必要的浪费。因此，在生产中定期测定该指标，可以有效地预防长短码布的产生，减少企业不必要的损失。

试验二十七　浆纱上浆率与回潮率横向均匀性试验

一、试验目的与意义

（1）测试上浆辊与压浆辊横向密接性。

（2）上浆辊与压浆辊的横向密接性将直接影响经纱上浆的横向均匀性。

(3)局部上浆率过高会造成浆纱出烘房后局部粘并、不能充分烘干而导致浆膜过软,且在织造中易产生局部棉球疵布。

(4)局部上浆率过高,会严重影响浆纱车工操作,影响车速的提高,从而严重影响浆轴质量及生产效率。

二、试验周期

压浆辊表面磨砺后或浆纱机大小平车后要进行上浆率与回潮率的横向均匀性试验。

三、试验仪器、用具与试剂

测微片、复写纸、白纸,其他仪器、用具与试剂与退浆率、回潮率试验相同。

四、试验方法

(1)用0.15mm测微片分左、中、右三点分别插入上浆辊与压浆辊之间。各点上浆辊与压浆辊(图3-18)的间距均应小于0.15mm。

(2)将复写纸夹于两层白纸之间,共准备三组。分左、中、右三处同时将其放在上浆辊与压浆辊之间,开动浆纱机使其输出。检查左、中、右三点白纸上的复写纸压痕,压痕轻者则该处的压浆辊与上浆辊的密接性不好。

(3)浆纱机开车后,分左、中、右取样作退浆率、回潮率试验,并进行对比。上浆率大于10%时,左、中、右的最大差异允许在0.5%以下;上浆率低于10%时,左、中、右的最大差异允许在0.3%以下。

图3-18 压浆辊与上浆辊

五、试验结果分析与技术措施

1. 试验结果分析

(1)上浆率的横向不匀主要是由于压浆辊与上浆辊在运转时的密接程度不匀产生的。

(2)浆辊两端受到压浆力的长期作用,由于压力传递的不均匀性,压浆辊两端磨损较多,造成两侧上浆率高,中间上浆率低的状况。

2. 应采取的技术措施

(1)浆辊应该每六个月或一年磨修一次。

(2)浆辊在磨修之前,必须用百分表先检查、校正其平直度,同时保证压浆辊轴头两端顶针眼的同心度。

(3)磨辊砂轮应选用切削量大、散热良好的大气孔砂轮,每次研磨量为0.5mm,这样有助于压浆辊研磨均匀。必要时,压浆辊粗磨后再选用细号大气孔砂轮在进行精磨。

试验二十八　浆纱好轴率试验

一、试验目的与意义

（1）好轴率是浆纱工序工艺、设备、操作、管理水平的综合体现。

（2）浆轴是浆纱工序最终制品，浆轴的质量将决定了织造的质量。浆轴的质量也是考核浆纱车间工作质量的重要指标。在实际生产中，通常是用浆轴的好轴率来体现的。

（3）通过试验结果的报表来统计每个挡车工的好轴率，将其作为考核其产品质量的依据，以督促挡车工认真操作，提高浆轴质量。

二、试验方法与计算

（1）在织造车间现场分品种列表分析、统计所有在织浆轴的疵点类型，并分析原因、责任。

（2）主要疵点类型有绞头、边不良、并头、倒断头、浆斑、错特、松头、软（毛）浆轴、布面棉球、流印、漏印、长短码、了机不良等。

（3）浆轴好轴率考核指标及造成疵点的原因见表3-4。

表3-4　浆轴好轴率考核指标及造成疵点的原因

疵点名称	考 核 标 准	造 成 原 因
绞头	织轴经密在100根以下满6根作疵轴；经密在100根以上满10~15根作0.5只疵轴，满15根及以上作疵轴（废边纱不计）	（1）运转中任意搬头或处理疵点后搬头 （2）浆纱落轴割头时，夹板未夹牢或割纱刀口不锋利，夹板夹持力不好
边不良	织轴明显软硬边或嵌边作疵轴	（1）伸缩筘装置不正确或调幅不适当，与轴幅不齐 （2）浆轴盘片歪斜 （3）经轴压辊太短，压边过轻，两端高低不一
并头	单轴2根作0.5只疵轴，3根及以上作疵轴	浆液浓度，黏度过大，造成浆重而引起并纱
倒断头	单轴满2根作疵轴，1根作0.5只疵轴	（1）各种断头未能及时处理 （2）断头和回丝积聚在分绞杆未及时处理 （3）浆槽内局部蒸汽压力太大，造成经纱起绺，出烘房后因不易分绞而绷断头
浆斑	浆斑作疵轴	（1）浆槽内部分蒸汽压力太大，浆液沸腾剧烈，溅到片纱上 （2）浆液内含有凝结块，上浆时被压浆辊压在纱上 （3）浆槽未妥善加以保温，浆液表面结皮 （4）打慢车或落轴停车时间长 （5）湿分绞棒转动不灵

续表

疵点名称	考核标准	造成原因
错特	纱线特数搞错或纤维之间混杂,作事故处理	(1)操作不良,经轴吊错 (2)管理不当,经轴传票搞错
松头	织物上有经纱下垂2根作疵轴	操作不良,盘头布上浆糊未贴好或浆糊过多

(4)浆纱好轴率的计算公式:

$$浆纱好轴率 = \frac{浆纱好轴总数}{所有检查的轴数} \times 100\%$$

试验二十九 试验室模拟上浆与浆纱性能综合试验

一、试验目的与意义

织机上,经纱要经受反复的拉伸、弯曲和磨损等外界机械作用。经纱通过上浆加工,使浆液被覆在经纱表面,部分浆液浸透到纱线内部一定深度,纱线烘燥后,其表面形成比较完整的、坚韧的浆膜。合理的浆液被覆与浸透可明显提高纱线的可织性,适合织机织造的要求。目前,通常以浆纱拉伸性能、耐磨性能、毛羽指数等指标来评价浆纱的可织性。

二、试验内容

本试验内容为调浆、上浆以及浆纱性能测定的综合试验,通过试验掌握试验室内浆液制备、浆纱的模拟上浆方法和浆纱性能测试方法。通过对比上浆前后经纱的性能,来了解经纱上浆对提高纱线可织性的重要意义。

三、试验方法

(1)根据纤维种类和纱线规格选择合适的浆料和浆液配方,调制浆液。

(2)在单纱浆纱机上进行单纱上浆试验(图3-19、图3-20)。单纱浆纱机的工艺参数要依据上浆纱线特性作精确调整。单纱浆纱机的操作方法如下(以AS3000型浆纱机为例,见图3-21)。

①打开单纱浆纱机右侧电控箱的后门,合上电源开关,单纱浆纱机启动,显示屏显示进入控制界面。

②按进入控制界面按钮,选择所使用的单元编号。

③在选定的单元内设置烘房温度,烘房加热分为一级加热和二级加热,当一级加热不能满足烘房加热要求时,二级加热系统自动加热。设定烘房烘干的初始速度,设定浆纱的烘干长度。

④将调好的浆液倒入浆槽,打开浆槽加热开关,保持浆槽的温度。

图3-19 单纱浆纱机

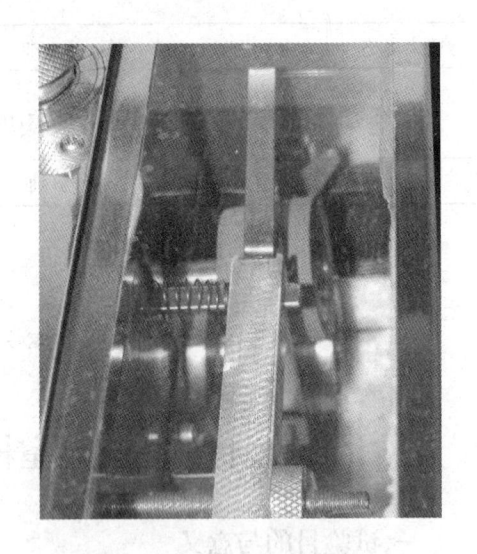

图3-20 单纱浆纱机浆槽

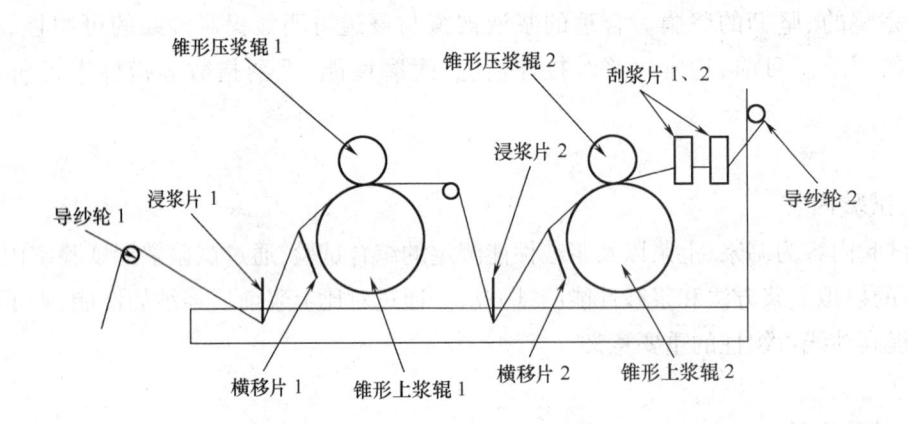

图3-21 单纱浆纱机单浸单型上机构

⑤将准备好的待浆纱,放在筒子架托盘上,然后依次将纱线穿过栅栏式张力装置,纱线断头自停检测装置,浆槽上的导纱孔,纱线进入了上浆装置,纱线从上浆装置出来后,进入转笼式烘干装置,在转笼式烘干装置绕上20~30圈纱,以便快速烘干。浆纱出烘房后,依次通过断头检测装置,三只导纱轮,最后经槽筒卷绕在绕纱筒管上。

⑥按下显示屏上开车铵钮,点击所选定单元,该单元进入运行状态。

⑦检查浆纱的烘干情况,根据烘干的情况,重新确定浆纱的设定速度。

(3)采用模拟上浆机(图3-22)进行模拟上浆试验。

(4)使用纱线强伸仪、浆纱耐磨试验仪、纱线毛羽仪等仪器,分别测试经纱性能和浆纱性能并作出对比分析。

图 3-22 模拟浆纱机

四、试验记录

1. 浆纱机型号及上浆工艺参数(表 3-5)

表 3-5 浆纱机型号及上浆工艺参数

浆纱机型号	压浆形式	浆槽温度	浆纱速度	纱线品种	纱线规格

2. 浆料及浆液配方(表 3-6)

表 3-6 浆料及浆液配方

和浆成分						
配方						

3. 测试仪器(表 3-7)

表 3-7 测试仪器

测试仪器名称	仪 器 简 介

4. 测试数据

(1)浆液测试(表 3-8)。

表 3-8 浆液测试

浆液浓度	浆液黏度	调浆时间	酸碱度

(2)上浆效果测试(表 3-9)。

表3-9 上浆效果测试

强力		伸长率		耐磨		毛羽	
原纱	浆纱	原纱	浆纱	原纱	浆纱	原纱	浆纱

五、试验结果分析

(1)综合分析浆液黏度的影响因素,参见试验三十二。
(2)综合分析浆纱增强率、减伸率的影响因素,参见试验二十二。
(3)综合分析浆纱增磨率的影响因素,参见试验二十三。
(4)综合分析浆纱毛羽的影响因素,参见试验二十。

附录　主要浆纱质量控制指标测试

主要浆纱质量控制指标以及测试方法见表3-10,它是浆纱车间工序质量管理水平的综合体现。

表3-10 常用的浆纱质量控制指标

序号	项目名称	技术要求	测试方法与周期
1	上浆率合格率(%)	≥85	每个品种每台班至少一次,采用退浆法测定,试验室抽测
2	回潮率合格率(%)	≥85	试验室抽测,每个品种每台班至少一次
3	伸长合格率(%)	>75	常规测试,每缸了机后计算
4	浆纱疵点千匹开降率(%)		按标准在整理车间定等时统计
5	浆液的黏度合格率(%)	≥85	常规测试,采用漏斗测试
6	毛羽降低率(%)	>75	专题测试,YG171型纱线毛羽仪
7	浆膜完整率(%)	≥80	专项测试,每季度一次,切片试验
8	耐磨提高率(%)	≥300	专项测试,每个品种每半个月一次
9	好轴率(%)	≥60	按好轴标准现场实测
10	织机断头率(根·10万纬)	喷气织机15,片梭织机10	常规测试

思　考　题

1. 如何测试浆纱回潮率、上浆率、伸长率?试分析其主要影响因素。

2. 试述毛羽贴伏率、增磨率、增强率、减伸率等主要浆纱质量指标的试验方法与步骤。
3. 制作浆纱切片有何用途？如何制作？
4. 试述模拟调浆试验的方法与操作要领。
5. 测定浆纱落物率、浆轴卷绕密度、墨印长度、上浆率与回潮率横向均匀性有何意义？
6. 浆纱张力与伸长有何区别与联系？
7. 浆纱好轴率考核标准是什么？其主要影响有哪些？
8. 生产车间主要浆纱质量控制指标有哪些？

第四章 浆纱工序浆液试验

本章知识点

1. 了解浆纱用的浆料、助剂、试剂的基本知识。
2. 掌握浆液的含固率、浆液分解度、淀粉生浆的浓度、pH、温度等试验的方法与步骤。
3. 掌握浆液的相对黏度和绝对黏度的概念及试验方法与步骤。
4. 了解浆液的黏附性、浸透性和其浆膜性能试验的试验方法与步骤。
5. 了解有关毛用浆料的上浆性能测试指标、原理与方法。

试验三十 浆液的含固率试验

一、试验目的与意义
(1) 测试浆液含固率。含固率是指浆液中固态物质所占浆液质量的百分率。
(2) 固体量直接决定上浆率的高低。其他条件一定时,浆液中的含固率越高,上浆率也越高。
(3) 含固率影响浆液的黏度。一般来讲,对同一种浆料,浆液的含固率越高,则浆液的黏度也越高,进而影响浆液的浸透与被覆。

二、试验周期
浆槽内浆液每周一次,调浆桶的含固率的试验周期可以适当延长。

三、试验方法与计算
(一)烘干称重法
1. 试验仪器与用具 塘瓷杯、50mL注射器、工业链条天平和电子托盘天平(图4-1和图4-2)、蒸发皿(图4-3)、玻璃干燥器(图4-4)、恒温水浴锅(图4-5)恒温电烘箱(图4-6)、pH试纸等。

2. 试验步骤
(1) 用塘瓷杯取浆液,测试pH,并冷却到52℃。
(2) 用注射器抽取25mL浆液,注入已知重量 W_0 的蒸发皿中,冷却至室温,在天平上称重 W_1。

图4-1　工业链条天平

图4-2　电子托盘天平

图4-3　蒸发皿

图4-4　玻璃干燥器(下部应放氯化钙干燥剂)

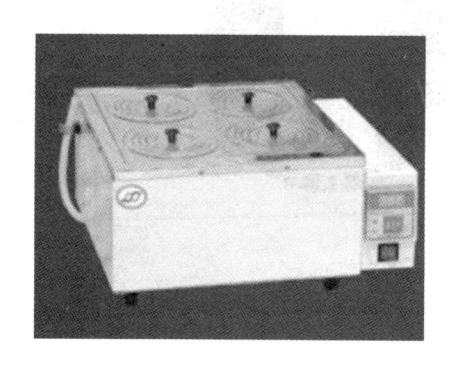

图4-5　恒温水浴锅

图4-6　恒温电烘箱

(3)将蒸发皿连同浆液放到恒温水浴锅中蒸去绝大部分水分(约3h)。
(4)再将蒸发皿连同浆液放入温度为105℃电烘箱中烘至恒重(约1.5h)。
(5)取出蒸发皿立即放入玻璃干燥器中冷却15min,取出称重W_2。

3. 计算

$$浆液含固率 = \frac{W_2 - W_0}{W_1 - W_0} \times 100\%$$

式中：W_0——蒸发皿的重量，g；

W_1——蒸发皿和浆液的总重量，g；

W_2——蒸干后浆料和蒸发皿的总重量，g。

4. 烘干称重法的特点　该试验方法数据准确可靠，常用于工艺分析，但试验时间较长，不能及时指导生产。

(二) 量糖仪法

1. 试验原理　光线从一个介质进入另一个介质，当它的传播方向与两个介质的界面不垂直时，则在界面处，其传播方向发生改变，这种现象称为光的折射现象。

光束在不同的介质中的速度不同，因而其折射率也不同，其折射角度可间接反映浆液浓度的高低。

一个介质的折光率，就是光线从真空进入这个介质时的入射角和折射角的正弦之比，也就是光线通过真空时与通过介质时的速度之比。

2. 试验仪器　袖珍量糖仪(折光仪)如图 4-7 所示。

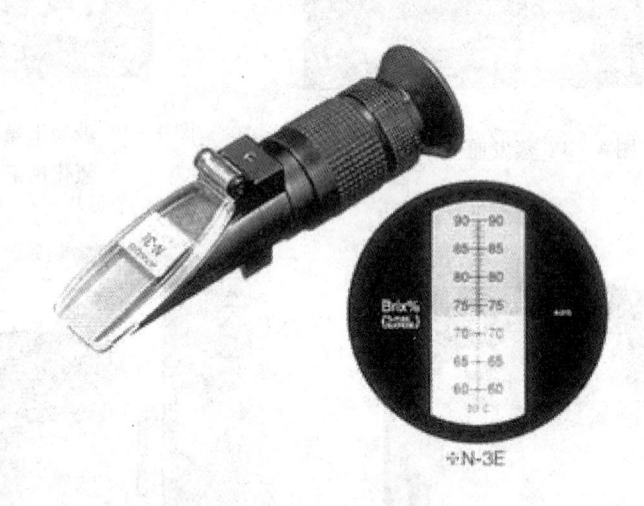

图 4-7　袖珍量糖仪(折光仪)

3. 试验步骤

(1) 先将一滴水滴于载液板上，再将目镜对准光源，旋转调零螺丝校零。

(2) 滴一滴浆液于载液板上，将目镜对准光源，观察浆液浓度的刻度。

(3) 试验完后用细布蘸水把载液板擦净。

(4) 若测定的不是糖溶液，则先根据表 4-1 查出含糖量的读数相对应的折射率，然后再根据表 4-2 中的回归方程计算出含固率。

表 4-1 含糖量与折射率的对照表

含糖量(%)	折射率	含糖量(%)	折射率	含糖量(%)	折射率
0	1.3330	17	1.3589	34	1.3885
1	1.3344	18	1.3605	35	1.3903
2	1.3359	19	1.3622	36	1.3922
3	1.3373	20	1.3638	37	1.3941
4	1.3388	21	1.3655	38	1.3960
5	1.3403	22	1.3672	39	1.3980
6	1.3418	23	1.3689	40	1.4000
7	1.3433	24	1.3706	41	1.4018
8	1.3448	25	1.3723	42	1.4038
9	1.3463	26	1.3741	43	1.4058
10	1.3478	27	1.3758	44	1.4078
11	1.3494	28	1.3776	45	1.4098
12	1.3509	29	1.3794	46	1.4118
13	1.3525	30	1.3812	47	1.4139
14	1.3541	31	1.3830	48	1.4159
15	1.3557	32	1.3848	49	1.4180
16	1.3578	33	1.3867	50	1.4201

表 4-2 浆液折射率 Y 与含固率 X 的回归方程

序 号	黏 着 剂	回归方程
1	部分醇解 PVA	$Y = 1.330 + 0.156X$
2	完全醇解 PVA	$Y = 1.3329 + 0.167X$
3	T330 变性 PVA	$Y = 1.3330 + 0.165X$
4	聚丙烯酰胺	$Y = 1.3330 + 0.180X$
5	丙烯系共聚物 I	$Y = 1.3329 + 0.143X$
6	丙烯系共聚物 II	$Y = 1.3330 + 0.162X$
7	CMC	$Y = 1.3330 + 0.152X$
8	褐藻酸钠	$Y = 1.3330 + 0.150X$
9	动物胶	$Y = 1.3330 + 0.179X$
10	硅酸钠	$Y = 1.3331 + 0.136X$
11	淀 粉	$Y = 1.3328 + 0.128X$
12	葡萄糖	$Y = 1.3330 + 0.1296X$

4. 量糖仪(折光仪)法的特点

(1)该试验方法所测得的是浆液的浓度而非含固率,如测含固率,则应进行修正。

(2)浆液浓度与含固率成正比关系。

(3)该方法具有快速简便的特点,但读数不够精确,对于高浓度淀粉浆测定时,刻度指示较模糊。

(三)阿贝折光仪测试法

1. 阿贝折光仪的试验原理 光线通过两种介质的交接面时,会发生折射现象,若光线从光密介质进入光疏介质时,入射角小于折射角,那么调整入射角就可以使折射角为90°,此时的入射角称为临界角。仪器本身先设定一种介质,而不同的待测介质具有不同的折射率,也就有不同的临界角。阿贝折光仪就是利用测定临界角的方法来间接测量折射率的。

2. 阿贝折光仪的构造 阿贝折光仪(图4-8、图4-9)的中心部件是由两块直角棱镜组成的棱镜组,且上面一块是可以启闭的辅助磨砂棱镜。液体试样夹在辅助棱镜与测量棱镜之间,展开成一薄层。光由光源经反射至辅助棱镜,经磨砂的斜面发生漫射。转动棱镜旋转轴的手柄。使明暗临界线正好落在测量望远镜视野的X形准线交点上。

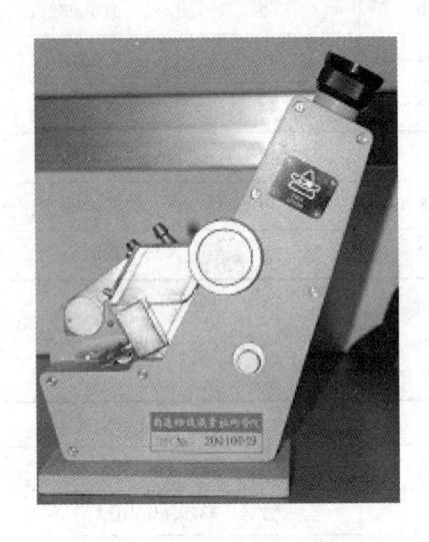

图4-8 阿贝折光仪(棱镜闭合)   图4-9 阿贝折光仪(棱镜开启)

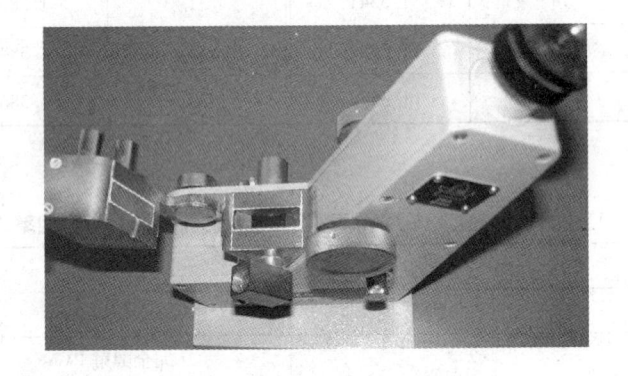

3. 阿贝折光仪的操作步骤

(1)将阿贝折光仪置于靠窗的桌子或白炽灯前,设置好反光镜后,用滴管加少量丙酮清洗镜面,待镜面干燥。

(2)将浆液滴于辅助棱镜的毛镜面上,闭合辅助棱镜,旋紧锁钮。

(3)转动手柄,使刻度盘标尺上的示值为最小。调节反射镜,使入射光进入棱镜组,同时从测量望远镜中观察,且使视场最亮。调节目镜,使视场准丝最清晰。转动手柄,使刻度盘标尺上的示值逐渐增大,直至观察到视场中出现彩色光带或黑白临界线为止。转动消色散手柄,使视场内呈现一个清晰的明暗临界线。

(4)转动手柄,使临界线正好处于在 X 形准丝交点上,若此时又呈微色散,必须重调消色散手柄,使临界线明暗清晰。

(5)读数。打开罩壳上方的小窗,使光线射入,然后从读数望远镜中读出标尺上相应的示值,重复测试三次,且三个读数相差不能大于 0.0002,然后取其平均值。

(6)根据表 4-2 中的回归方程计算出浆液的含固率。

(四)注意事项

(1)擦拭折光棱镜时,注意不要划伤镜面。

(2)阿贝折光仪和量糖计要在标准温度 20℃ 下使用,若温度不是标准温度,读数需要校正。

四、含固率与上浆率的关系

$$上浆率 = 压出加重率 \times 浆液含固率$$

$$压出加重率 = \frac{压出浆纱含浆液重量}{经纱干重} \times 100\%$$

试验三十一　浆液分解度试验

一、试验目的与意义

(1)保证含淀粉的浆液的分解度适中。

(2)分解度影响浆液的黏度、上浆率和浆料成本。浆液的分解度过高,则浆液的黏度下降快,可能造成浆纱上浆率低于标准,且必须不断补充新浆,使浆料耗用量增加。

(3)分解度影响浆膜性能。分解度过低,则浆液分解不充分,浆液的成膜性差、浆膜的机械性能(弹性、耐屈曲性)差;分绞区落浆较多;分解度过高,浆液的黏度低,形成的浆膜薄,导致浆纱耐磨性差、毛羽被覆不好,对于高密织物,会造成织造开口不清晰,产生"三跳、纬缩"疵布。

(4)分解度影响浆液的浸透性与被覆性。分解度高时,浆液的黏度低,浆液的浸透性好,而被覆性较差,这样有利于增强,不利于耐磨;反之,则有利于耐磨,不利于增强。

二、试验仪器与用具

烧杯(100mL)、量筒(1000mL)、注射器(100mL)、蒸发皿、玻璃棒、恒温水浴锅、玻璃干燥器、天平(工业链条天平或电光天平)、恒温电烘箱等。

三、试验方法与计算

(1)用注射器抽取 25mL 的浆液(52℃),注入盛有 1000mL 水的量筒之中,用玻璃棒搅拌均匀,使浆液与水充分混合。

(2)用注射器抽取 100mL 的浆液,注入已知重量的蒸发皿中,将其放到恒温水浴锅上加热蒸干。

(3)将蒸发皿从恒温水浴锅上拿下,放到恒温电烘箱中烘干(约1.5h,105℃)。

(4)将蒸发皿取出,立即放入玻璃干燥器冷却15min。取出蒸发皿,并将其放到天平上称出重量W_1(已扣除蒸发皿的重量)。

(5)在步骤3抽取100mL浆液同时,将其余900mL浆液静置4h,以分解浆液。

(6)用注射器抽取100mL的上层澄清浆液,注入已知重量的蒸发皿中,将其放到沸水水浴锅上加热蒸干。

(7)将蒸发皿从水浴锅上拿下,放到恒温电烘箱中烘干(约1.5h,105℃)。

(8)将蒸发皿取出,立即放入玻璃干燥器冷却15min,然后取出蒸发皿,并将其放到天平上称出重量W_2(已扣除蒸发皿的重量)。

(9)计算。

$$浆液分解度 = \frac{W_2}{W_1} \times 100\%$$

四、影响分解度的主要因素

1. **分解剂种类** 天然淀粉调浆时必须采用分解剂,一般用硅酸钠做分解剂,其分解作用较氢氧化钠缓和,但硅酸钠在酸性条件下易形成硅垢。碱对淀粉的分解是在高温、有氧的条件下进行的,其实质是氧化作用使淀粉分子链的$\alpha-1,4$甙键和$\alpha-1,6$甙键断裂。

2. **分解剂的用量** 分解剂的用量越高,则浆液分解越迅速。例如以作浆体积为750L的玉米淀粉浆计算,氢氧化钠[35%(40°Bé)]的用量约为700mL。

3. **浆液温度** 浆液温度越高,浆液分解越迅速。

4. **机械搅拌** 在调浆桶调浆时的搅拌器转速高、搅拌时间长,可以加速浆液的分解。

5. **浆纱机车速** 浆纱机车速高,浆液来不及充分分解就被使用,则造成浆液分解度较低。

6. **浆液的pH**

(1)棉型纱上浆的弱碱性浆中,浆液的pH越高,则浆液的分解度越高;毛纱上浆的弱酸性浆中,浆液的pH越低,则浆液的分解度越高。

(2)棉型纱上浆时,其浆液的pH一般控制范围:纯淀粉浆为8~8.5,淀粉为主的混合浆为7.5~8,PVA为主的混合浆为7~7.5。

试验三十二 浆液相对黏度的测定试验
——恩氏黏度计

一、试验目的与意义

(1)用恩氏黏度计测试浆液的相对黏度(即浆液的厚薄)反映浆液流动性。

(2)浆液黏度是调节上浆率的重要手段。
(3)浆液的黏度影响浆膜的厚度。浆膜的厚度是浆纱耐磨性和被覆毛羽的必要条件,一定的浆液黏度是保证浆膜的厚度的基础。

(4)浆液的黏度影响浆液的浸透与被覆。浆液的黏度大,不利于浆液对经纱的浸透,易形成被覆上浆;反之,则易形成浸透上浆。
(5)浆液的黏度过高,易造成压浆辊打滑。
(6)浆液的黏度过高,不利于浆纱操作,易产生浆纱粘并、倒断头及浆斑现象。
(7)浆液的黏度过高,分绞区落浆多。
(8)现代上浆提倡采用"高浓、高压、低黏"工艺。

二、试验仪器

恩氏黏度计(图4-10)的原理是使一定浓度、温度、体积的浆液经由确定孔径的容器流出,测出所用的时间,并和20℃时的水流出的时间相比,数值越高,说明黏度越高。

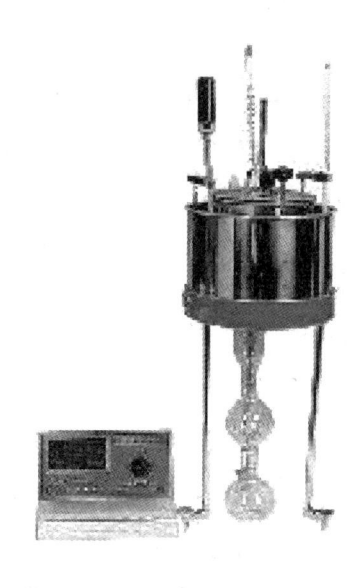

图4-10 恩氏黏度计

三、试验方法与计算

(1)选择试验对象,调制200mL,6%浓度的浆液。
(2)调整恩氏黏度计的水浴温度(外夹层)为85℃。
(3)将浆液到入恩氏黏度计的内胆,保持温度为85℃。
(4)迅速开启内胆的塞柱释放浆液,并开始记录(自动或人工)浆液流入下面的玻璃黏度瓶中所需时间。
(5)当浆液流到黏度瓶的200mL刻度时,计时停止,此为200mL浆液流出的时间,单位为s。
(6)由于20℃时200mL蒸馏水在恩氏黏度计流出的时间为52s,则可根据下面的公式求出浆液的相对黏度。

$$相对黏度\ E° = \frac{200\text{mL 浆液流出的时间}}{200\text{mL 蒸馏水流出的时间}}$$

四、影响浆液黏度的主要因素

1. **浆料的种类** 同样含固率的条件下,浆液黏度排序为:CMC浆>天然淀粉浆>普通变性淀粉浆>PVA浆。
2. **浆液的浓度** 浆液的浓度越高,则浆液的黏度也越高。

3. 浆纱机的车速　浆纱机的车速越高,浆液使用越快,浆液循环越快,黏度越高;反之浆纱机的车速越慢,浆液烧煮时间越长,分解度越高,黏度越低。

4. 浆液温度　浆液温度越高,浆液分解度越高,黏度下降(CMC 浆温度超过 80℃时,黏度会迅速下降,所以 CMC 浆上浆时应采用中温上浆)。

5. 浆液的 pH　浆液的 pH 高,则浆液的分解度高,黏度下降。

6. 用浆时间和机械搅拌　浆液使用时间过长或机械搅拌过度都会加速浆液的分解,导致浆液的黏度下降。

7. 蒸汽中含水　如果蒸汽含水过高(特别在冬季),会稀释浆液,导致浆液黏度下降。

试验三十三　浆液绝对黏度的测定试验
——旋转式黏度计

一、试验目的与意义

(1)旋转式黏度计测试的是浆液相对黏度(浆液的厚薄)和黏附力的综合值,如图 4-11 所示,同步电动机带动转子在被测液体中转动,受到被测液体的黏滞阻力,通过游丝传递给刻度盘指针,即浆液的黏度越高,浆液的黏附力越高,则浆液的黏滞阻力也越高。

(2)旋转式黏度计测得的绝对黏度更接近浆液上浆的实际状态。

二、试验仪器

NDJ-79 型旋转式黏度计(图 4-12),超级恒温器(图 4-13)。

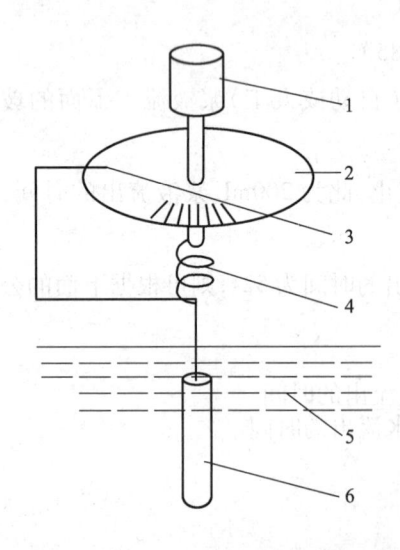

图 4-11　旋转式黏度计原理图
1—同步电动机　2—刻度圆盘　3—指针
4—游丝　5—被测液体　6—转子

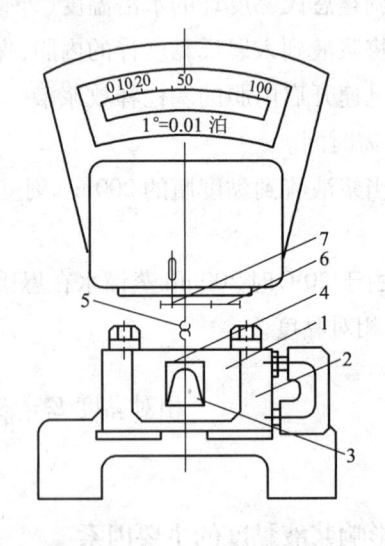

图 4-12　NDJ-79 型旋转式黏度计示意图
1—储浆杯　2—保温隔层　3—U 形钢丝
4—回转内筒　5—游丝　6、7—齿轮

三、测试原理

1. NDJ-79型旋转式黏度计的测试原理　黏度计由两个圆柱形筒组成,外桶为储浆杯1,带有保温隔层2,浆液放入储浆杯1,U形钢丝3支撑在回转内筒4的内腔内,由电动机带动其旋转从而带动内桶回转。浆液的黏滞力产生对回转内筒旋转的黏滞阻力矩,且浆液黏度越大,阻力矩越大。在试验时可以读出绝对黏度值。

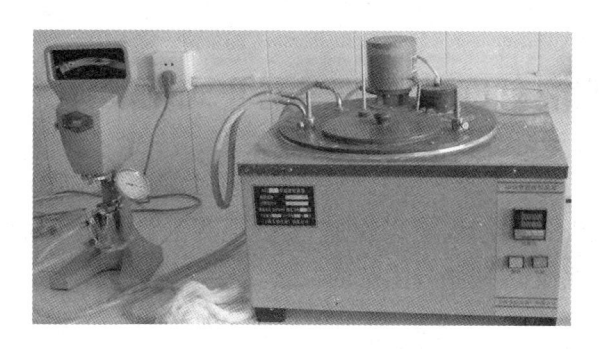

图4-13　超级恒温器

2. 超级恒温器原理　由电加热器、温控器产生恒温水浴,循环泵使恒温水循环流动,以保持浆液的温度恒定。

四、试验方法与计算

1. 试验方法　先将水加热到需要测定的温度,可用超级恒温器加温,然后注入储浆杯1的保温隔层2内,将调制好的浆液(定温)再倒入储浆杯1内,用一柔软而有弹性的U形钢丝3撑在回转内筒4的内腔内,然后将回转内筒在储浆杯内上下移动几次,使浆液充分均匀地附在回转内筒周围,但注意不能有气泡产生。然后将回转内筒挂在旋转轴的游丝5上,接通电源,立即开启黏度计电钮,于是回转内筒4就开始旋转,待转动柱体转动平稳时,读取数值,再乘以该转动柱体的倍数,即为该浆液在该温度下的黏度。不同品种的浆液有不同的黏滞系数,因此黏度也不同。

2. 回转内筒的规格

(1)圆筒式:按圆筒的直径大小分大号、中号、小号三种。

(2)圆片式:适用于测高黏度的液体,它分$1^#$、$2^#$、$4^#$、$8^#$四种。

3. 计算方法

(1)圆筒式:大号——试验读数倍率为1:1,每度为1cP;中号——试验读数倍率为1:10,每度为10cP;小号——试验读数倍率为1:100,每度为100cP。

(2)圆片式:$2^#$片试验的读数为$1^#$片试验读数的近半数;$4^#$片试验的读数为$2^#$片试验读数的近半数;$8^#$片试验的读数为$4^#$片试验读数的近半数。

(3)旋转式黏度计所测得绝对黏度的单位是厘泊(cP),且1cP=1mPa·s,其中mPa·s代表毫帕斯卡·秒。

五、注意事项

(1)浆液的浓度要一定(如6%),以保证不同浆料配方之间的可比性。

(2)根据浆液黏度范围选择合适的转子。

(3)浆液的温度要一定(如85℃)。

试验三十四　快速测定浆液黏度试验——漏斗式黏度计

一、试验目的与意义

漏斗式黏度计实际上是一台简易的恩氏黏度计，可以快速、便捷地测定浆液的相对黏度，它具有试验方法简便、数据及时、代表性强、及时指导生产的特点。

二、试验仪器

该试验仪器有台式漏斗式黏度计（图4-14）、手提式漏斗式黏度计（图4-15）两种。

图4-14　台式漏斗式黏度计

三、试验方法

1. 台式漏斗式黏度计试验方法

(1)将漏斗下端检测孔(检测孔的选择见表4-3)暂时封堵，将一定体积的浆液倒入漏斗。
(2)释放浆液，使浆液从漏斗中流出，与此同时，按动秒表开始计时。
(3)记录浆液流完所需要的时间，且在浆液呈不连续的流动的状态瞬间停止计时。
(4)浆液的相对黏度单位是"s"，时间越长则黏度越大。
(5)由于浆液的黏度受环境温度影响，所以试验必须迅速。

表4-3　漏斗式黏度计的检测孔选择参考

检测孔号数	1	2	3	4
适应浆液浓度(%)	<4.5	4.5~6.5	6.5~8.5	>8.5

2. 手提漏斗式黏度计的试验方法

(1)将漏斗浸没在浆槽的浆液中约10s。
(2)将漏斗迅速提起，当下端漏出液面时，立刻按动秒表开始计时，当浆液呈不连续流动的状态的瞬间停止计时。

(3)浆液的相对黏度单位是"s"。

(4)图4-15所示为工厂生产现场所用的手提漏斗式黏度计,规定整漏斗常温水的流完时间为3.8s作为标准水值。

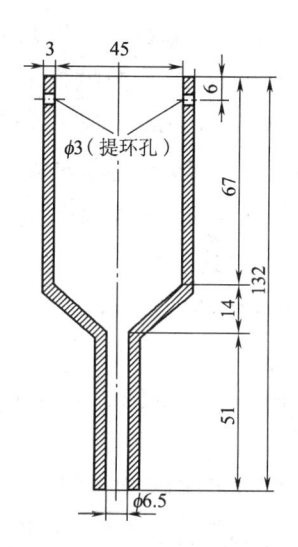

图4-15 手提式漏斗式黏度计

试验三十五 浆液的pH试验

一、试验目的与意义

(1)使浆液的pH符合浆纱工艺要求。

(2)浆液的pH将直接影响浆液的分解度,碱性越高,浆液的分解越快,棉型织物上浆时,浆液的pH一般控制在弱碱性范围内。碱性过高时,浆液易变稀薄,容易造成轻浆;碱性过低时,淀粉粒子糊化不足,对浆液黏性有影响。

(3)浆液的pH影响浆液的稳定性,从而影响用浆时间,进而影响上浆的成本。

(4)淀粉浆的浆液酸碱要重点检验,而化学浆大部分是中性,一般不作主要的检验项目。

总之,浆液的pH对上浆性能及纱线的性能影响较大,应根据不同的纱线来选择浆液的pH。如毛纱耐酸怕碱,则其浆液应为酸性;而棉纱耐碱怕酸,则其浆液应为碱性;粘胶纤维、莱赛尔纤维、莫代尔(Modal)为纤维素纤维,宜采用中性浆。

二、试验周期

在浆液调制时必须测试,同时在使用过程中,每班每台车至少测五次。

三、试验用具与试剂

广泛pH试纸或指示剂(精度0.1级)、锥形烧杯(250mL)、移液管(100mL)、滴定管(25mL)、酚酞指示液(配制方法:1g酚酞粉末溶于100mL乙醇中)、0.25mol/L氢氧化钠溶液、石蕊试纸、白瓷板、玻璃棒、搪瓷杯。

四、试验方法

1. 淀粉生浆的酸分测定与中和法　取去黄水的生浆液 400~500mL,用 100mL 移液管吸生浆液 100mL,加入 250mL 的锥形烧杯中,加酚酞指示液(1g 酚酞粉末溶于 100mL 乙醇中)约 1mL,摇动烧杯,使混合均匀,然后用 25mL 滴定管以 0.25mol/L 氢氧化钠溶液滴定,滴定时应使锥形烧瓶稍倾斜,并慢慢摇动,使溶液混合均匀,将近终点时,减慢溶液滴入速度,并用蒸馏水将溅在瓶壁的液体洗下,继续滴定至溶液呈微红色为止。记录所耗用 0.25mol/L 氢氧化钠溶液的体积,平行测定两次,取其平均值。

2. 中和浆液酸分的所需烧碱用量计算

(1) 测定浆桶浆液的体积(m^3)。

(2) 中和全部浆液酸分所需的固体烧碱量(kg) = 滴定时耗用的 0.25mol/L 氢氧化钠溶液体积(mL) × 0.1 × 浆液体积(m^3)。

(3) 浆液酸分中和方法:称取所需要的烧碱量,加 20 倍左右水稀释之,然后逐渐加入浆液中,不断搅拌,待加完后,再取少量浆液以石蕊试纸或酚酞指示液试验,以核对中和结果。

3. 混合生浆加入水玻璃后碱性检验　先用干净容器取一定量的浆液,用广范 pH 试纸或广范 pH 溶液进行测试。用 pH 试纸试验时,先将试纸插入浆液中 3~5mm,然后迅速取出与标准 pH 颜色比较。

4. 熟浆的碱性检验　先将熟浆滴于白瓷板上,待冷却后,用广范 pH 试纸比色,且 pH 一般在 9 以下。

五、棉型纱在浆纱生产中浆液 pH 的一般控制范围

1. 以淀粉为主的混合浆液(淀粉所占浆料的比例大于 70%)

(1) 调浆桶:10 ± 0.5 (50~60℃定浓时)。

(2) 煮浆桶:8~8.5。

(3) 浆纱机浆槽:7.5~8。

2. 以化学浆料(PVA)为主的混合浆液(化学浆料所占全部浆料的比例大于 70%)

(1) 调浆桶:8 ± 0.5。

(2) 煮浆桶:7~8。

(3) 浆纱机浆槽:7~7.5。

六、影响浆液 pH 的主要因素

(1) 淀粉储存时间:淀粉储存时间越久,浆料的酸分越多,pH 下降。

(2) 分解剂的使用:淀粉类浆料上浆须使用分解剂(氢氧化钠或硅酸钠),且分解剂用量越多,则 pH 越高。

(3) 上浆过程:随上浆过程的进行,浆液中的碱不断消耗,pH 逐渐降低。

试验三十六　浆液的温度试验

一、试验目的与意义

(1)浆液的温度是调浆和上浆时应当控制的重要工艺参数,特别是上浆过程中浆液的温度会影响浆液的流动性,从而使浆液的黏度变化。在相同的含固率和浆料配方情况下,若浆液温度变化,则黏度会发生较大变化,从而影响上浆的均匀性及上浆率的大小,还可能造成许多浆纱疵点,如浆斑、上浆不匀等。

(2)不同的纤维对浆液温度的要求有一定的差异,如棉纤维表面有油脂和棉蜡等拒水物质,浆液的温度会影响棉纱的吸浆性能,所以棉纱一般应在95℃以上的高温下上浆。而毛纤维和粘胶纤维的经纱应在较低的温度下上浆(55~65℃为宜)等。

二、试验周期

一般每台浆纱机每班测试5次,时间间隔均布。

三、试验仪器

水银温度计,且不能采用酒精温度计。

四、试验方法

测试部位为浸没辊附近(该处为纱线与浆液接触的位置),待温度上升至数据稳定后,记录温度值,在浸没辊两端各测一次取其平均值。由于在高性能的浆纱机上通常有自动测定和自动调节浆液温度的功能,所以只需要定期去检查温控装置运行是否良好,就可以保证浆液温度稳定,使其符合工艺要求。

五、影响浆液温度的因素

(1)浆槽内蒸汽压力大小直接影响浆液温度的高低。压力大,则浆液的温度高;压力小,则浆液的温度低。

(2)新浆液的不断补充也会影响浆液的温度,新浆液补充不均匀会造成温度分布不匀。

(3)浆槽从一面进汽,会造成进汽端温度高而另一端温度低的现象。浆槽内鱼鳞管排列不匀,孔眼直径不一,会造成孔眼大处附近蒸汽压力大,温度高;孔眼小处附近蒸汽压力不足,温度低。

试验三十七　浆液的黏附性试验

一、试验目的与意义

(1)评价不同浆料及浆液配方的浆液的黏附性。

(2)浆液的黏附性高,浆膜的完整度好且分绞区的落浆较少。

二、试验方法与计算

(一)织物条粘接法

1. 试验仪器、用具与试剂　大小为 0.5m² 的棉布、5% 浓度的烧碱溶液、剪刀、锥形烧瓶、平板、玻璃片、电烘箱、隔湿筒、织物强力试验机。

2. 试验步骤

(1)先将布样用5%浓度的烧碱溶液退浆熨平后,再按试验棉布经强的布条裁剪法取6cm×48cm大小的布条(图4-16)。

(2)将布条裁剪成 5cm×22cm(Ⅰ)及 5cm×26cm(Ⅱ)两段。

(3)在裁开处拉去毛纱数根,各量10cm,划线为界,分别为A、B,并延长再各量5cm,划线为界。

(4)取浆槽内的浆液置于锥形烧瓶中,将瓶口塞好,防止水分蒸发,置于冷水中冷却至25~30℃。使用时应摇匀,使浆液温度一致。

(5)将试样Ⅰ称重后,取上述冷却的浆液1g涂于A处(为防浆液渗出,将B垫在A下面),并置于

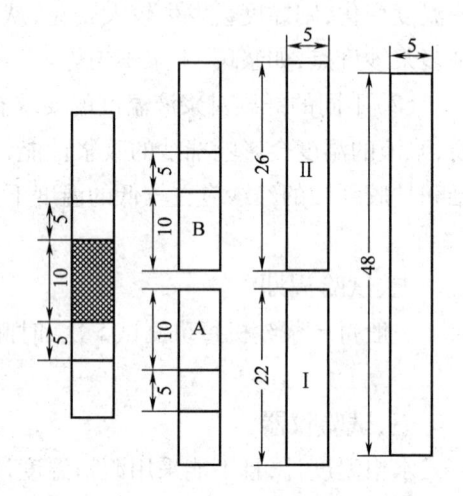

图4-16　黏着力试验用布条裁剪法

平板上用玻璃片在5cm×10cm内涂匀。然后将试样Ⅱ的B处重叠于A上(勿用手撤)。

(6)将上述布条放在两玻璃板之间,在上面左、右各加1000g重量,压15min取下。

(7)将布条放进105℃烘箱内烘1h取出,放在干燥器内冷却15min后,移入隔湿筒内,立即测试黏着力。

(8)将布条放在织物强力试验机上,按织物强力试验方法进行试验。使5cm×10cm粘连处位于夹钳中央(即将5cm划线沿上夹钳夹紧),当上下两块布条完全脱开后读其强力 P。

(9)计算每平方厘米的浆液黏着力:

$$浆液黏着力(N/cm^2) = \frac{P}{S}$$

式中: P ——织物强力试验机的读数,N;

　　　 S ——黏着面积,即 $(5×10)cm^2$。

试验布样规格对浆液黏着力有一定影响,试验时应统一其规格。

(二)粗纱浸浆法

1. 试验仪器及用具　量筒(500mL)、烧杯、电炉、天平(工业链条天平或电光天平)、粗纱、超级恒温器、单纱强力试验仪。

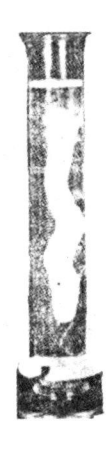

2. 试验步骤

(1)配制浆液。按浆料配方配制1%浓度的浆液500mL,升温至95℃,保温30min。

(2)将浆液倒入500mL的量筒,再将一定品种的粗纱,剪成长约300mm的一束粗纱浸入浆液(图4-17)5min后取出,以夹吊的方式晾干。

(3)将粗纱放到单纱强力试验仪上测试其断裂强力,如果其断裂强力高,则说明浆液的黏附力高。

(4)每次试验取30个粗纱试样。

图4-17 粗纱浸浆法

三、影响浆液黏附性的主要因素

1. 浆料与纤维的相容性(相似相容原理)

(1)淀粉浆与CMC浆含有亲水性的羟基,对含亲水性羟基(—OH)的纤维(例如棉、麻、粘胶纤维)有较强的黏附性。

(2)PVA经溶解后,含有大量的亲水性的羟基,对亲水性的纤维有很强的黏附性。

(3)PVA—1788及PVA—205分子链上含有一定数量的酯基,对涤纶(聚对苯二甲酸乙二酯)这类聚酯纤维的黏附性高于PVA—1799。

(4)聚丙烯酸酯类浆料对涤纶等疏水性纤维的黏附性优于PVA—1788及PVA—205浆料。

(5)聚丙烯酰胺与动物胶含有酰胺基,适于含酰胺基的锦纶、蚕丝、羊毛纱的上浆。

2. 浆液的浓度 浆液的浓度越高,其所含黏着剂越多,则浆液的黏附性越高。

试验三十八 浆液的浸透性试验

一、试验目的与意义

(1)评价不同浆料、不同浆料配方、不同浆纱工艺(温度、黏度、pH、分解度以及浸透剂等助剂用量)的浆液对经纱的浸透性。

(2)评价同一浆液对不同类型的经纱(不同纤维材料、纺纱方式、线密度、捻度)的浸透性。

(3)浆液的浸透性影响上浆后浆纱的增强率;浆液的浸透性能越好,上浆后浆纱的增强率越高。

(4)浆液的浸透是被覆的骨架,浆液的渗透不良会造成表面上浆,落浆增多。

(5)浆液的浸透力增加有助于提高上浆率。

二、试验仪器、用具与试剂

烧杯(2000mL)、量筒(500mL)、电炉(1500W)、小型恒温加热管、玻璃棒、温度计、秒表、标准重量的小铁锚若干、电烘箱、单纱强力测试仪、浸透剂,其余同浆纱切片试验。

三、试验方法

由于浆纱切片试验反映的是上浆过程中的综合因素(如浸压形式、压浆力、浸浆高度、浸浆时间、浆液温度、经纱张力、浆液表面张力、经纱上浆时的覆盖系数)的作用结果,不能反映浆液自身的浸透性,所以现在尚没有标准的浆液浸透性的试验方法,以下三种浆液浸透性试验方法仅供参考。

(一) 粗纱法

(1)配制浆液。按浆料配方配制3%浓度的浆液,浆液温度85℃。

(2)准备水浴。烧杯(2000mL)倒满水,内置小型恒温加热管保持水温度为85℃。

(3)将浆液倒入量筒(500mL),再将量筒放入烧杯的水浴中。

(4)将一束规定重量的粗纱下端栓上小铁锚,投入浆液至规定时间。

(5)将粗纱束取出,晾干。

(6)用单纱强力测试仪测试粗纱束的强力,强力越高,则浆液浸透性越好。

(二)沉降法

(1)配制浆液。按浆料配方配制3%浓度的浆液,且浆液的温度为85℃。

(2)准备水浴。烧杯(2000mL)倒满水,内置小型恒温加热管保持水温度为85℃。

(3)将浆液倒入量筒(500mL),再将量筒放入烧杯的水浴中。

(4)将一束规定重量的经纱(或帆布)下端栓上小铁锚,投入浆液记录其沉降时间,时间越短,经纱增重越快,则浆液的浸透性越好。

(三)渗透剂法(适用于涤棉混纺的经纱或粗厚织物的经纱)

(1)配制浆液。按浆料配方配制3%浓度的浆液,浆液温度85℃。

(2)准备水浴。烧杯(2000mL)倒满水,内置小型恒温加热管保持水温度为85℃。

(3)将浆液倒入量筒(500mL),再将量筒放入烧杯的水浴中。

(4)将一束规定重量的未上浆的经纱或帆布投入浆液(图4-18),用滴管徐徐滴入浸透剂(如JFC、5881D等)直到经纱开始沉降,记录所用渗透剂的体积。

(5)浸透剂的用量越高,则浆液的浸透性越差。

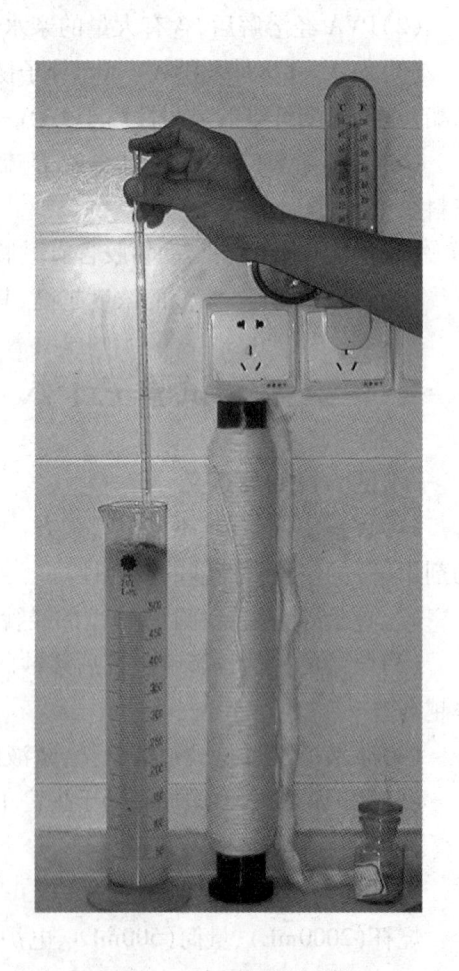

图4-18 浸透性试验

试验三十九　浆膜性能试验

一、试验目的与意义

(1)浆膜的性能主要包括以下几方面。

①浆膜的成膜性。

②浆膜的机械性能:平滑性、浆膜断裂强力与断裂伸长、耐磨性与耐屈曲性。

③浆膜的吸湿性。

④浆膜的水溶性。

(2)浆膜的成膜性和机械性能对经纱的织造性能(如织造断头、开口清晰度等)有至关重要的影响。

(3)浆膜的吸湿性影响浆膜的弹性。对聚丙烯酸酯浆料,浆膜的吸湿性还会影响浆膜吸湿后的再黏性。

(4)浆膜的水溶性是衡量退浆难易的重要指标。

二、试验方法与计算

(一)浆膜制备

1. 方法一　按配方把浆料配制成浓度为3%的浆液100mL,升温至95℃,保温30min,然后冷却至80℃左右,取其中30mL浆液倒入聚四氟乙烯膜槽内浇制,干燥成膜后待用。

2. 方法二

(1)将长500mm,宽300mm的长方形磨光玻璃板搁于专用木架的调节螺钉的头端上(木架三边各有一只可上下调节的螺钉),用水平仪校验调节玻璃板的水平。然后用绸蘸取少量酒精与乙醚混合液(混合比为1:1),擦清玻璃板表面。

(2)配制浓度为3%的浆液,待冷却至80℃左右时,量取200mL徐徐倒入玻璃板上,使浆液自行铺满玻璃板面。待自然干燥成膜后,仔细地从玻璃板上剥下,即得到供试验用的浆膜。

注:如果浆液形成的浆膜从玻璃上剥离有困难,则必须先在玻璃板上铺一层聚酯薄膜后,再进行浇制。

(二)浆膜调湿

浆膜试验前须先经标准温湿度条件下调湿[温度为(20±3)℃,相对湿度为(65±3)%],且调湿时间:不少于24h。

(三)浆膜试验

1. 观察浆液的成膜性

(1)形成浆膜的难易。

(2)浆膜的透明性和平滑性(观察和测定摩擦系数)。

2. 浆膜的强伸性能试验

(1)断裂强力和断裂伸长试验:将浆膜裁成长240mm,宽20mm的条状,在强力试验机上测定其断裂强力和断裂伸长。试验时夹持距离为100mm,下降速度为100mm/min。每种浆膜试验30次,求出平均值。

（2）定伸长弹性变形试验:将浆膜裁成长240mm,宽20mm的条状,在强力机上进行试验,试验时夹持距离为100mm,下降速度为100mm/min,定伸长率分别为10%和15%,按试验结果计算得出急弹性变形率、缓弹性变形率、塑性变形率及弹性伸长率。每种浆膜试验30次,求出平均值。

3. 浆膜的耐磨性、耐屈曲性试验　将浆膜裁成符合织物磨损试验仪进行平磨要求的形状,然后进行耐磨试验。每种浆膜试验20次,求出平均值。

4. 浆膜的水溶速率试验　将浆膜裁成长100mm,宽20mm的条状,在长度方向的中间处划一直线为记。然后将浆膜条浸入一定温度的水中,待水平面与浆膜中间记号线重合时,立即按秒表作为起始时间,到浸没于水中的一段浆膜断脱时,再按秒表作为终止时间,两次时间的差数表示浆膜水溶速率。每种浆膜试验5次,求出其平均值。

5. 浆膜的吸湿性试验　将浆膜裁成直径约70mm的圆形,放至105～110℃的烘箱中烘至恒重,称重后,放入不同相对湿度(60%、70%、80%)的条件中分别作吸湿试验,待吸湿平衡后,取出再称重,并按下式计算:

$$吸湿率 = \frac{浆膜吸湿后重量 - 浆膜干燥重量}{浆膜干燥重量} \times 100\%$$

三、影响浆膜性能的主要因素

1. 成膜性

（1）浆料的性能影响成膜性,如PVA是线性大分子,取向性好,分子易发生定向排列,因而其成膜性好。

试验表明,浆料成膜性的顺序:PVA > CMC > 接枝淀粉 > 马铃薯淀粉 > 玉米淀粉(其他浆料现在尚无试验数据以做比较)。

（2）浆液的黏度:浆液的黏度高,所形成的浆膜较厚。

（3）防粘涂层:与浆液接触的导辊、烘筒的表面如果喷涂聚四氟乙烯(也叫特氟龙,厚度约为0.25mm左右),有助于降低浆液与所接触面的黏附功,即有利于浆膜的形成。此外光滑的接触表面也有助于浆膜的形成。

2. 浆膜机械性能

浆料的性能是浆膜机械性能的决定性因素。

（1）PVA浆液所形成的浆膜的耐磨性、断裂强力(其中PVA—1799大于PVA—1788和PVA—205)和耐屈曲性是所有浆料中最高的。

（2）聚丙烯酸酯浆液所形成的浆膜的断裂伸长是所有浆料中最高的。

3. 浆膜溶解性

浆膜水溶性较好的是CMC和聚丙烯酸酯类浆料,PVA次之,马铃薯淀粉的浆膜水溶性要优于玉米淀粉,玉米淀粉要优于小麦淀粉。

浆膜水溶性决定退浆的难易,进而影响印染加工成本。

试验四十　毛用浆料的上浆性能专题测试试验

一、试验目的与意义

(1)因单经单纬毛纱强力低,织造中易断头且毛羽多影响生产,故毛纱上浆成为研究热点。选择精纺毛纱用浆料时,应综合考虑羊毛特性、毛纱结构和浆料性能。

(2)通过对常用的淀粉类、PVA类、丙烯酸类三大浆料的性能分析认为,生产中完全具备毛纱上浆的单组分浆料较少,只有进行各种各类浆料的筛选并复配,才能满足毛纱上浆的工艺要求。

(3)影响毛纱上浆效果的因素很多,但首先取决于浆料的种类、性能和配比。因此正确测试和评价毛纱上浆用的浆料性能对毛纺织厂合理选用浆料、优化浆液配方、提高上浆效果、降低浆纱成本等具有重要意义。

二、试验方法与计算

(一)浆液黏附性测试

浆液黏着力是上浆质量的重要标志,黏着力的大小与浆料本身的内聚力和浆料与纤维之间的黏附性能有关,故采取测定浆液的黏着力来衡量浆料的黏附性能。

1. 测试原理　测试浆液的黏附力主要有两种:一种是以直接指标表示的方法,即织物条试验法,使用一定量的浆液涂在两块羊毛织物条上,在一定压力下使其粘合,干燥后(一般使用50~65℃的干燥温度),在织物强力试验仪上测出剥离所需的功,用黏附强度(g/cm^2)或黏附功(erg/cm^2)表示。一种是以粗纱被浆液粘合后的力学性能变化表示的方法,即粗纱试验法,粗纱上浆晾干后在织物强力试验仪上测试断裂强度和断裂伸长率来表示黏附性能。前一种方法由于测试结果受试验条件制约因素较多,如织物的表面状态、加压方式、干燥程度等,故必须严格控制试验条件,才有可比性;后一种方法,由于粗纱本身的强力很低,在比较时粗纱本身的强力可忽略不计,粗纱上浆后的断裂强度和断裂伸长率完全与浆液的黏附性能有关,因此可以用上浆后的粗纱断裂强度和断裂伸长率表示浆液的黏附力的大小。故建议在测试浆液黏附性时应采用粗纱试验法。

2. 黏附性的测试方法——粗纱法　试验时,先将羊毛粗纱条轻轻地(注意不能使粗纱产生伸长)绕在一定尺寸的铝合金框架上,再将其浸入预先调制的浓度为1%、温度为95℃的浆液中,5min后取出框架挂起,自然晾干。剪下上过浆的粗纱放入恒温恒湿标准状态下平衡24h,在YG99126A型电子织物强力试验仪上测试断裂强度和断裂伸长率(试样夹持距离100mm,上夹头运动速度50mm/min),测试30个子样,求其平均值。

粗纱试验法测试浆料的黏附力,具有方法简单、可靠性好、适合各种浆料的优点,而且测试的结果是浆料对纤维的黏附力和浆料本身内聚力的综合值,与浆纱的实际情况比较相符,但要注意作对比时应用同一卷装上的粗纱。

(二)浆液润湿性测试

1. 浆液润湿性的测试原理　润湿性是液、固两相间的界面现象,液体润湿固体表面的能力称为润湿力。对于光滑的固体表面则用液体与固体的接触角的大小来衡量润湿的程度。对于织物则用测定液体润湿织物的时间来衡量润湿的程度。常用的方法是帆布沉降法。

帆布沉降法是将一定标准规格的帆布浸入浆液中,在浆液未浸透帆布前,由于浮力作用帆布悬浮在浆液上,一定时间后,帆布被浸透而下沉。由于不同浆液对帆布的润湿力不同,因此可用帆布的沉降时间来比较润湿力的大小。

2. 浆液润湿性的测试方法　由于毛纱表面粗糙,并且单根毛纱很难观察实验现象,只好采用"帆布沉降法"来测定未经后整理的羊毛白坯布在各类浆液中的润湿情况来反映浆液对毛纱的润湿性能。

试验时,将羊毛白坯布剪成直径35mm的圆片,轻轻投置于小烧杯中已调制好的浆液液面上。此时按下秒表,直至布片完全沉没在液面下,记下沉降时间。

另外,由于羊毛白坯布质地比较轻,一般不易下沉。这时可在浆液中滴加适量的渗透剂,但必须每次试验的滴加量保持一致,才有可比性。

(三)浆液混溶性测试

1. 测试原理　混溶性是指两种或两种以上组分的溶液能相互均匀地混合,即使静止一定时间后,也不至分层的性能。为比较和衡量混合浆液的混溶性,可根据热力学公式计算相对平衡时的浆液的相互作用参数 α 作为评价浆液混溶性的量度,且相互作用参数越小,混溶性越好。在测试时,浆液的相互作用参数较难取得,故实践中常用分离速度和沉降率这两个量来直观地反映混溶性的优劣。分离速度即指混合浆分层脱混的时间,也就是开始出现分层的快慢,分离速度越小,即开始分层越慢,则混溶性越好。沉降率是指混合浆静置一定的时间后,分层界面上部的高度占总高度的百分率,反映了混合的均匀程度,沉降率越小,即浆液混合越均匀,则混溶性越好。

2. 水溶性的测试方法　试验时,在常压下制取各类混合浆液,然后在室温下静置,观察记录各试管中浆液开始出现分层的时间,即用它来表示分离速度的大小,反映浆液分层快慢和混溶性的优劣。并且在8h后,测量并记录各试管中分层界面上部透明液体高度和所用浆液的总高度,据此计算出沉降率来反映浆液混合的均匀程度和混溶性的优劣。

设试管中液体总高度为 H_0,试管底部到浆液分层处的高度为 H_1,则沉降率 f 用下式计算:

$$f = \frac{H_0 - H_1}{H_0} \times 100\%$$

为使观察较为直观,统一规定每试管中浆液的吸取量为20mL、高度为100mm。

(四)浆膜性能测试

浆液成膜性是浆料的一个重要性能。上浆工艺要求毛用浆料应具有良好的成膜性,而且要求浆膜的机械性能与毛纱接近,只有这样才能承受织机的织造应力。掌握与测定浆膜的某些性能,对毛纱上浆质量及退浆工艺都有重要意义。目前通常采用薄膜试验法测试与评价浆膜性能。

1. **浆膜制备** 浆膜采用浇铸法制得,即用6%浓度的浆液,冷却至50℃左右时量取400mL,慢慢倒满带有模框的长650mm,宽400 mm,厚5mm的长方形磨光玻璃板上,再用刮刀沿模框的长度和宽度方向将浆液刮平,待自然干燥成膜后,小心地将浆膜从玻璃板上剥下,此为试验用的浆膜。

2. **浆膜拉伸强度** 浆膜必须具有一定的拉伸强度,以承受织造过程的反复作用,但织造过程中浆纱所受到的是远比其断裂强度和断裂伸长小的负荷和伸长,而且浆料对纱线的增强主要是浆液渗透到纱线内部,使纤维黏合在一起,增加纤维的抱合力,从而提高纤维受拉时的抗滑移能力。又由于浆膜本身的拉伸强度对浆纱强力提高所发挥的作用较小,所以对浆膜的伸长率有新的要求,浆膜的伸长率若与所浆纱线伸长率相等或偏大,则非常有利于浆纱性能的提高,若偏小,则浆膜易被拉破并脱落,造成经纱断头增多。

试验时,将浆膜裁成长220mm、宽10mm的条状试样,放在恒温恒湿内平衡24h,然后在YG020型电子织物强力试验仪上测试其断裂强力和断裂伸长率(试样夹持距离100mm,下降速度50mm/min),测试10次,计算其平均值。浆膜的断裂强度 P 用下式计算:

$$P(\text{cN/mm}^2) = \frac{\text{浆膜平均强力(cN)}}{\text{浆膜的平均厚度(mm)} \times 10(\text{mm})}$$

3. **浆膜耐磨性** 织造过程中,经纱与所接触的部件(主要是综眼、筘齿、经停片等)摩擦作用,且具有多向(纵向和横向)、多种类(平磨和曲磨)和频率高的特点,因而浆膜的耐磨性能非常重要。浆膜的耐磨性能是其强度、初始模量和回弹率的综合反映,对耐磨性能的评价可用磨损率来表示,也就是用标准磨料对浆膜进行一定次数摩擦作用后,由浆膜受到每次磨损的磨损量多少来评价。

试验时,将浆膜裁成符合织物耐磨仪进行平磨要求的形状,在Y522型织物耐磨仪上进行耐磨试验,且试验时应选用150号砂轮,加压重量为250g,测试四次,求其平均值。浆膜耐磨性能评价指标用磨损量 $M(\text{mg/cm}^2)$ 来表示,设浆膜耐磨试验前称得重量为 $G_0(\text{mg})$,浆膜耐磨试验后称得重量为 $G_1(\text{mg})$,则磨损量 M 的计算公式为:

$$M = \frac{G_0 - G_1}{\text{浆膜面积}}$$

4. **浆膜吸湿性** 浆膜吸湿性主要与浆料的分子结构、性能和环境温、湿度有关。浆膜的吸湿性差时,浆膜粗糙发脆,耐磨性变差,浆膜易被刮落,从而使纱线起毛;浆膜吸湿性过高时,一方面使浆膜发黏,纱线易粘连在一起,造成开口不清;另一方面也使浆料对纤维的黏附力下降,造成浆纱强力降低。因此在一定的温、湿度条件下浆膜的吸湿率应在一个合理的范围内。

试验时,先将浆膜裁成直径为70mm的圆状试样,放在110℃烘箱中烘至恒重后,再将试样放入调温调湿控制箱内,且调温调湿控制箱内的温、湿度已调至工艺规定要求(一般温度为25℃,相对湿度为75%),使试样达到吸湿平衡后(约24h),取出称重。

设浆膜干燥质量为G_0(mg),浆膜吸湿后的质量为G_1(mg),则吸湿率ϕ的计算公式为:

$$\phi = \frac{G_0 - G_1}{G_0} \times 100\%$$

5. **浆膜水溶性**　上浆是织造生产的临时需要,织成织物后,还得将浆料退掉,所以对浆料的要求既要上浆好,又要易退浆。虽然浆膜的水溶性并不能直接等于织物的退浆性能,但水溶性好的浆膜有利于织物退浆,而且浆膜水溶性对退浆也是重要条件之一。

试验时,先将浆膜裁成25mm×25mm大小的试样,再投入装有300mL水的小烧杯中,置于磁力搅拌器上,接通电源并加热,按动秒表开始计时,直至浆膜完全溶解,记下温度及时间。测试5次,求其平均值。

总之,评价毛纱上浆用浆料的浆液和浆膜性能指标包括浆液的黏附性、润湿性、混溶性和成膜性,浆膜的拉伸强度、耐磨性、吸湿性、水溶性。用上述介绍的浆液和浆膜性能测试方法来评价毛用浆料的上浆性能具有简单、方便、经济、直观等优点。掌握和运用这些指标的测试原理和方法,对毛纱上浆用的浆料合理选择和浆料复配比例的确定,具有重要的指导意义。诚然,对于其他种类纱线的上浆,在评价浆料性能及配方制定时,也可参照上述介绍的方法有选择地进行。

思 考 题

1. 浆料如何分类?试举例说明。
2. 浆液性能指标有哪些?如何测定?
3. 浆液的相对黏度与绝对黏度有何区别?如何测定?
4. 浆液的黏度和黏附性有何区别?
5. 如何测试浆液的黏附性、浸透性和其浆膜性能?
6. 毛用浆料的上浆性能测试指标有哪些?
7. 影响浆液质量的主要因素有哪些?

第五章 浆料和助剂的质量检验与控制试验

> **本章知识点**
>
> 1. 掌握淀粉及变性淀粉、聚乙烯醇(PVA)、聚丙烯酸类浆料检验方法与质量控制。
> 2. 了解羧甲基纤维素钠(CMC)、氢氧化钠、浆纱油脂、2-萘酚、硅酸钠(水玻璃)、甘油的检测方法。
> 3. 了解浆料质量优劣与浆纱质量控制的关系。
>
> 说明：本章为选学、选做内容，故择要叙述。本章所涉及的某些具体指标的试验方法可参照相关国家或行业标准。

试验四十一 淀粉及变性淀粉的质量检测与控制试验

淀粉及变性淀粉是纺织企业常用的三大主浆料之一，由于其来源广泛，价格低，在纺织企业中广泛使用。由于生产淀粉的企业很多，原料来源、技术力量和加工方法有一定的差异，造成产品质量的波动较大，必须对其成分进行检验，以保证上浆的质量稳定。

一、共性质量检验指标

(一)试验内容

外观、水分、酸度、灰分、蛋白质、pH、细度、斑点、黏度及黏度稳定性等(表5-1)，这些指标作为常规检验项目测试，以保证进厂浆料符合要求。

(二)试验意义

(1)淀粉和变性淀粉的外观色泽、细度和斑点对浆纱的外观和色泽有非常重要的影响，最终还会影响坯布的外观和色泽。

(2)过量的灰分和蛋白质会造成淀粉浆液易于腐败，且调制过程中的泡沫过多，从而直接影响纱线的上浆质量。

(3)浆液的黏度和黏度稳定性对上浆均匀性和上浆质量有重要的意义，稳定的黏度是保证上浆质量的前提和基础。

(4)淀粉和变性淀粉的水分、酸度和pH的测定可以为上浆工艺的制订和调整提供依据，以满足经纱的上浆要求。

表5-1 淀粉及变性淀粉主要质量指标

项　目	指　标
外观	白色或微黄色粉末
水分(%)	≤14.0
酸度(mL)(中和10g绝干淀粉所消耗的0.1mol/L氢氧化钠的毫升数)	≤2.0
灰分(%)	≤0.5
蛋白质(%)	≤0.5
pH	6.5~7.5
细度(%)	≥99(100目筛孔通过率,接枝淀粉另行制订)
斑点(个/cm²)	≤5.0
黏度相对允许偏差(%)	≤±15.0
热黏度被动率(%)	≤15.0

二、特性质量检验指标

淀粉及变性淀粉的特性指标因变性淀粉的种类的不同有一定的差异。

1. 氧化淀粉　羧基含量、游离氯(表5-2)。

表5-2 氧化淀粉(用次氯酸钠作氧化剂)

项　目	特性指标
羧基含量(%)	≥0.025
游离氯	无

2. 酯化淀粉　取代度(表5-3)。

表5-3 酯化淀粉

项　目	特性指标(暂定) 取代度(D.S.)	
	A级	B级
醋酸酯淀粉	≥0.05	≥0.03
磷酸酯淀粉	≥0.05	≥0.02

3. 醚化淀粉　取代度(表5-4)。

表5-4 醚化淀粉

项　目	特性指标 取代度(D.S.)
羧甲基淀粉CMS	≥0.2

续表

项　目	特性指标
	取代度(D.S.)
羟乙基淀粉 HES	≥0.04
羟丙基淀粉 HPS	≥0.04

4. 交联淀粉　沉降积、残留甲醛、残余氯(表 5-5)。

表 5-5　交联淀粉

项　目	特性指标(暂定)	
	用甲醛作交联剂	用环氧氯丙烷作交联剂
沉降积(mL)	1.9~2.1	1.9~2.1
残余甲醛(ppm)	150	—
残余氯(ppm)	—	≤5

5. 接枝淀粉　接枝率、游离单体(表 5-6)。

表 5-6　接枝淀粉

项　目	特性指标
接枝率(%)	≥8
游离单体	≤0.5

三、试验周期与取样

一般的测试周期为库存浆料每月至少试验一次,而进厂的浆料必须进行试验。在抽样时,随机性和抽样的数量必须保证,从而保证数据准确可靠。

四、试验方法与计算

(一)回潮率的测定

取淀粉试样称重为 W_1,放入电烘箱(约 105℃,1.5h)烘干并称重为 W_0,则淀粉回潮率用下式计算:

$$淀粉回潮率 = \frac{W_1 - W_0}{W_0} \times 100\%$$

(二)灰分的测定

淀粉的灰分是指淀粉样品灰化后剩余物质的量。通常用样品灰化后剩余物的质量与样品的干基质量的质量百分比来表示。测试原理为将样品在 900℃ 的高温下灰化,直到灰化后的样品中的碳完全消失,可以得到样品的剩余物质量。

(三)蛋白质含量的测定

蛋白质的含量是根据淀粉及变性淀粉样品中水解产生游离的氨基酸和含氮化合物中氮的含量,按照蛋白质的系数折算,以样品的蛋白质质量占样品的干基质量的质量百分比来表示。其基本原理为在催化剂的作用下,用硫酸将淀粉及变性淀粉裂解,碱化反应产物,并进行蒸馏使氨释放,同时用硼酸溶液收集,然后用标定过的硫酸溶液滴定,将耗用的标准硫酸溶液的体积转化为蛋白质的含量。

(四)酸度的测定

通过用标准的氢氧化钠溶液中和淀粉中的酸度,用耗用的氢氧化钠溶液的体积来反映淀粉及变性淀粉的酸度。该方法适用于酸度不超过12mL的淀粉及变性淀粉的酸度的测定。

称取纯干淀粉5g,放入250mL三角瓶中,加入蒸馏水100mL,等淀粉溶于水后,加入酚酞3~5滴,再用0.1mol/L的氢氧化钠溶液滴定至微红色为止,并记录其所耗用的溶液体积(mL),则淀粉及变性淀粉的酸度可用下式计算:

$$酸度 = \frac{耗用氢氧化钠溶液的体积(mL) \times 0.1 \times 0.09}{5} \times 100\%$$

(五)黏度和黏度稳定性的测试

1. 黏度的测定

(1)相对黏度可以采用恩氏黏度计测定,具体操作可见第四章试验三十二。

(2)绝对黏度可以采用 NDJ-79 型旋转式黏度计测定,具体操作可见第四章试验三十三。

2. 黏度稳定性测试的原理　在45~95℃的温度范围内,淀粉浆液随温度的升高而逐渐糊化,这一过程可以通过 NDJ 旋转黏度计记录淀粉浆液的黏度随温度变化的情况;并当温度达到95℃时,并在这个温度下保温3h,其间每隔30min测定一次黏度值,共测6次,后5次测定的黏度值的极差与95℃保温1h时测定的黏度值的比值来表示黏度波动率。

$$黏度稳定性(\%) = 100\% - 黏度波动率(\%)$$

$$黏度波动率(\%) = \frac{\max|\eta - \eta'|}{\eta_1} \times 100\%$$

式中:η, η'——后5次测定黏度值中的任意两个值;

η_1——在95℃保温1h测得的黏度值;

$\max|\eta - \eta'|$——95℃保温开始计时,后5次测得的黏度值的极差。

(六)淀粉浆料斑点数量的测定

在规定的条件下,用肉眼观察到的杂色斑点的数量,以1cm^{2}样品中的斑点的个数来表示。

取混合好的淀粉浆料样品10g均匀地分布在白色平板上,用刻有10个方格(每个方格的大小为1cm×1cm)的无色透明板,盖到样品上,观察距离保持30cm。记录10个空格内的斑点总数量,再用这个总数量除以10便可求得1cm^{2}该淀粉浆料样品的斑点个数了。

试验四十二　聚乙烯醇(PVA)浆料的质量检测与控制试验

PVA 是合成类的浆料,质量相对比较稳定。尽管如此,在原料进厂之前和浆纱工程中使用前,必须对产品的质量进行检验。PVA 为白色形絮状物,无臭无毒,易溶于水不溶于酒精、苯或其他有机溶剂,遇到盐有盐析作用。当有碱或酸存在时,加热至80℃以上,就能使 PVA 脱水,化学结构发生变化,尤其是在硫酸或氢氧化钾的作用下脱水更为激烈。

一、PVA 浆料的质量检验指标

醇解度、黏度、乙酸钠含量、挥发成分、灰分、pH、水溶性、外观、平均聚合度、膨润度等。

二、PVA 的鉴别

下列规程可以检验出浆液中是否存在 PVA,且淀粉及变性淀粉会干扰 PVA 的检测。

(一)试验准备

1. 溶液 A　将 4.15g 碘化钾溶于 80mL 的水中,再加入 0.064g 碘,稀释到 100mL,储存于琥珀瓶中。
2. 溶液 B　90mL 水中加入 3.71g 硼酸,加热溶解,冷却并稀释到 100mL。

(二)检验规程

试样上滴一滴 A 溶液,接着立即把一滴 B 溶液放到 A 溶液的中央,呈蓝色(已证明不存在淀粉)表示有 PVA。若蓝点周围有粉红色晕说明有局部水解的聚醋酸乙烯酯存在。

三、PVA 的质量检验指标

纺织常用 PVA 的质量指标可见表 5–7。

表 5–7　普通 PVA 的主要质量指标

项　目	1788	1799 S(普通型)	0588
外观	白色或乳白色粉末、粒状或絮状		
聚合度	约1700		约500
醇解度(%)	86~90	99~100	86~90
黏度(mPa·s)(4%,20℃)	20~26	20~32	4.5~6.5
乙酸钠含量(%)≤	1.5	7	—
挥发分(%)≤	8	9	6.0
灰分(%)≤	1	3	1
pH	5~7	7~10	5~7
水溶性	70℃保温1h完全溶解	95℃保温1h完全溶解	—
膨润度(%)	200±20		—

四、试验周期

PVA 的测试周期一般为库存浆料每季度至少测试一次,以及每次进浆料的时候都必须测试相应的指标。

五、试验方法与计算

进厂检验时,主要测试 PVA 中的挥发物的含量、黏度情况、平均聚合度情况及其醇解度指标。

(一)挥发物含量的测定

1. 取样　被测 PVA 在 5t 以下时,任意在 5 袋中抽取样品;5t 以上时,可任意在 5~10 袋中抽取样品。每袋取 50g,并迅速将样品混合均匀,装入密闭的瓶中,贴上标签。

2. 测试原理　将试样在 105℃ 的温度下,干燥至恒重,计算试样干燥前后的质量损失。

3. 挥发物含量的计算

$$挥发物含量 = \frac{m_1 - m_2}{m_1 - m_0} \times 100\%$$

式中:m_0——称量瓶的质量,g;
m_1——干燥前样品和称量瓶的质量,g;
m_2——干燥后样品和称量瓶的质量,g。

(二)黏度的测定

1. 绝对黏度　测试的基本原理是在一定的温度下,通过旋转式黏度计测定液体的黏度。通常测试在 4% 浓度下,温度在 20℃ 时的 PVA 的黏度值。

2. 相对黏度　称取 8g 干重 PVA 样品,加 400mL 蒸馏水,加热至沸,关闭电炉保持 3~5min,倒入恩式黏度计,在 85℃ 时测其黏度值。

(三)平均聚合度的测定

1. 测试原理　用一点法测定 PVA 水溶液的极限黏度(特征黏度),计算出的平均聚合度。特征黏度采用奥氏黏度计来测量,记录试样溶液和蒸馏水自由下落的时间。

2. 平均聚合度(DP)的计算

$$\log DP = 1.613 \log [\eta] \frac{[\eta] \times 10^4}{8.29}$$

$$[\eta] = \frac{2.303 \log \eta_\tau}{C_v}$$

$$\eta_\tau = \frac{T}{T_0}$$

式中:$[\eta]$——极限黏度(特征黏度),mPa·s;
η_τ——黏度比(相对黏度);

C_v——浓度,g/L;

T——试样溶液的自由下落时间,s;

T_0——蒸馏水自由下落时间,s。

(四)醇解度的测定

1. PVA 醇解度的测定原理　聚醋酸乙烯酯在醇解的过程中,如果醇解不完全就会在 PVA 中残留醋酸根,通过测定残留醋酸根的量,就可以计算出 PVA 的醇解度。

2. 测试方法

(1)将试样溶解在水中,加入定量的氢氧化钠与 PVA 中残留的醋酸根反应,而后再加入定量的硫酸中和未反应的氢氧化钠,过量的硫酸再用氢氧化钠标准溶液的滴定,可计算出试样中的残留醋酸根含量和醇解度。

(2)残留醋酸根含量的计算:

$$X = \frac{(V_2 - V) \times C \times 0.06005}{m \times X_P} \times 100\%$$

式中：　X——残留醋酸根含量;

C——氢氧化钠标准溶液浓度,mol/L;

X_P——PVA 试样的纯度;

m——试样的质量,g;

V_2——加硫酸后,滴定耗用氢氧化钠溶液的体积,mL;

V——空白试验,滴定耗用氢氧化钠溶液的体积,mL。

(3)残留醋酸基含量的计算:

$$残留醋酸基含量 = \frac{44.05X}{60 - 0.42X} \times 100\%$$

(4)醇解度的计算:

$$醇解度 = (100 - 残留醋酸基含量) \times 100\%$$

试验四十三　聚丙烯酸类浆料的质量检测与控制试验

聚丙烯酸类浆料的成分复杂,一般由很多种单体混合共聚而成的共聚物,且多数为黏稠状的液体,因此对其常检测的指标为外观、含固量、黏度、pH、灰分等。

一、常用聚丙烯类浆料的质量检验指标(表 5-8)

二、试验周期

一般测试的周期为库存浆料每季度至少一次,而且每次新浆料进厂时必须进行测试。

表5-8 常用聚丙烯类浆料的质量指标

项目	聚丙烯酸甲酯 PMA	聚丙烯酰 PAA_m	醋酸乙烯丙烯共聚浆料（28#浆料）
外观	乳白色黏稠体	透明黏稠体	乳白色半透明黏稠体
含固量(%)	≥14	≥8.0	≥16
黏度(mPa·s)	14~28(4%,20℃)	≥25(4%,20℃)	25~40(4%,20℃)
分子量(10^3)	4±0.5	150~200	—
未反应单体(%)	≤0.8	—	—
pH	7~8	6~7.5	6.5~7.5
游离丙烯酰胺(%)	—	≤0.5	—
残留醋酸乙烯(%)	—	—	≤0.5

三、试验方法与计算

聚丙烯酸类浆料在制备过程中很难得到只含一种单体的浆料，一般是由多种单体混合共聚而成，因此通常以含量较高的一类单体的名称作为这种浆料的名称，使用企业通常能测定的主要项目是含固量和黏度值，且这两项是影响聚丙烯酸类浆料上浆性能和上浆质量的重要指标。

1. 含固量的测定

（1）含固量的测定的原理。将一定量的试样，在一定的温度和真空条件下烘干至恒重，干燥后的试样质量的百分数即为聚丙烯类浆料的含固量。

（2）含固量的计算：

$$含固量 = \frac{m}{m_0} \times 100\%$$

式中：m——干燥后试样质量，g；

m_0——干燥前试样的质量，g。

2. 黏度的测定 称取根据含固率折算的相当于4g干重的试样，且要精确到0.01g，放入300mL锥形烧瓶中加蒸馏水至100mL刻度（即配制成4%浓度的浆液），然后接到冷凝回流管，在水浴锅中加热搅拌至全部溶解均匀，取下冷却至(20±0.5)℃，用旋转式黏度计测定其黏度值。

试验四十四 羧甲基纤维素纳（CMC）的检测试验

羧甲基纤维素纳（CMC）是无臭无毒的白色粉末，精制品无味，粗制品略带碱味，有的外形呈纤维状，易溶于水，其溶解性能取决于醚化度（替代度），上浆工艺常用的CMC系属于醚化度中等的中黏度产品。

一、试验周期

每月一次,新浆料进厂随时做。

二、试验方法与计算

1. 溶解情况 称取样品 5g,加入 100mL 温水中,不断搅拌待其全部溶解后,观察溶液中是否有悬浮物,溶液应清晰透明无悬浮物等。

2. 黏度的测定 配置 2% 溶液,且在常温下用恩氏黏度计或旋转式黏度计测定其黏度值。

3. 回潮率的测定 称取样品 2g,在已知重量的称量瓶中,放在 105~110℃ 的烘箱中烘干 2h(称量瓶开盖烘干),取出加盖放入干燥器内冷却 15~20min 后称重。

$$回潮率 = \frac{样品烘前重量 - 样品烘干后重量}{样品烘干后重量} \times 100\%$$

4. pH 的测定 上浆用的溶液以 pH 试纸测定即可。

5. 有效物含量的测定 取 1g 样品,加 10mL 蒸馏水溶解,再加入 1mol/L 的盐酸溶液约 10mL,并用 1mol/L 的氢氧化钠溶液中和溶解,最后再加 95% 酒精 100~150mL,且用 2 号砂芯漏斗过滤,过滤后烘干,并称其重量。

$$有效物含量 = \frac{烘后样品干重}{烘前样品干重} \times 100\%$$

试验四十五 氢氧化钠的检测试验

氢氧化钠是浆纱工程常用的助剂,常用作淀粉上浆的分解剂及 2-萘酚的溶解剂,氢氧化钠主要的检测项目是其有效成分的含量。

一、试验周期与取样

对库存的氢氧化钠每季度至少检测一次,而新原料进厂时必须做相应的指标测试。由于氢氧化钠放置时间过长,表面会与空气发生反应。因此为了保证取样的代表性,通常固体取样时,必须将其表层去除(取 20g 左右);液体取样时可以用玻璃管取 40~50mL,且取样后应将试样装入玻璃瓶,用橡皮塞紧并贴上标签。

二、试验方法与计算

1. 测定氢氧化钠的有效成分的含量的基本原理 将氢氧化钠试样充分溶解后,用标准的盐酸溶液来滴定,且同时用酚酞作指示剂,来测定氢氧化钠的有效成分的含量。

2. 测试方法

(1)取干净的已知重量的称量瓶,加入 20g 左右的固体氢氧化钠,将盖盖紧称重;再用量筒量取 40mL 左右的氢氧化钠溶液倒入后称量瓶,然后将试样移入 500mL 锥形瓶中,用蒸馏水冲洗称量瓶 3~4 次,再加 100mL 左右蒸馏水,慢慢摇动至全部溶解,稀释至 400mL 左右,冷却到室温后,充分混合。

(2)用移液管吸取试液 50mL 注入 250mL 锥形瓶中,加入酚酞指示剂 5 滴,以 1mol/L 盐酸溶液滴定到恰好红色消失,记录耗用盐酸的体积,然后再加入甲基橙指示液两滴,继续用 1mol/L 盐酸滴定至溶液由黄变为橙色,记录这时共耗用盐酸的体积。

(3)氢氧化钠的有效成分含量的计算:

$$氢氧化钠的含量 = \frac{(2V_1 - V_2) \times 0.4 \times C_1}{m} \times 100\%$$

式中:C_1——1mol/L 盐酸浓度;

V_1——滴定至酚酞等当点时耗用盐酸的体积,mL;

V_2——滴定至甲基橙等当点耗用盐酸的体积,mL;

m——试样的质量,g。

试验四十六 浆纱油脂的检测试验

浆纱油脂是纺织企业常用的浆纱助剂,其常见的测试指标为水分、灰分和酸值(度)。

一、试验周期

一般测试周期为每季度对库存的浆纱油脂至少检验一次,在进新料的时候必须做相应的指标测试。由于浆纱油脂在储存过程中非常容易腐败和变质,造成酸度增加,因此对库存的浆纱油脂需要定期的进行检验,为保证浆液的质量创造较好的条件。

二、试验方法与计算

1. 性状的测定 取样少许,用拇指与食指试之应有细腻均匀的感觉,无酸味和恶臭味。

2. 水分的测定 取一定量的样品(一般为 50g),在一定的温度下使浆纱油脂熔化,待其完全熔化后,用肉眼观察样品,质量良好的浆纱油脂在熔化后应为橙清的油液,无混浊现象,同时看不到明显水滴和砂粒存在。因此若看到明显水滴则表示油脂中含水不合要求。

3. 灰分的测定 浆纱油脂的灰分的测定原理与淀粉灰分的测定原理相同。取一定量的浆纱油脂反复灼烧,直至残渣变成白色为止,冷却至室温后称重。

4. 酸值(度)的测定

(1)酸值(度)。中和 1g 油脂中所含游离脂肪酸所需氢氧化钾的量为酸值(度)。

新鲜油脂中酸分较少;当油脂酸败后酸分增多,使酸值(度)增加,因而测定酸值(度)即可知油脂是否新鲜。

(2)试验步骤。浆纱油脂的酸值(度)的测定原理与淀粉的相同。即将油脂溶解后,用标准的碱溶液滴定,记录耗用的碱溶液的量。由于浆纱油脂不溶于水,可取一定量的浆纱油脂(约 20g 左右)在加热的情况下溶解于乙醇中,待其完全溶解后,加入酚酞指示剂,再以标准的氢氧化钾溶液滴定至溶液呈微红色,并保持 1min 不褪色,记录耗用氢氧化钾溶液的体积。

(3)酸度的计算:

$$T = \frac{V \times C_k}{m} \times 56.1$$

式中:T ——试样的酸度,mg/g;
$\quad\ \ V$ ——耗用氢氧化钾溶液的体积,mL;
$\quad\ \ C_k$ ——氢氧化钾溶液的浓度,mol/L(一般取 0.1mol/L);
$\quad\ \ m$ ——试样的质量,g。

三、浆纱油脂的使用质量标准

当被检测浆纱油脂的酸值超过 8mg/g 时就不能使用。

试验四十七　2-萘酚的检测试验

2-萘酚又称乙酚,为淡黄色叶状或粉状固体,有刺激性臭味,遇热则逐渐挥发,露置空气中遇光则颜色渐变褐,故样品颜色深浅不一,2-萘酚宜储藏于密闭容器中并置于暗处。其化学分子式为:$C_{10}H_7OH$,相对分子质量为 144.66。

2-萘酚是常见防腐剂,通常情况下,它是不溶于水的,只能溶解热的氢氧化钠溶液中。

一、试验周期和取样

一般对库存的 2-萘酚每季度至少检测一次,进新料时必须做专项指标测试。2-萘酚目前大多装在麻袋中,开袋以后可在中央及四周均匀取样三四铲,再将试样放置于干净的牛皮纸上,混合均匀,然后取样品约 100g,放在干净的黄色瓶内并贴上标签。

二、试验方法与计算

1. 溶解性的检验

(1)检测目的。2-萘酚不易溶解于水中,但在热氢氧化钠溶液中则极易溶解,检查 2-萘酚在氢氧化钠溶液中的溶解情况,即可知其是否适合于调浆之用及其中是否含有砂分等。

(2)检测步骤。检查时称取 5g 样品,置于 150mL 烧杯中加入 5mL,30% 氢氧化钠溶液,以玻璃棒调和均匀,然后加入热水 40mL,加热至 70℃ 左右并加以搅拌,此时 2-萘酚应全部溶解。

2.2 - 萘酚含量的测定

(1)测试步骤:在分析天平上准确称取0.2g已混合均匀并磨成粉末状的2-萘酚样品,放入500mL的锥形烧瓶中,再加入2mL 10%氢氧化钠溶液及25mL蒸馏水。将烧瓶加热至2-萘酚全部溶解为止,然后冷却至20~25℃,加入纯浓盐酸几滴(比重为1.19)达到溶液对刚果红试纸呈酸性反应后,再加入淀粉液5mL(淀粉溶液不能用可溶性淀粉制备,否则试验可能失败)并以0.1mol/L(0.5mL左右)碘溶液滴定至刚呈现蓝色,此时是碘与样品中的2-萘酚杂质起作用,故所消耗的碘溶液的毫升数可不必计算。然后加入200mL蒸馏水,并分次加入少量碳酸氢钠,至溶液对刚果红试纸不变蓝色为止后,再加10g碳酸氢钠。

(2)2-萘酚含量的计算:

$$2-萘酚含量 = \frac{144.6 \times V \times C}{2 \times 1000 \times G} \times 100\%$$

$$= \frac{7.23 \times 10^{-3} \times V}{G} \times 100\%$$

式中:V——滴定所耗用碘溶液的体积,mL;

C——碘溶液浓度,mol/L;

G——样品重量,g。

注:碳酸氢钠是缓冲剂,使2-萘酚保持一定的pH,才能与碘起作用。

三、2-萘酚的使用质量标准

被检测的2-萘酚的含量应在98%以上时,才达到其使用质量标准。

试验四十八　硅酸钠(水玻璃)的检测试验

硅酸钠俗称水玻璃,分子式为Na_2SiO_3,主要用做淀粉的分解剂,但其分解作用较缓和,而且在酸性条件下易在调浆桶内壁结硅垢。

硅酸钠的性状黏稠而呈碱性,其碱性弱于氢氧化钠,但较碳酸钠强,其溶液为无色透明液体。又由于一般产品含有铁及其他杂质,因而多呈淡灰色或灰绿色。

一、试验周期与取样

每半月一次,新进厂的硅酸钠随时做。先将桶内硅酸钠搅拌均匀,然后吸取样品500mL左右置于瓶中。

二、试验方法与计算

1. 测定原理　硅酸钠因水解而含氢氧化钠,故呈碱性,可被盐酸中和,根据中和时所耗用的盐酸量即可求出试样所含的总碱量,且其化学反应式为:

$$Na_2SiO_3 + 2H_2O \longrightarrow 2NaOH + H_2SiO_3$$
$$NaOH + HCl \longrightarrow NaCl + H_2O$$

2. **测定步骤** 取 8mL 硅酸钠溶液称重,用蒸馏水稀释后,移入 500mL 容量瓶中,稀释至刻度并摇匀,用吸液管吸取 50mL 稀释后溶液,注入 250mL 锥形瓶中,加入一滴甲基橙,用 0.5mol/L 盐酸溶液滴定至由黄色恰变为橙色止,记录的耗用的 0.5mol/L 盐酸溶液的量。

3. **试样所含总碱量的计算**

$$总碱量 = \frac{所耗用的盐酸溶液的量(mL) \times 盐酸浓度(0.5mol/L)}{样品重量(g)} \times 0.31 \times 100\%$$

试验四十九 甘油的检测试验

甘油又名丙三醇,分子式为 $CH_2OH\ CHCH\ CH_2OH$。纯净的甘油为无色透明而富有黏性的液体,一般的稍带淡黄色,有甜味,能与水以任何比例混合,有极大的吸湿性,常用作经纱上浆的吸湿剂(一般在北方纺织企业使用)。

一、试验周期
每季一次,新进厂的甘油随时试验。

二、试验方法计算

(一)甘油密度的测定
试样的密度可在常温下用密度计(波美表)测定,且密度计读数与密度的关系:

$$密度(g/cm^3) = \frac{145}{145 - 波美度数}$$

(二)甘油含量的测定方法(过碘酸钾法)

1. **测定原理** 使甘油与过碘酸钾作用生成蚁酸,再用标准氢氧化钠溶液滴定蚁酸,化学反应式如下:

$$\begin{array}{c} CH_2OH \\ | \\ CHOH \\ | \\ CH_2OH \end{array} + 2KIO_4 \longrightarrow 2HCHO + HCOOH + 2KIO_3 + N_2O$$

$$HCOOH + NaOH \longrightarrow HCOONa + H_2O$$

2. 测定步骤

(1)用称量瓶精确称取 1~2g 试样,移至 500mL 的容量瓶中,并加入水,冲淡至 500mL。
(2)用 50mL 的吸液管吸取 50mL 稀释后的试样,置于 250mL 的烧杯中,加水 100mL 及甲基橙指示剂数滴(呈现橙色)。

(3)加入 0.1mol/L 的氢氧化钠溶液中和至淡黄色。

(4)加入过碘酸钾 1g,同时不断搅动 5min,加完后继续搅动 15min,仍用甲基橙作指示剂,再用 0.1mol/L 的氢氧化钠滴定至淡黄色。

3. 甘油含量的计算

$$甘油含量 = \frac{V \times C \times \frac{92.09}{1000}}{试样重量 \times \frac{50}{500}} \times 100\%$$

$$= 0.9209 \times \frac{V \times C}{试样重量} \times 100\%$$

式中:V——耗用氢氧化钠溶液的体积,mL;

C——氢氧化钠溶液浓度,0.1mol/L。

试验五十　常用纺织浆料的快速定性鉴别试验

一、碘—碘化钾法初步鉴别淀粉、PVA

淀粉和 PVA 是纺织经纱上浆的主浆料,往往共同使用于一个浆料配方中。

碘—碘化钾法鉴别试验的目的是初步鉴别浆料中是否存在淀粉、PVA 或者两者的混合物。而对于是否还含有其他浆料有待进一步相关试验。

1. 试验仪器、试剂　烧杯(500mL)、玻璃棒。指示剂 A:0.01mol 碘液,配制方法:称取 1.3g 碘,置于 50mL 烧杯中,加入 2.5g 碘化钾及 25mL 蒸馏水,不断搅拌,使其溶解。在加入 0.2mL 浓盐酸(体积质量 1.19g/cm^3),在加水稀释到 1000mL,储存于琥珀瓶中,储于低温暗橱内,有效期为一个月。

2. 试验原理

(1)淀粉遇碘成蓝色显色反应。不论是淀粉溶液还是固体淀粉,与碘作用时都生成有颜色的复合体,这是由于淀粉分子对碘有吸附作用。直链淀粉的分子呈螺旋卷曲状态,每六个葡萄糖就可吸收一个碘分子,因而对碘的吸收能力很强,形成蓝色的复合体,支链淀粉虽然聚合度很大,但由于分支较多,每个分支的长度只有 20~40 个葡萄糖残基,只能形成很少的螺旋,吸附极少量的碘,产生紫色至红色的复合体。由于淀粉的组成以直链淀粉(一般占 73 以上,视淀粉的种类而异,荷兰 AVEVE 公司的 ASP100% 支链淀粉除外),故颜色呈现蓝或蓝黑色。

(2)PVA 遇碘呈现蓝色(完全醇解)或红色(部分醇解)显色反应。PVA 与碘能生成络合物而呈特殊的有色反应,显色程度与醇解度有一定的关系。完全醇解的 PVA 遇碘显蓝色,部分醇解的 PVA 遇碘显红色或紫红色。与淀粉混和鉴别时,会彼此干扰,因而需进一步试验以区分。

3. 试验步骤　用碘液 A 在坯布上滴上 1~2 滴,可能出现以下三种情况。

(1)呈深蓝色说明有淀粉浆或完全醇解的 PVA(如 PVA—1799)。

(2)呈现橙黄色(碘液原色),则说明可能为其他浆料。

(3)呈现紫红或棕红色,则说明有部分醇解的 PVA。

二、加热法进一步区分淀粉和 PVA 试验

该试验承接上述试验,目的是在已知浆液中存在淀粉或 PVA 的前提下,进一步区分淀粉类和 PVA 类。

1. 试验原理　淀粉浆液加热至 70℃以上时,淀粉的大分子链热运动加剧,大分子链伸直,淀粉葡萄糖残基与碘所形成的复合体解体。蓝色消失,再次冷却,又会重新形成蓝色复合体。而 PVA 与碘形成的是有色络合物。加热时不会解体,颜色不发生变化。

2. 试验仪器、试剂　烧杯(500mL)、玻璃棒、电炉(1000W)、酒精温度计。

3. 试验步骤　在电炉上将浆液加热至 70℃以上,如果蓝色消失,冷却后蓝色再次出现,说明有淀粉存在,这是由于加热使得淀粉的分子链伸直,所形成的复合体解体所至。否则说明溶液含有 PVA。

为了进一步排除淀粉与碘显色的干扰,可以对试样用盐酸或硫酸加热煮沸一段时间,使淀粉水解,成为低聚糖,再用碘液 A 检验,如仍显蓝色或红色,则是 PVA;若不再显色,则证明是淀粉。因低聚糖及单糖遇碘不显色。

三、PVA 的验证试验

该试验是在上述试验的基础上,进一步验证浆液的 PVA 成分。如果试验 2 已经鉴别出是淀粉,则不必进行此项试验。

1. 验证方法之一——碘—碘硼酸法

(1)试验用具、试剂。玻璃板、移液管、玻璃棒。

指示剂 B(碘、碘化钾、硼酸溶液)配制方法:将 0.13g 碘、2.6g 碘化钾、40g 硼酸顺序加入水中并稀释至 100mL。

(2)试验步骤。将浆液移液管或玻璃棒滴至玻璃板上,用此指示剂 B 在浆液上滴上一两滴,呈紫红色则表明是 PVA。这种方法仅用于已知没有淀粉的情况。

2. 验证方法之二——重铬酸钾法

(1)用具和试剂。玻璃板、移液管、玻璃棒。

指示剂 C 配制方法:将 11.88g 重铬酸钾、25mL 浓硫酸,用 50mL 水稀释。

指示剂 D,配制方法:30g 氢氧化钠溶于 70mL 水中。

(2)试验步骤。将浆液移液管或玻璃棒滴至玻璃板上,用此指示剂 C 在浆液上滴上一两滴,立即滴指示剂 D 三四滴中和,5s 后用玻璃棒摩擦滴有两种溶液之处,若呈棕色斑点,则证明是 PVA。

四、PVA 醇解度的定性判别

承接试验 3,本试验用于已知浆液有 PVA 的前提下,用碘和硼酸混合液法或碘液法定性验证 PVA 的醇解度即部分醇解的 PVA 和完全醇解的 PVA,两者性质有较大差异,部分醇解的 PVA,如 PVA1788,PVA0588 由于分子链上的醋酸酯基团较多,根据相似相容原理,对聚酯纤维(涤纶)的黏附性较强,适用于疏水性纤维的经纱上浆,但其耐磨性和浆膜的强力不如完全醇解的 PVA,故对于疏水性纤维的经纱或疏水性纤维比例较高的混纺经纱浆料配方中一般采用部分醇解的 PVA 或两种 PVA 共用以达到取长补短的效果(当然也和其他浆料混用以发挥各自的优势)。而对于纯棉、麻、粘胶等亲水性纤维的上浆一般较多采用完全醇解的 PVA,因而有必要对浆料的 PVA 的醇解度加以定性鉴别。

1. 试验方法一——碘硼酸法 利用不同醇解度的 PVA 和碘硼酸发生不同的显色反应以定性鉴别完全醇解和部分醇解的 PVA。

(1)试验用具、试剂。玻璃板、玻璃棒、滤纸、玻璃吸管。

指示剂 E,即碘硼酸液配制:将 3g 的结晶硼酸(H_3BO_3)溶解于 100mL 的 0.01mol/L 碘液,搅拌之,使其完全溶解,储藏于棕色试剂瓶中。

(2)试验步骤。用碘和硼酸混合液确定是完全醇解级 PVA 还是部分醇解级 PVA 方法如下:将滤纸铺于玻璃板上,用玻璃棒或吸管吸取浆液滴在滤纸上,加滴一滴碘和硼酸混合液并在空气中风干,形成斑渍。

在斑渍中间加一滴水,10s 后,环绕斑渍处有葡萄酒红色晕环出现,则表明是部分醇解级 PVA,而完全醇解级 PVA 则不出现晕环。

2. 试验方法二——碘液法 利用碘液和不同醇解度的 PVA 形成不同颜色的络合物的特性以定性鉴别完全醇解和部分醇解的 PVA。

(1)试验用具、试剂有烧杯、玻璃棒、滤纸、吸管、指示剂 A 等。

(2)试验步骤。将浆料制成 1% 左右的浆液,滴一滴于滤纸上,干燥后,取碘液滴于其上。完全醇解 PVA 呈蓝色斑点,部分醇解 PVA 呈红色斑点;进一步观察可发现,醇解度 = 94~95mol% 的 PVA,是蓝色转成红色的转变点。当 PVA 醇解度 <80mol% 时,与碘只不发生颜色反应。而一般上浆用的浆料的醇解度在 88%~99.6%(纺丝级 PVA)。故该方法不影响上浆用的 PVA 的定性鉴别。

五、CMC 浆料的定性鉴别

CMC(羧甲基纤维素钠)因其良好的水溶性,退浆性在发达国家普遍使用,在我国主要辅助浆料用以增加混溶性、分纱性等。在粘胶纤维、天丝经纱上浆中应用较多。

1. 鉴别方法之一——咔唑(9-氮杂芴)显色法 咔唑(9-氮杂芴),英文名称 carbazole,分子式:$C_{12}H_9N$ 为无色单斜片状结晶 CMC 发生显色反应。

(1)试验用具、试剂。烧杯、玻璃棒、滤纸、吸管等。

指示剂 F,即咔唑溶液配制:称取 5mg 咔唑,溶解于 5mL 浓硫酸中,溶液呈金黄色。

注意事项:随用随配制,因咔唑溶液 30min 后由金黄色变成油绿色,这时已经不能用作试验。咔唑对皮肤有强烈刺激性,应避免皮肤直接接触。

(2)试验步骤。在浆液中滴入 10 滴左右咔唑溶液滴入,并静置数小时,如有淡绿色出现,表明有 CMC。

该方法较为准确,但试验时间较长,且咔唑有毒性,对皮肤有刺激性。

2. 鉴别方法之二——凝絮法 利用 CMC 与某些金属盐相遇,产生凝絮沉淀的特性进行定性鉴别。这种方法快速简便,但事先应确定浆液中没有褐藻酸钠和聚丙烯酸,因这两种浆料也会产生同样的现象。

试验方法:在浆液中滴入 10 滴左右 10% 的 $AlCl_3$ 或 $BaCl_2$,如出现凝胶状沉淀,说明有 CMC。

六、聚丙烯酸系浆料定性鉴别

聚丙烯酸系浆料也是经纱上浆的主要浆料之一。

1. 聚丙烯酸酯的定性鉴别 聚丙烯酸酯主要以乳白色黏稠液体形式出现,且有一定的刺激性大蒜味,故容易从外观等直接鉴别。但已经开发出高含固量的固体,如澳大利亚利明公司 LMA-95 型合成浆料是固态聚丙烯酸酯浆料。外观为微黄色固体粉状物,有效成分达 $(85±2)\%$;显然仅从外观形态不足以定性鉴别。

快速快速鉴别织物上是否含有聚酯或丙烯酸盐浆料存在。

(1)方法一。用试液阳离子红 F3BL 0.5%,醋酸(30%)0.5%,将织物浸泡在 30℃ 新配置的染料溶液中 5s,取出放置 30s,然后用蒸馏水水洗 1min,出现红色即表示有聚酯或聚丙烯酸盐浆料存在,不含聚丙烯酸浆料的织物应呈无色。

(2)方法二。将样品与 80℃,pH 在 4~5 之间的条件下,浸渍在含 1g/L 阳离子红 GL 的溶液中,如果有聚酯或丙烯酸盐的存在,呈红色,不含聚丙烯酸的织物呈白色或很淡的粉红色,其原理是浆料中的羟基或 SO_3Na 可以被阳离子染料染色。

(3)方法三。试验用具、试剂与材料:上浆坯布、烧杯、电炉、玻璃棒等。丙酮、指示剂 G,即分散性染料黄的染液,配制方法:取杜拉诺艳黄 6G(Duranol Brilliant Yellow 6G)用水配制成 1% 分散性染液。

试验步骤:将少量已经上浆的坯布试样在杜拉诺艳黄 6G 的分散性染液中煮沸 2min,用沸水漂洗,再用少量丙酮提取。如呈深黄色,并有绿色荧光。说明是聚丙烯酸酯浆料。

2. 聚丙烯酸酰胺的定性鉴别 聚丙烯酸酰胺,用作纺织浆料的大多数为棕黄色黏稠的液态物,也容易从外观鉴别。但近代来也有一些固体丙烯酸酰胺,如英国联合胶体公司的 VicalWLV 固体酰胺浆料。因而也需进一步定性鉴别。

(1)试验用具、试剂与材料。试管、石蕊试纸、金属钠。

(2)试验步骤。通过鉴别浆料大分子中氮(N)的存在来定性鉴别聚丙烯酰胺。试验时,取干浆料或浆膜放入试管内,加入一小粒金属钠,熔融之,将产生的蒸汽与用水润湿过的石蕊试纸接触,若在试纸上成碱性反应,证实浆料分子中有氮存在,可判别为聚丙烯酰胺。

思 考 题

1. 淀粉性能指标有哪些？如何测试？
2. 变性淀粉有哪些种类？其上浆性能如何？
3. 如何检验聚乙烯醇(PVA)的性能？
4. 聚丙烯酸类浆料有哪些种类？其上浆性能如何？
5. 浆纱助剂有哪些种类？如何检测其质量？
6. 试述浆料质量优劣与浆纱质量控制的关系。

第六章 上机工艺参数调试试验

> **本章知识点**
> 1. 通过实验教学,重点掌握开口时间、引纬工艺、机上纬密、上机工艺、纹纸冲孔等的调试原理与方法。
> 2. 掌握喷气织机主喷嘴与辅助喷嘴的压力与释放时间、毛巾剑杆织机通信信号传递等调试方法。
> 3. 了解织造上机工艺调节与织物形成质量间的关系。

试验五十一 开口时间调试试验

一、试验目的与意义
(1)了解各种类型开口机构的工作原理。
(2)掌握开口时间的两种表示方法。
(3)理解开口时间对织造过程的影响。
(4)掌握开口时间的调节步骤。

二、试验设备与用具
GA606型有梭织机、GA747型剑杆织机、钢板尺、扳手、内六角扳手、榔头。

三、基本知识
(1)开口是指将经纱按一定的规律交替分成上、下两层,以便引入纬纱的运动。
(2)开口机构有三种类型:简单开口机构、多臂开口机构和提花开口机构。
①简单开口机构的特点。只能织造组织比较简单的织物,不易或不能改变织物组织。
②多臂开口机构的特点。可以织造一个完全组织内经纱根数较多的变化组织及联合组织等,使用综框数目可达16~32页,适用于色织线呢、花呢等织物的织造。
③提花开口机构的特点。可以织造复杂的大花纹,如风景、人物及任何不规则图案,适用于丝织或一般大花纹的毛巾、毛毯及装饰类织物的织造。

(3)开口时间也即综平时间,是指综框闭合时期和开口时期的衔接时刻,即上一次梭口闭合和下一次梭口开放之间上下运动着的经纱交错平齐的瞬间。其有两种表示方法:角度法和距离法。

①角度法。以综平时曲柄转离前死心的角度表示开口时间的迟早。数值小的表示开口时间较早,如平纹开口时间280°比斜纹开口时间300°要早。

②距离法。综平时钢筘到胸梁内侧的距离表示。数值大的表示开口较早(综平时,钢筘正在向前运动过程中),如平纹开口时,钢筘离胸梁229mm,表示其比斜纹222mm时的开口要早。

(4)确定开口时间的依据(开口早,打纬时的梭口前角大;反之,则打纬时的梭口前角小):

①平纹织物和比较紧密的织物宜用早开口,容易打紧纬纱,从而使布面丰满。

②斜纹和缎纹织物宜用迟开口,以降低打纬时的经纱张力。此外,也可减少钢筘对经纱的摩擦,以减少经纱断头,同时使布面纹路突出。

③在经纱强力弱、条干不匀、浆纱质量差、纱线较细的情况下,宜采用迟开口,以减少打纬时的经纱张力,同时可减少断头。

④筘幅宽的织机用迟开口,以利载纬器通过。

⑤车速高的织机用早开口,以利载纬器通过。

⑥当经纱密度很大或经纱毛糙,梭口不易开清时,开口时间宜早。

四、试验方法

1. 有梭织机踏盘开口机构采用距离法调试开口时间

(1)调节使换梭侧投梭转子在机后,弯轴曲拐在上心附近。按工艺所要求的尺寸,量好胸梁内侧到走梭板后边缘(钢筘的位置)的距离(如可定为220mm)。

(2)调节踏盘的两只支头螺丝在机后,一人在机前抬起踏综杆,使踏盘与跳综杆转子全面接触,左右平齐。在跳综杆头端搁上钢板尺,目视其水平,机后一人用右手把跳盘上的支头螺丝扳紧。

(3)用手转动织机几转校验开口时间。

2. 剑杆织机多臂开口机构采用角度法调试开口时间

(1)用手转动织机手轮,使多臂装置的上、下拉刀外侧面处于同一铅垂线上,此时多臂装置位于综平位置(第一、第二两页综框平齐)。

(2)松开多臂装置传动链轮上的固定螺钉,转动织机手轮,使织机处于所要求开口角度(如290°)。

(3)紧固多臂装置传动链轮的紧固螺钉,使织机和多臂装置开口时间达到同步的要求。

(4)开机试织,观察开口时间的迟早对织造的影响。

五、各类织物开口时间配置要求(表6-1)

表6-1 各类织物开口时间配置要求

织物类别	配置要求
平纹织物(包括细纺、巴里纱等)	用中开口织造,使开口清晰,减少织疵,并达到布面丰满、匀整

续表

织物类别	配置要求
府绸	经密较高,开口时间比一般平布稍早,以利开口清晰。经密在400根/10cm时,用两页六列或两页八列综框单踏盘织造 经密在400根/10cm以上时,用四页八列综框双踏盘织造
斜纹、卡其	用迟开口织造,可降低断经和提高纹路清晰度
贡缎	用迟开口织造,可降低断经,采用多臂开口装置时,因综框停顿时间少,其开口可比踏盘开口稍迟
麻纱	紧度较低,用中开口或稍迟开口织造,有利于条纹凸出,纹路清晰,减少断经和断边
灯芯绒、平绒	用迟开口织造,可降低断经、提高效率
纱罗	用中开口或稍迟开口织造,可减少经纱张力差异,改善纱孔均匀度
绒布	平布绒参照平布类织物,哔叽绒参照斜卡类织物
粘胶纤维及其混纺织物	参照同类纯棉织物
涤棉混纺织物	开口时间比同类纯棉织物稍早
维棉混纺织物	参照同类纯棉织物
丙棉混纺织物	开口时间比同类纯棉织物稍早
中长织物	开口时间可与同类纯棉织物相仿

六、有梭织机织造不同组织的开口时间调整方法(表6-2)

表6-2 梭织机织造不同组织的开口时间调整方法

织物类别	调整方法
$\frac{1}{1}$平纹	梭子在换梭侧调节综平时间,配以前综在上,后综在下的梭口,使开口比较清晰 梭子在开关侧调节综平时间,踏盘紧定螺丝指向机前
$\frac{2}{1}$斜纹	梭子在开关侧,弯轴曲柄位于上心后的工艺规定尺寸,第三页综框在上,第一、第二页综框平齐,踏盘轴上的分裂齿轮(S28)与过桥齿轮(S29)齿平齐,然后扳紧分裂齿轮的紧固螺钉
$\frac{2}{2}$斜纹	$\frac{2}{2}$斜纹或$\frac{2}{2}$方平组织布边,不论左右手车,梭子均在左侧梭箱,第四页(后页)综框在上,第二页综框在下,第一、第三页综框平齐。上述布边如需分左右手车,则开口时间校正如下:左手车-梭子在开关侧,第一、第三页综框平齐,第二页综框在下,第四页综框在上;右手车-梭子在开关侧,第二、第四页综框平齐,第一页综框在下,第三页综框在上
$\frac{3}{1}$斜纹	采用反斜纹边、人字边时,不论左右手车,梭子均在右侧梭箱,第一、第四页综框在上,第二、第三页综框平齐 采用加边装置织造$\frac{2}{2}$方平布边时,梭子在开关侧,第一、第四页综框在上,第二、第三页综框平齐

续表

织物类别	调整方法
贡缎织物	左手车:梭子在开关侧,第二、第四、第五页综框在上,第一、第三页综框平齐,左侧第一根边经纱在上,右侧末根边经纱在上 右手车:梭子在开关侧,第二、第四、第五页综框在上,第一、第三页综框平齐,左侧第一根边经纱在下,右侧末根边经纱在下
多臂提花织物	当梭子在开关侧,使三臂杠杆横臂呈水平状态,上、下拉刀位于同一铅直线上,然后使地经的某两页综框平齐,将曲柄转向机后呈水平状态,并旋紧固定螺丝。如曲柄和三臂杠杆不同时呈水平状态,则可调节摇杆上的调节螺钉
灯芯绒	地组采用平纹组织,则第三、第四页综框在下(下一次开口第三页综框在上)时,使第一、第二页综框平齐。下次开口,梭子自开关侧投出 地组采用斜纹组织,则第三、第四、第五页在下(下一次开口第二页综框在上)时,使第一、第三页综框平齐。下一次开口,梭子自左手侧投出

七、有梭织机各类织物开口与投梭时间配置参考数据(表6-3)

表6-3 有梭织机各类织物开口与投梭时间配置参考数据

织物类别				开口时间(mm)	投梭时间(mm)
平 布				229~235	216~229
薄织物				222~232	210~229
府绸	单踏盘			229~241	219~232
	双踏盘	1	第一、第二页综框	216~222	219~232
			第三、第四页综框	235~241	
		2	第一、第二页综框	235~241	219~232
			第三、第四页综框	216~222	
		3	第一~第四综框	229~241	219~232
斜纹、卡其				197~222	210~222
贡缎	踏盘开口			197~222	210~222
	多臂开口			184~203	210~222
麻纱				216~229	213~229
灯芯绒				184~216	210~222
经平绒				184~197	216~222
纬平绒				197~210	200~210
纱罗				200~216	200~210
绒布				平布绒参照平布,哔叽参照斜纹、卡其织物	
化纤混纺织物				开口时间和投梭时间可参照相同规格的纯棉织物	

开口与投梭时间必须配合适当,以保证织造生产正常进行。当同机型织造布幅较宽或经密较高的平纹织物时,宜采用迟投梭;斜纹、缎纹组织系用全开梭口或半开梭口,停留在下层的经纱处于静止状态,为梭子飞行创造了良好条件,可采用早投梭。

试验五十二　引纬工艺调试试验

一、试验目的与意义
(1)了解 GA747 型剑杆织机与 GA606 型有梭织机的引纬机构的工作原理。
(2)掌握两种织机的引纬工艺参数调试方法。

二、试验设备与用具
GA747 型剑杆织机、GA606 型有梭织机、扳手、钢板尺、锒头。

三、基本知识
(一)引纬概念
引纬是指通过各种载纬器或介质,将纬纱引入梭口中,实现经纱、纬纱交织。
(二)投梭时间
1. 概念　投梭时间是指投梭转子开始与投梭鼻接触的时间,即开始投梭运动的时间。

2. 投梭时间的测量　实际生产中以曲柄在下心附近,投梭转子与投梭鼻开始接触时,钢筘到胸梁内侧的距离来表示。如果钢筘后移,距离就越小,则投梭越早。又由于实际生产中机构的变形,梭子实际入梭口的时间比投梭时间晚 30°~40°。

3. 投梭时间对织造工艺的影响
(1)当投梭时间过早时,梭子入梭口也就过早,其所受的挤压度大,梭子对边部经纱的摩擦强烈,易引起边部经纱断头,也容易因此而降低梭子速度。

(2)当投梭时间过早时,离梭口满开的时间比较短,经纱尚未完全分开,梭口的清晰度较差,容易在进口侧产生边部跳花等疵点。

(3)当投梭时间过早时,梭子入梭口也就过早,底层经纱离走梭板较高,梭入梭口时梭子前端被经纱上托,使梭子飞行不稳。

(4)当投梭时间过迟时,引纬时间减少,梭子出梭口时的挤压度增加,在出口侧易出现断边、跳花、夹梭尾等现象。

4. 确定投梭时间的原则　在进口处不出现跳花、断边,走梭平稳的条件下,以采用较早的投梭时间为好。

(三)投梭力
1. 概念　投梭力又称投梭动程,它是指击梭时期皮结的静态位移,且它决定梭子脱离皮结时所得到的速度。

2. 投梭力的测量　工厂一般以击梭终了时,投梭棒推动皮结的一侧与梭箱底板内端的距离来表示。投梭力越大,投梭棒的动程就越小。

3. 投梭力大小对织造工艺的影响

(1)当投梭力小时,梭子飞行速度较低,梭子出梭口的时间比较迟,出梭口时梭口对梭子的挤压度比较大,容易磨损边纱,增加断边和边部跳花等疵点。

(2)当投梭力小时,梭子不易打到头,造成下一次投梭力不足而轧梭。

(3)当投梭力小时,梭子速度小,纬纱张力不足,造成无故纬停,甚至当梭子投向开关侧梭箱时会碰撞纬纱叉。

(4)当投梭力大时,动力和机物料消耗大,投梭机构容易因部件松动和损坏而出故障。

(5)当投梭力大时,过大的投梭力还会引起梭子回跳量的增加,造成下一次投梭力不足而轧梭。

4. 确定投梭力的原则　在梭子飞行正常、定位良好、出口挤压度不至过大的情况下,投梭力以小为宜。

(四)剑杆引纬工艺

(1)进剑时间一般为75°,具体要和开口时间相匹配,如开口时间早,进剑时间就要迟;反之,进剑时间就要早,但也不能太早,否则会造成"三跳"疵点。

(2)交接时间为180°。

(3)退剑时间要和开口时间一致。

四、试验方法

(一)有梭织机的引纬工艺参数调节

1. 调节投梭力　将弯轴曲拐转至下心附近,使投梭转子同时到达下心,压投梭鼻使侧板摆到最低位置,用钢板尺量由梭箱底板内端—投梭棒内侧距离,使投梭力符合织造工艺规定,然后扳紧挂脚调节螺钉和侧板外侧螺帽。调节该距离的时候调节侧板支点下方的螺丝。

2. 调节投梭时间　将弯轴曲拐转至前心偏下,量钢筘与胸梁内侧的距离,使之等于规定值。调节时两个投梭转子应该相差180°。

(二)剑杆织机的引纬工艺参数调节

(1)将弯轴转至所确定的进剑角度(如75°)。

(2)送纬剑剑头应至织物的废边,接纬剑剑头应至布的绞边,初步拧紧传剑轮上的螺丝。

(3)先将弯轴转至180°后,调送纬剑剑头至内侧第一块轨道片距离为13.5cm左右,调接纬剑剑头至内侧第一块轨道片距离为12.5cm左右。此时交接剑呈"人"字形,若不正确,可调引纬连杆与扇形轮的结合件上下位置,如果剑头距第一块轨道片距离偏大,则将结合点往上移动;反之,则将结合点往下移动。

(4)再将弯轴转至所确定的进剑角度,复查送纬剑剑头是否对准布的废边,接纬剑剑头是否对准布的绞边,若不符合工艺要求,则按上述方法重新校正。再转至180°,检查"人"字形交接,直至符合工艺要求。

(5)紧上传剑轮上的所有螺丝。

在上述织机上进行开机试织,以检查调试效果,如还不符合要求,则要重新调校,直至符合上机工艺要求。

试验五十三 机上纬密调试试验

一、试验目的与意义
(1)掌握纬密控制机构的工作原理。
(2)熟练运用下列两种织机的纬密变换公式。
(3)掌握纬密参数的调整步骤。

二、试验设备及用具
GA606型有梭织机、GA747型剑杆织机、扳手、照布镜、纬密齿轮等。

三、基本知识
1. 纬密概念
(1)织物纬密:10cm内所织入的纬纱根数。
(2)机上纬密:织物在织机上在一定张力条件下的纬纱密度,下机后织物的纬纱密度将会增加。

$$机上纬密\ P'_\text{w} = \frac{下机纬密\ P_\text{w}}{1-\alpha}$$

式中:α——经纱织缩率。

注:下机缩率随原料种类、织物组织和密度、纱线线密度、上机张力及回潮率等因素而异。一般中平布、半线卡其、细号(特)府绸、半线华达呢为3%左右,纱布、哔叽、横贡、直贡为2%~3%,细平布为2%左右,细纺布为1%~2%,麻纱为1%~1.5%,紧密的纱卡其为4%左右,色织格子布为3%左右。

2. 计算公式
(1)有梭织机纬密计算公式:

$$P_\text{w} = \frac{141.3}{1-\alpha} \times \frac{Z_7}{Z_6}(根/10\text{cm})$$

式中:Z_7——变换齿轮齿数,齿;
Z_6——标准齿轮齿数,齿。

(2)剑杆织机纬密计算公式:

$$P_\text{w} = \frac{11.78}{1-\alpha} \times \frac{Z_3}{m}(根/10\text{cm})$$

式中：Z_3——变换棘轮齿数（范围为 36~70 齿），齿；
　　　m——主轴一转撑头撑动棘轮转过的齿数（一般为 1~3 齿），齿。

四、试验方法

(1) 根据织物品种，查出纬缩率，初步计算纬密变换齿轮的齿数。

(2) 在上述两种织机上调换纬密变换齿轮（剑杆织机要调节主轴一转撑头撑动棘轮转过的齿数，一般为 1~3 齿）。

(3) 开车试织 30cm 后停车。

(4) 用照布镜测量织物机上纬密。

(5) 根据实测纬密与设计纬密差异调整纬密齿轮的齿数。

试验五十四　上机工艺试织试验

一、试验目的与意义

(1) 掌握各工艺参数的制定标准。

(2) 使学生的理论知识与企业的生产实际相结合。

(3) 掌握各种工艺参数的调整步骤。

二、试验设备与用具

GA747 型剑杆织机、扳手、钢板尺、照布镜、纬密齿轮。

三、基本知识

1. 开口时间调试范围　开口时间一般为 280°~310°，高密织物采用早开口，稀薄织物采用迟开口。开口时间与退剑时间要一致。

2. 织疵形成的原因及防治措施

(1) 百脚（双纬）：剑杆织机产生的百脚，按布面上呈现形状可分为边百脚、四分之一幅百脚、全幅百脚与规律性百脚等。

①边百脚。

a. 引纬长度超过设定长度过多，纬纱在接纬剑侧布边外多出一段纱尾，当接纬剑下一次进入梭口时将此纱尾带入梭口，使接纬剑侧布边处形成边百脚。防治措施：调节纬纱释放器的释放时间，使每根纬纱在接纬侧梭口外释放时，均能保持 5~10mm 长纱尾。

b. 纬纱张力过大，则纬纱在接纬侧布边外释放后回弹，纬纱缩进梭口内，使该侧布边纬纱短缺一段而形成边百脚。防治措施：合理调节储纬器纬纱清洁毛圈与鼓轮绕纱间隙及夹纱片张力。

c. 接纬剑纬纱夹持器与释放开口器接触过小，或开口器磨灭起槽，接纬剑在接纬纱退回时，纬纱释放受阻，使织物接纬剑侧布边外纱尾过长；如接纬剑纬纱夹持器与开口器接触过大,纬纱尚未引出梭口就提前释放,则织物在接纬剑侧布边会产生纬纱短缺百脚。防治措施:正确校正接纬剑纬纱夹持器与接纬剑侧开口器接触程度、调换或修补磨损的开口器,以保证纬纱准确顺利释放。

d. 纬纱未引出,梭口即闭合,纬纱在右侧布边处断裂,造成右侧 10~20 cm 长百脚;纬纱已引出,梭口尚未闭合,纬纱回缩,右侧布边缺纬,形成边百脚;某些品种织口跳动大,当织口偏下时,轨道片会把纬纱勾向反面,造成 3~5cm 短百脚。防治措施:校正开口时间(280°~300°)和退剑时间,使两者配合协调;调整经位置线,增加织口握持装置。

e. 对于高弹力织物,由于纬纱弹力大,纬纱释放后,向左侧回缩,右侧布边产生边百脚。防治措施:增加废边根数,提早开口时间。

②四分之一幅百脚。

a. 剑带松动太大,剑头底部胶木板磨损,剑头下沉,两剑头交接尺寸不合工艺要求,送纬剑剑头对纬纱夹持过松过紧等原因,使引纬交接失败,纬纱引到梭口中央时仍被送纬剑剑头带回,布面则出现四分之一幅百脚。防治措施:减少剑带与导轨间松动,加强引纬工艺检查及调整,保证接送纬剑剑头动作正常,交接顺利,尤其要注意接纬剑冲程及两剑头各自动程。

b. 选纬杆过高,纬纱张力过小或其他原因,导致纬纱松弛,使得纬纱虽然进入钳口,但未能被钳口后端的托纱针钩住,引纬失败。防治措施:检查选纬杆高度,选纬钢丝绳拉足时,选纬杆头端距导轨 1.5mm;检查纬纱张力大小,使之适中。

c. 剑头交接时动作不一致,导致交接剑失败。防治措施:织机转至 180°,松开零度齿轮固定螺丝,将扇形齿轮拉至最前端,重新固定零度齿轮螺丝。

③全幅百脚。

a. 纬纱张力太小,尤其在同时使用正反捻向纬纱时纬纱易缠绞成双纱被剑头引入,造成全幅百脚。防治措施:调整引纬张力,使其适当;防止纬纱缠绞。

b. 纬纱边剪不锋利,纬纱剪不断,同时引入双根纬纱,造成全幅百脚。防治措施:加强纬纱边剪定期维修保养工作,可结合上轴检修进行,及时调换磨灭的边剪轴颈、不锋利刀片。

④规律性百脚。引纬机构件发生故障,开口机构纹纸错误或者飞花堵塞孔眼造成提综错误;拉刀磨灭,与拉钩啮合太浅而滑脱。规律性百脚的形态特点是每条百脚之间间隔几乎一致。防治措施:加强对引纬、开口部件检修,检查纹纸,清洁龙头;更换上下拉刀。

⑤其他。

吊综高低不平或一边高一边低,则会造成局部开口不良从而形成区域或半幅性百脚;综框综卡脱落、综丝打断或脱下也会造成局部百脚,起综各连杆某处断裂或某处轴与铜轴套磨灭过大,综框啮合松动大,引起起综不匀,开口不良而形成半幅或小片段百脚。防治措施:加强对开口机构的维护;认真调校吊综;加强对综框棕丝的检查。

若接纬剑夹持纬纱弹力不足,夹持器弹簧片有飞花、毛羽,储纬器纬纱张力过大等,造成剑头夹不住纬纱,滑脱在梭口内,在右侧布边形成百脚。防治措施:维修保养好剑头,使纬纱夹持器工作正常;控制好纬纱张力。

(2)三跳。

①在织造时经纱纱疵往往和邻纱缠绕，使部分经纱开口不清；浆纱质量差，毛羽重，开口不清，特别是布面张力松弛时更为严重；织轴回潮率过高，织造时停经片间易积飞花，使断经关车失灵，织机继续运转，断经的纱尾缠绕邻纱，引起开口不清，均造成"三跳"疵点。防治措施：从前纺及半制品各工序入手，提高原纱及浆纱质量，及时做好清洁，要正确掌握回潮率，织造车间相对湿度在80%以上的，浆纱回潮可控制在7%～8%；挡车时要及时剥剪纱疵。

②开口时间与进剑时间的配合不协调，造成在织口高度不足的情况下，剑头进出剑道，产生边部跳花、跳纱。防治措施：将送纬剑的进剑时间适当延迟，接纬剑进剑时间适当提早，使送纬剑进入比较清晰的织口。

③在制订后梁与经停架工艺时，过于追求布面丰满，将后梁抬得过高，开口时上层经纱松弛，易产生跳花。经停架两端位置高低不一，造成边跳花、跳纱。边撑位置太高，布面中央易产生细小跳花；边撑位置太低，布面两边易产生细小跳花、星跳。防治措施：要根据产品的实际情况，调节经位置线高低。

④吊综过低，上层经纱松弛、开口不清，易使剑头穿越松弛的经纱而造成全幅性的细小跳花、跳纱。吊综过高，送纬剑从悬浮的下层经纱上面通过，可以形成反面跳纱。综框不平齐，使全幅经纱张力不同，吊综部件松动或磨损，以及综夹脱落或综夹间隙过大等都会造成部分经纱松弛下垂，易使剑杆穿越而产生跳纱或星跳。防治措施：一般掌握下层经纱稍低勿高，以剑头进织口不遇上下层经纱相碰为佳，上轴、检修工作要对吊综进行调整。

⑤上机张力小，造成三跳疵点。防治措施：适当增加上机张力。

(3)纬缩。剑杆织机上纬缩织疵形同有梭织机，主要是引纬终了时，纬纱未充分拉直而收缩呈圈状织入布内。其纬缩常发生在织物特定部位即接纬侧布边处，有时也分散在全幅布面，并带有布边处小缺纬。

①在织造过程中，如果经纱的毛羽比较多，片纱张力不匀，则梭口清晰度较差，这样既会影响纬纱在梭口中的伸直状态，又会影响经纱与纬纱的交织形态。交织后纬纱在织口中的屈曲状态差异比较大，因而布面效果不够好，出现纬缩或类似纬缩的疵点。防治措施：适当增减上机张力。

②纬纱张力的大小与稳定，在较大程度上影响纬纱的回弹效果，张力过大或过小，都会影响到纬缩疵点的产生和布面质量。纬纱张力小时，纬纱在牵拉过程中的伸直状态不够好，易产生纬缩疵点，同时经纬纱交织时纬纱屈曲增加；纬纱用量增加；纬纱张力大时，释纱后纬纱的回弹比较明显，同样会形成纬缩疵点。张力大小的不同，所形成纬缩疵点的表现形式及分布区域也会不同。在实际生产过程中，应加以区别对待，并保持纬纱张力的大小和稳定。防治措施：纬纱张力大小要适当。

③纬纱动态张力过大，接纬剑在布边外释放纬纱后，整幅纬纱因突然失去牵引力，迅速反弹后退而产生纬缩。防治措施：恰当控制纬纱张力，使纬纱被接纬剑释放后能充分伸直又不反弹扭结。

④纬纱定捻不良，纬纱易扭结。防治措施：提高原纱质量，减少纺纱纱疵，提高纱线光

洁度;严格控制好络筒清纱质量及筒子卷绕成形质量。

⑤开口时间太迟或接纬剑头释放纬纱时间过早,纬纱释放时,梭口未充分闭合,纬纱未被边经纱夹紧而在梭口内收缩。防治措施:调整开口工艺和纬纱释放时间。

⑥织机右废边纱根数少,右废边纱闭合时间推迟,使右边纱无法及时夹紧引入的纬纱头而引起纬缩。防治措施:调整接纬剑侧废边开口时间,适当提前,保证接纬剑夹持纬纱到达时废边纱能夹住纬纱为良。

(4)稀密路。

①织机停机后启动,由于开口运动时经纱张力变化,造成织口位移量变化差异而产生。尤其是下层经纱张力过大,上层经纱张力过小时,更易显现该疵点。防治措施:合理控制上、下层张力差异,减少织口位移;提高挡车工的操作水平。

②剑杆头有纱头缠绕,开车时,纬纱不能顺利夹持、接送而引起。防治措施:及时做好剑头清洁工作。

③织机停机后重新启动时打纬力比正常运转时小,所以开车后几根纬纱打不到位,从而产生稀路。防治措施:控制停机位置使其在综平时间,减少停机频次。

④$B6 \times B7$齿轮啮合太浅,滑齿造成稀纬;外送经卡死造成密路;卷取撑齿打滑造成密路;由于操作工对织轴倒断头、并头、绞头等疵点未及时处理造成布面稀密路;断纬操作处理不当,收放齿不准确;纬纱用错。防治措施:调节$B6 \times B7$齿轮啮合到恰当量;检查送经机构;提高挡车工操作水平。

⑤刺毛辊表面磨损打滑,飞花粘附过多,造成卷布时无法平衡有效而形成密路。防治措施:做好刺毛辊表面的清洁工作,及时更换"芝麻皮"。

四、试验方法

(1)确定各工艺参数,包括开口时间、纬密、进剑时间、上机张力、纹纸冲孔等。

(2)根据以上所学各种工艺参数的调试方法,进行上机调试。

(3)开车试织。

(4)观察织机工作状况及布面情况。

试验五十五　纹纸冲孔试验

一、试验目的与意义

(1)了解纹纸冲孔机的工作原理。

(2)学会纹纸冲孔长度的计算。

(3)掌握纹纸冲孔的方法。

二、试验设备与用具

GA747型剑杆织机、纹纸冲孔机(图6-1)、纹纸、剪刀、胶水。

(a)正面

(b)背面

图6-1 纹纸冲孔机

三、基本知识

(1)上机图表示织物上机织造工艺条件的图解。上机图由组织图、穿综图、穿筘图、纹板图按一定的位置排列组成。

(2)纹纸纵向方格的前部每一纵格代表一页综框,其后部每一纵格代表一种色纱。纹纸横向每一个方格代表两纬。

(3)纹纸冲孔机如图6-1所示,下面两排数字键代表一纬,上面两排数字键代表一纬。按照纹板图提综规律,先按下面两排数字键,再按上面两排数字键,然后转动手轮一圈,冲两纬。如果按错,按复位手柄后重新操作。

四、试验方法

(1)根据要求设计织物上机图。

(2)计算纹纸冲孔长度,冲孔长度由边组织纬纱循环数、地组织纬纱循环数、纬纱色纱循环数三者的最小公倍数决定,而且其长度必须大于80纬。

(3)在纹纸上冲孔。

(4)粘贴纹纸,且要注意纹纸的粘贴方向,以及纹纸冲孔的顺序与纹纸旋转方向一致。

(5)将纹纸装上织机,开车试织,检查所制作的纹孔纸是否符合工艺要求。

试验五十六 喷气织机主喷与辅助喷嘴的压力与释放时间调试试验

一、试验目的

(1)了解各喷嘴压力的大小。

(2)掌握挡纱针释放时间与喷气时间的配合关系。

(3)掌握主喷嘴与辅助喷嘴、辅助喷嘴与辅助喷嘴的配合关系。

二、试验设备与仪器

喷气织机、气压表。

三、基本知识

1. **引纬装置** 引纬装置包括主喷嘴、辅助喷嘴、防气流扩散装置、供气装置。

2. **基本名词与概念**

(1)喷射角。在控制喷射的阀门开启期间,织机主轴转过的角度,也称为该阀门说控制的每一个喷嘴的喷射角。

(2)辅喷嘴总和角指全机各个辅喷喷射角之和。

(3)辅喷嘴先行角指阀门打开先于纬纱头端达到该阀门所控制的第一个辅喷嘴的角度。

(4)辅喷嘴滞后角指阀门关闭滞后于纬纱头端达到该阀门所控制的最后一个辅喷嘴的角度。

四、试验方法

(1)确定各工艺参数,填入表6-4。

表6-4 喷气织机引纬工艺参数

序号	挡纱针释放时间	主喷嘴时间	辅助喷嘴1	辅助喷嘴2	辅助喷嘴3	辅助喷嘴4	辅助喷嘴5	纬停次数	主喷嘴压力(MPa)	辅助喷嘴压力(MPa)
第一组数据										

续表

序号	挡纱针释放时间	主喷嘴时间	辅助喷嘴1	辅助喷嘴2	辅助喷嘴3	辅助喷嘴4	辅助喷嘴5	纬停次数	主喷嘴压力(MPa)	辅助喷嘴压力(MPa)
第二组数据										
第三组数据										

(2) 根据上表调试各工艺参数。

(3) 上机试织 5min,并记录纬停次数。

试验五十七　毛巾织机通信信号传递试验

一、试验目的与意义

(1) 了解停卷、缎档、起圈、平布的意义,以及了解变纬密织造的方法。

(2) 掌握纬纱选色的控制步骤。

(3) 学会样卡的制作。

(4) 掌握样卡输入毛巾织机的操作规程。

二、试验设备与用具

毛巾织机、电脑、纹样 CAD 软件、软盘

三、基本知识

毛巾织机通信信号传递控制如图 6-2 所示。

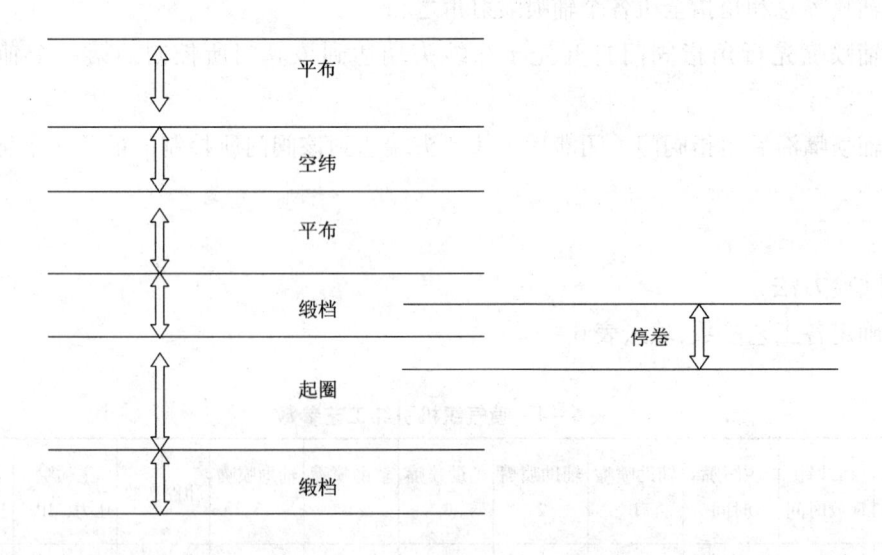

图 6-2　毛巾织机通信信号传递控制图

(1)平布纬密由纬密 3 控制,与基本纬密一致。
(2)缎档纬密由纬密 1 控制。
(3)起圈纬密由纬密 0 控制。
(4)停卷纬密由纬密 2 控制,由缎档到起圈各占 3 纬,而从起圈到缎档则不需要停卷。
(5)空纬,即没有纬密。

四、试验方法

(1)在电脑上制作样卡:1~8 针控制纬纱先色,第 9 针和第 13 针控制纬密(表 6-5),第 10 针和第 11 针控制起圈,第 12 针控制空纬。

表 6-5 第 9 针和第 13 针控制纬密信号

信 号	第 9 针	第 13 针
起圈	0	0
平布	1	1
缎档	0	1
停卷	1	0

注 1 代表打孔,0 代表无孔。

(2)把样卡输入织机控制箱。
(3)开车试织。
(4)检查起圈、平布、缎档、停卷、空纬信号与设计是否相符;如果不相符,应查明原因,并调整相应通信信号,重新试织直至与设计相符。

试验五十八　整浆联合机穿定幅筘试验

一、试验目的与意义

(1)了解整经、浆纱的工艺流程。
(2)掌握分条整经幅宽及条带宽度的计算方法。
(3)掌握定幅筘的穿入数的计算方法。

二、试验仪器、设备及用具

LSGA600 型小样整浆联合机、卷尺、计算器、穿综勾、剪刀、分绞纱。

三、试验方法

(1)根据总经根数及织物品种确定条带条数及条带经纱根数。
(2)测出织轴的幅宽(cm)。

(3) 计算条带的卷绕宽度(cm)：

$$条带的卷绕宽度(cm) = \frac{织轴幅宽(cm)}{条带条数}$$

(4) 计算 1cm 应穿入的经纱根数：

$$1cm 应穿经纱根数 = \frac{总经根数}{条带的卷绕宽度(cm)}$$

(5) 确定每筘齿应穿入的经纱根数：

$$每筘穿入经纱根数 = \frac{1cm 应穿经纱根数}{1cm 定幅筘的筘齿数}$$

(6) 计算每条带应穿入的筘齿总数：

$$条带应穿入的筘齿总数 = 条带的卷绕宽度(cm) \times 1cm 定幅筘的筘齿数$$

试验五十九　GA747 型剑杆引纬工艺调试试验要点

一、进剑时间调节

送纬剑、接纬剑进第一根边纱的时间为 70°~75°。一般来讲，接纬剑退剑时间应与综平时间差不多，如果过早纬纱会被经纱夹断，形成布边分段断纬；如果过迟会产生纬缩，有些品种纬纱要靠经纱来夹持。

注意：进剑早则出剑迟，进剑迟则出剑早。

二、交接剑时间调节

送纬剑、接纬剑中央交接时间为 180°，送纬剑剑头距第一片轨道片的距离为 120~130mm 左右为宜，各种齿轮的间隙要小，如果动程过大会很容易撞坏剑头。

三、引纬流程

纬纱由储纬器、张力片开始，通过纬纱检测器、选色杆、送纬剑、纬纱剪刀，然后引到筘座中央交接，接纬剑把纬纱接过去，并接到布边，释放器再释放，至此整个引纬过程完成。

储纬器的主要作用是使纬纱卷绕张力均匀，能在正常运转中送出一定量的纱。

张力片的主要作用是使纬纱有一定的张力。当纬纱的张力过小时，会造成纬纱松弛而停车，或废边处纬纱纱尾增长会被带进织口，形成双纬；当纬纱的张力过大时，会使废边夹不住纬纱，引起纬缩，且布边处缺纬。

试验六十　GA747型剑杆织机上机调试试验要点

一、工艺参数

(1) 后梁高度：平纹 70mm；斜纹 110~120mm；多臂 90~110mm。

(2) 经停架高度：平纹 65mm；斜纹 40mm；多臂 30~40mm。

(3) 钢筘长度 = 筘幅 + 60mm，且经幅比筘幅大 20mm。

(4) 其他工艺：不同的品种要采用不同的综丝眼，这样对开口有好处。同时，不同的品种对经停片重量的要求也不一样。如果总经根数较多建议增加综框数量，这样可以有效降低断经率。

二、注意事项

(1) 钢筘距纬纱剪刀 1~2mm，这个基准要定好。如果大于这个距离，会影响纬纱进入剪刀内，造成断纬，并浪费纬纱；如果小于这个距离，钢筘与剪刀就会碰撞。另外要注意，钢筘下面的钢皮条要垫好。

(2) 紧钢筘螺丝时，最好一个人紧到底，如果两个人合紧，必须从中央分开，同时往两侧紧。

(3) 上机应一个人打结，且经纱张力要均匀，断头要少。

(4) 检查经轴的搭齿情况，并拧紧螺丝。

(5) 经停片不能乱，并且一定要灵活。

(6) 织一段布后，要剪掉经纱的结头让它顺利通过导布辊。

(7) 检查废边纱张力情况及绞边纱的张力情况。

(8) 上机时要调整好卷取纬密齿轮，并卷取撑几齿观看其是否过滑。

(9) 每织 1m 布都要检查一下布面，不能让坏布织下去，同时可以及时发现废边纱的长短，布边毛边的长短，以及绞边是否良好。

三、了机后再次上机

(1) 了机后再次上机实际上也是一次设备保养。首先要作好全机的清洁工作，全机各主要部位全面加油，特别是工作时加不到的地方。还要全机检查一遍螺丝的紧固程度，并检查一些规格是否走样，以及各种间隙有无改变。

(2) 如翻改品种时，应按不同的穿筘幅调节好边撑的位置和进出剑的时间，特别要注意开口和进出剑时间的配合。

(3) 以 GA747-180 型为例，筘幅在 1700mm 时，纬纱剪刀应放在轨道片的第三档；筘幅在 1600mm 时，剪刀应放在轨道片的第四档和第五档上；筘幅在 1500mm 左右时，剪刀应放在轨道片的第六档上。

思 考 题

1. 如何进行开口时间的调试？其对织造生产有何影响？
2. 各类织机主要引纬工艺参数有哪些？
3. 机上纬密与下机纬密有何区别？如何进行机上纬密调试？
4. 叙述纹纸冲孔操作的原理与主要步骤。
5. 如何进行喷气织机引纬工艺参数的调试？
6. 叙述毛巾剑杆织机通信信号传递的调试步骤。
7. 织造上机工艺参变数主要有哪些？其与织物形成质量有何关系？

第七章 织造工序试验

本章知识点

1. 掌握织轴好轴率、织机开口清晰度、织机断头率的检测方法。
2. 掌握经、纬纱织缩率、毛巾织物毛倍率的测试方法。
3. 熟练掌握小样织造操作步骤与技巧。
4. 了解棉型织物物理指标如 $1m^2$ 无浆干重、棉结杂质疵点格率等的检测方法。

试验六十一 织轴好轴率的检测试验

一、试验目的与意义

织轴好轴率是前道工序工艺、设备、操作和管理的综合体现,直接影响织机的织造效率和质量。

二、试验方法

在织造车间的织机处,采取巡回的方法检查,按疵点不同类型分别记录疵点处数和好轴台数。

三、计算方法

$$织轴好轴率 = \frac{检测的好轴总数}{检测的总轴数} \times 100\%$$

四、影响织轴好轴率的主要因素

(1)整经原因有错特(个别经纱筒子用错)、头份错误、倒断头等。
(2)浆纱原因有粘并、倒断头、浆斑、软(毛)浆轴、布面棉球、流印、漏印、长短码、了机不良等。
(3)穿综原因有扬丝(漏穿)、并线、组织穿错、穿绞等。
(4)织造原因有该处理而未处理的甩头、倒头、扬丝等。

试验六十二 织机开口清晰度的检测试验

一、试验目的与意义
(1) 了解浆纱毛羽被覆率和织机上机工艺对开口清晰度的影响。
(2) 开口清晰有利于减少"三跳"、"纬缩"疵布。
(3) 对于喷气织机,提高浆纱毛羽被覆率,可改善织机开口清晰度,有利于减少纬纱阻断,提高织机效率。

二、试验方法
织机运转时对前一天上轴的织机,观察综丝至经停片之间,梭口后部的整幅经纱在开口时有无粘连现象。
(1) 一类:开口清晰,整幅经纱无粘连现象。
(2) 二类:开口较清晰,两侧经纱有轻度粘连,根数在 10 根以内,长度在 10cm 以下。
(3) 三类:开口不清晰,两侧经纱粘连根数在 10 根以上,长度在 10cm 以上。

三、影响织机开口清晰度的主要因素
1. 经纱毛羽 经纱上毛羽越多,则容易因经纱毛羽间彼此粘连而造成织机开口不清。
2. 经纱原料 涤纶纱、涤棉纱由于静电现象,毛羽发生极化,易造成织造开口不清。
3. 浆纱工艺 浆纱工艺是否合理决定毛羽被覆程度(参见试验二十),从而影响开口清晰度。
4. 织机的上机工艺
(1) 上机张力。上机张力大,则开口清晰度较高。
(2) 开口量。开口量大,梭口高度大,则开口清晰度高。
(3) 后梁高低与前后。后梁越高,则上层经纱张力越小,梭口不易开清;对于新型喷气织机,后梁可以前后移动,后染前移,有利于开清梭口。

试验六十三 织机断头率的检测试验

一、试验目的与意义
织机断头率是指在织机上测定经纱和纬纱的断头次数,用来反映织造车间的生产情况,通过对造成断经、断纬的原因分析,可以反映原纱、半制品的质量和机械水平及工艺上存在的问题,为组织生产、制定工艺和提高产品质量提供依据。

二、试验周期
一般要保证每月每台织机至少轮测一次。

三、试验方法与计算

织机断头率是常规测试项目之一,可以根据产品的品种特点来确定测定的机台数量,一般每次测定 12~24 台,测定区按轮测周期进行确定。每次测定时间为 1h,应在轮班接班后 0.5h 和交班前 0.5h 之间。因为这段时间避开了交接班时间,车间的织机运转正常,能够反映出生产的实际状况。

在测定时,应注意记录以下信息。

(1)发现断经时,应在记录断头的同时记录织机车号、浆纱机号、班别和穿箱班别;发现断纬时,将织机车号记下即可,以便分析原因。

(2)测定时如遇有的机台连续停台时间达 10min 及以上时,应另外换邻近机台顶替。如原因特殊和断头突然增加等情况,应留出样品,并及时反馈给有关人员解决。

(3)纬纱断头和经纱断头造成停台或织疵以被发现停台处理为准;非断头原因造成的停台不计算在断头率中;单台、单根连续断头有多少次就记录多少根断头;一种原因造成一处断头算一根,数种原因同时在一处造成的多根断头,按原因种类记录。

(4)试验前后分别记录靠近测定区的温度和相对湿度。

(5)织机断头率的计算:

$$D = \frac{J}{C \cdot T}$$

式中:D —— 织机经(纬)纱断头率,根/(台·h);

J —— 经(纬)纱断头根数,根;

C —— 测定台数,台;

T —— 测定时间,h。

四、影响织机断头率的主要因素

织机断头包括经纱断头和纬纱断头两种,但从根本上来看,经纬纱断头产生的原因有相同的因素,主要包括纺部生产的纱线质量,织造前准备的半制品质量和织造工序本身的工艺、设备等原因。通过测定断头率和分析断头产生的原因,可以掌握生产的状况,了解目前造成的断头的主要原因,为提高织造效率和产品的最终质量创造条件。

表 7-1~表 7-3 为经纱断头的主要原因分析表,分析了影响经纱断头的纺纱、准备和织造的主要原因。

表 7-1 纺部原因分析

断 头 原 因	断 头 说 明
棉结杂质	纱上附着棉结杂质、破籽
弱捻	纱的捻度松、少、烂
粗细节	竹节纱,条干不匀,粗节,细节

续表

断 头 原 因	断 头 说 明
羽毛纱	粗纱发毛,捻度小,表面纤维
接头	股线松紧,藤捻纱等
股线并合不良 并捻脱节	并捻结头松,纱尾短
错股	双股线中并合根数时多时少

表7-2 准备原因

断 头 名 称	断 头 说 明
结头不良	结头大,结尾小,回丝结,结头附近纱身扭结
脱结	结尾短或结头未结紧而松脱
飞花附入	飞花有浆、清洁飞花
回丝附入	纱上有回丝附着
并头	浆纱分纱不良,2根或3根以上并粘
倒断头	浆轴退绕时,中途出现多头或少头

表7-3 织造原因

断 头 名 称	断 头 说 明
结头不良	接头不牢松脱,结头过大,带断临纱
吊综不良	吊综左右不平,前后倾斜,使张力过大或过小
边撑不良	控制布边作用不良
断边	边纱穿错,边撑上边撑环运转不良
机械原因	浆纱分纱不良,2根或3根以上并粘
其他	浆轴退绕时,中途出现多头或少头

试验六十四　经纱织缩率的检测试验

一、试验目的与意义

(1)经纱的织缩率直接影响经纱的用纱量,从而影响成本。

(2)经纱的织缩率间接影响织造性能。上机张力大,开口清晰,经纱织缩率低,会导致经纱断头增加。

(3)经纱织缩率影响纬纱织缩率。经纱织缩率小,经纱处于张紧的状态,纬纱屈曲较多,即纬纱织缩大。

二、试验方法与计算

1. 墨印法

(1)在浆纱过程中(不上浆的经纱也可在整经过程中),利用墨印打印装置每间隔一定长度 L_0 在经纱上打一次墨印,记录织轴号及布机车间的织机号以备跟踪试验。

(2)在整理车间的验布机上验布后,使织物在松弛的状态下平衡24h,测量织物上两墨印之间的长度 L_1。

(3)经纱织缩率的计算:

$$经纱织缩率 = \frac{L_0 - L_1}{L_0} \times 100\%$$

式中:L_0——浆纱墨印长度,m;

L_1——织物上墨印长度,m。

(4)一般试验4台织机的经纱织缩率,取平均值。

注:该方法数据准确,适用于正式生产。

2. 拆布法 对于客户来样,通常采用拆布法。

(1)用笔在布面经向上划两个点,用钢板尺测量两点之间的距离 L_0。

(2)用针将经纱挑出、拉直,测定对应布面位置的两点在经纱拉直后的长度 L_1。

(3)经纱织缩率的计算:

$$经纱织缩率 = \frac{L_1 - L_0}{L_1} \times 100\%$$

(4)测量5次,取平均值。

注:该方法误差较大,只适用于来样的初步估算,正式织造时须采用墨印法修正。

三、影响经纱织缩率的主要因素

1. 浆纱伸长率 浆纱伸长率过高,剩余伸长小,回弹性低,屈曲性下降,从而导致经纱织缩率低。

2. 纬纱密度和纬纱线密度 纬纱密度高,则经纱屈曲频繁,经纱织缩率大;纬纱线密度高,则经纱的屈曲波高越大,经纱织缩率大。

3. 织物组织 织物的基础组织经纱的交织点较多,则经纱交织频繁,经纱织缩率大。其他条件相同的情况下,经纱织缩率大小的排序为:平纹 > 斜纹 > 缎纹。

4. 上机张力 上机张力大,则织造时经纱屈曲波小,经纱织缩率小。

5. 织造车间的温湿度 在高温高湿且同样上机张力的条件下,经纱更容易产生塑性伸长。根据经纱织缩率的公式,则可知经纱织缩率小。

6. 自然条件 织物经验布,并存放在整理车间一段时间后,由于经向张力的解除,经纱回缩,经纱织缩率较织机机上时高,此时整理车间的温湿度越高,则经纱回缩越大。

试验六十五　纬纱织缩率的检测试验

一、试验目的与意义

（1）检测纬纱织缩率，为调整工艺设计提供依据。

（2）在工艺设计上，织物经纱密度（经纱根数/10cm）已确定的情况下，纬纱织缩率与每筘穿入经纱根数共同决定筘号（筘齿数/10cm）的选用：

$$公制筘号 = \frac{经纱密度 \times (1 - 纬纱织缩率)}{地组织每筘穿入经纱根数}$$

（3）纬纱织缩率影响纬纱的用纱量，从而影响成本。

二、试验方法与计算

1. 筘幅法

（1）测量或计算织物的上机筘幅 L_0：

$$筘幅 = \frac{总经根数 - 边纱根数 \times \left(1 - \dfrac{地组织每筘穿入经纱根数}{边组织每筘穿入经纱根数}\right)}{公制筘号 \times 地组织每筘穿入经纱根数} \times 10$$

（2）织物下机后，送至整理车间验布后，平衡24h，测量布面宽度 L_1。

（3）纬纱织缩率的计算：

$$纬纱织缩率 = \frac{L_0 - L_1}{L_0} \times 100\%$$

式中：L_0——筘幅，cm；

L_1——下机布幅，cm。

2. 拆布法　对于客户来样，通常采用拆布法。

（1）用笔在布面纬向上划两个点，用钢板尺测量两点之间的距离 L_0。

（2）用针将纬纱挑出、拉直，测量对应布面位置两点在纬纱拉直后的长度 L_1。

（3）纬纱织缩率的计算：

$$纬纱织缩率 = \frac{L_1 - L_0}{L_1} \times 100\%$$

（4）测量5次，取平均值。

注：该方法误差较大，只适用于来样的初步估算，正式织造时须采用筘幅法修正。

三、影响纬纱织缩率的主要因素

1. 经纱密度与经纱线密度

（1）经纱密度越高，则纬纱交织越频繁，纬纱织缩率越高。

(2)经纱线密度越大,则纬纱交织时的屈曲波高越大,纬纱织缩率越高。

2. 织物组织　基础组织内,纬纱与经纱交织点越多,则交织越频繁,则纬纱的织缩率越高,其他条件相同的情况下,纬纱织缩率大小的排序为:平纹＞斜纹＞缎纹。

3. 上机张力　织造时的上机张力大,经纱伸直度高,纬纱屈曲波高,纬纱织缩率高。

4. 织造车间的温湿度　温湿度越高,纬纱越易收缩,纬纱织缩率越高。

5. 自然条件　织物经验布,并存放在整理车间一段时间后,由于经向张力的解除,纬纱伸长,由纬纱织缩率计算公式可知,纬纱织缩率较织机机上时小,布面变宽0.5%～1.2%(涤棉品种较低、纯棉品种较高),即下机纬纱缩率小于机上纬纱织缩率。

试验六十六　毛巾织物毛倍率的检测试验

一、试验目的与意义

(1)测量毛巾织物的毛倍率,为工艺调整提供依据。

(2)毛巾织物的毛倍率决定其毛圈高度,因而决定的毛巾织物的手感、外观、厚度、保暖性和成本。

二、试验方法与计算

(1)用笔在毛巾织物经向上划两个点,用钢板尺测量两点之间的距离。

(2)用针将地经纱挑出、拉直,测定两点之间长度L_0。

(3)用针将毛经纱挑出、拉直,测定两点之间长度L_1。

(4)毛巾织物毛倍率的计算:

$$毛倍率 = \frac{L_1}{L_0} \times 100\%$$

(5)测量5次,取平均值。

三、影响毛巾织物毛倍率的主要因素

毛巾的毛倍率取决于毛圈高度的要求,由长短打纬相差的距离决定。根据不同品种用途,毛倍数也有不同要求。

(1)手帕为3∶1。

(2)面巾与浴巾为4∶1。

(3)枕巾与毛巾被为(4∶1)～(5∶1)。

(4)螺旋毛巾的毛圈高度较长,为(5∶1)～(9∶1),这种毛巾经刷毛等后整理可使毛圈呈螺旋状,织物紧密手感柔软。

试验六十七　棉型织物物理指标的检测试验

一、织物物理指标

织物的经纱密度、纬纱密度、幅宽、长度和拉伸断裂强力(现大部分生产企业已不做此项试验)。

二、试验目的与意义

检验相关的物理指标,及时反馈,调整工艺,使之符合客户要求与相关国际、国家标准。

三、试验仪器与用具

钢板尺、电子织物强力仪(图7-1)、往复移动式密度镜(图7-2)。

四、试验的技术指标

(1)取样数量应大于织物总量的0.5%。
(2)检验点。
①应距离布首、尾至少5m。
②经纱密度应检验左、中、右不同位置。
③纬纱密度应沿经向检验5处,相邻检验点间距至少为1m。
④幅宽应至少检验5~10处。

图7-1　电子织物强力仪　　　　图7-2　往复式密度镜

五、试验方法与计算

(一)经、纬纱密度的测定(参照 GB 4668—84)

1. 调湿 将试样暴露在温度为(20±2)℃、相对湿度为(65±2)%的大气中至少 16h。
2. 测定 采用往复移动式密度镜点数纱线根数,至最后如不足 0.25 根的不计,0.25~0.75 根作 0.5 根计,0.75 根以上作 1 根计。
3. 计算 将测得的一定长度内的纱线根数折数至 10cm 长度内所含纱线根数。
4. 密度标准(表 7-4)

表 7-4 经纬纱密度的允许标准

项目	允许公差	说明
经纱密度(根/10cm)	-1.5%	如果布幅宽于标准1%,则密度公差为 -2%
纬纱密度(根/10cm)	-1.0%	

(二)幅宽的测定(参照 GB 4667—84)

1. 方法一 适宜能整段放在试验用标准大气中调湿的织物。

(1)用于测定长度超过 5m 的织物的幅宽。

①调湿用临时标记。把被测织物放平,使其松弛,在靠近织物的头端、尾端及中部共做 3 个临时标记。

②调湿。将被测织物松弛放在温度(20±2)℃、相对湿度(65±2)%的标准大气条件下,调湿到连续测量 3 个标记处幅宽所得的差异小于每个标记处幅宽的 0.25% 时为止(连续测量间隔时间至少 24h)。

③最终测量。均匀地测量织物幅宽至少 5 处,求出平均值,即为该织物的幅宽。

(2)用于测定长度为 0.5~5m 的织物(样品)的幅宽。将织物平放,使其松弛,再放在试验用标准大气中调湿,然后测量幅宽至少 4 处,求出平均值,即为该织物的幅宽。

2. 方法二 适宜不能整段放在试验用标准大气中调湿的织物。

(1)测量幅宽:先使织物去除张力,并在普通大气中松弛至少 24h,然后均匀地测量织物幅宽至少 5 处,求出平均值 W_T(cm)。

(2)确定修正系数。

①作标记。将织物中间 2~3m 部分松弛放平,在边部做 4 个标记,并测量、记录 4 个标记处的幅宽,求出平均值为 W_S(cm)。

②调湿及最终测量。将作标记部分织物,放在试验用标准大气中调湿,直到连续测量 4 个标记处幅宽所得的差异小于每个标记处幅宽的 0.25% 时为止,记录最终的 4 个读数,并求出平均值 W_{SC}(cm)。

③用下式计算调湿后的织物幅宽 W_C(cm):

$$W_C = W_T \times \frac{W_{SC}}{W_S}$$

计算精确到 0.01cm,并按不同幅宽分三档进行舍入(表 7-5)。

表 7-5 幅宽测量精确度

幅宽(cm)	10~50	50~100	100 以上
精确度(cm)	0.1	0.5	1.0

3. 方法三 常规测定法(适用于工厂内部作质量控制用)。
(1)测试可在普通大气环境中进行。
(2)用钢板尺在织物上均匀地测量幅宽至少 5 处,求出平均值,即为该织物的幅宽。
(3)计算精确到 0.01cm,四舍五入到 0.1cm。
4. 织物幅宽的一般标准(表 7-6)

表 7-6 织物幅宽标准

幅宽(cm)	允许公差(cm)	幅宽(cm)	允许公差(cm)
90 及以下	0.9	111~150	1.3
91~110	1.1	151 以上	1.5

(三)织物的长度测定(参照 GB 4666—84)

1. 方法一 适用于可整段放在试验用标准大气中调湿的织物。
(1)调湿用临时标记。使被测织物松弛,在靠近头端尾端及中部共做 3 对临时标记。
(2)调湿。将被测织物放在温度(20±2)℃,相对湿度(65±2)%的标准大气条件下,使织物处于松弛状态,调湿到对每对临时标记的间距作连续测量的平均差异小于最后一次测量的平均长度的 0.25% 时为止(作连续测量的间隔时间至少应为 24h)。
(3)最终测量。在调湿后的织物上以 2m(或 3m)的间距,依次作出分段标记,并量出最后不足一段的长度。
(4)结果计算。按量出的结果求出长度,且计算精确到 0.1cm,再四舍五入到 1cm。
2. 方法二 适用于不能整段放在试验用标准大气中调湿的织物试验。
(1)在普通大气中测量长度。将被测织物松弛放在普通大气中暴露至少 24h,然后在调湿后的织物上以 2m(或 3m)的间距,依次作出分段标记,并量出最后不足一段的长度。按量出的结果求出长度 L_T(cm)。
(2)确定修正系数。
①作标记。使织物中间 3~4m 部分松弛放平,然后在上面作出 4 对标记,各对标记之间经向间距至少 1m,纬向距离相等。然后测量和记录每对标记间的间距,并求出平均间距 L_a(cm)。
②调湿和最终测量。将作出标记的部分暴露在试验用标准大气中至少 24h,再对标记间距进行连续测量(连续测量间隔时间至少 24h),直到测量所得的平均差异小于 0.25% 为止。求出平均间距 L_{ao}(cm)。

③用下列公式计算织物长度 L_o(cm):

$$L_o = L_T \times \frac{L_{ao}}{L_a}$$

计算精确到 0.1cm,再四舍五入到 1cm。

3. **方法三** 常规测定法(适用于工厂内部作质量控制用)。

(1)测试可在普通大气中进行。

(2)先用钢板尺测量折幅长度。织物公称匹长不超过 120m 的,均匀地量 10 处;公称匹长超过 120m 的,均匀地量 15 处。求出平均折幅,且计算要精确到 0.01cm,四舍五入到 0.1cm。

(3)计数整段织物的折数,并测量其剩余不足 1m 的实际长度,且精确到 0.01m。

(4)结果计算:

$$织物匹长(m) = \frac{折幅长度 \times 折数}{100} + 不足1m的实际长度$$

注:计算精确到 0.01m,四舍五入到 0.1m。

六、影响棉型织物物理指标的主要因素

1. **上机张力** 上机张力过高,会出现长码窄幅布,经密增加,纬密下降,甚至降等。

2. **织造车间的温湿度** 织造车间的温湿度过高,同样会出现长码窄幅布,经密增加,纬密下降,甚至降等。

3. **织物回潮率** 织物的回潮率对织物的经、纬纱密度和幅宽的影响与织造车间温湿度的影响一样。

4. **浆纱伸长率** 浆纱伸长率过高,剩余伸长下降,除了会增加织造断头外,还会使下机后经向回缩率低,出现长码窄幅布,经密增加,纬密下降。

5. **自然条件** 织物经验布后,存放在整理车间一段时间后,由于经向张力的解除,布面变宽,经密相应下降(纯棉织物下降较高,涤棉织物下降较低);同时长度缩短,纬密增加(参见本章试验五十四)。

试验六十八 $1m^2$ 无浆干重的检测试验

一、试验目的与意义

(1)通过检测织物的 $1m^2$ 无浆干重,可测得织物的经、纬纱密度和经、纬纱线密度等综合指标是否符合工艺要求。

(2)实际生产中,$1m^2$ 无浆干重常作为控制织物用纱量的依据。$1m^2$ 无浆干重大,则用纱量多,反之用纱量少。

二、试验仪器、用具与试剂

同浆纱上浆率试验(参见第三章试验十六)。

三、试验方法与计算

(1)剪取大小为 10cm×10cm 不含布边的织物用做退浆试验。

(2)织物的 $1m^2$ 无浆干重的退浆试验步骤同浆纱上浆率检测试验中的退浆试验基本相近(参见第三章试验十六)。

(3)织物的 $1m^2$ 无浆干重的计算公式为:

$$G = \frac{G_0}{1-S}$$

式中:G —— $1m^2$ 无浆干重,g/m^2;

G_0 —— 样布退浆前干重,g/m^2;

S —— 退浆时的毛羽损耗率(表7-7)。

表7-7 纯棉纱毛羽损耗率的一般经验值

项 目	Tt(tex)	S(%)
普梳棉纱	20	3.2
	21~30	3.5
	31~58	3.8
精梳棉纱	不分线密度	2.8
股线	不分线密度	3.0

四、试验结果分析与反馈

(1)织物的 $1m^2$ 无浆干重随织物的经、纬纱密度,经、纬纱的纺出重量,经、纬纱织缩率,以及经纱伸长率和经纱总飞花率等条件的变化而变化。

(2)当试验得到的 $1m^2$ 无浆干重与标准有较大差距时,可以根据试验样布的布机车号和生产日期进行调查分析,找出具体原因反馈相关部门。

试验六十九 棉型织物棉结杂质疵点格率的检测试验

一、试验目的与意义

(1)棉型织物的棉结杂质疵点格率是原棉质量,纺纱各工序的设备性能与工艺配置,络筒机清纱器的性能与工艺配置以及整理车间刷布机的性能优劣的综合体现。

(2)棉型织物的棉结杂质疵点数量会在很大程度上影响其经过染整加工后的成品质量。

二、试验用具

织物表面放在规定大小为 15cm×15cm 的玻璃板上,玻璃板下面刻有 225 个方格,每方格中棉结杂质疵点格数与取样总格数(即 225 格)的比即为棉结杂质疵点格率和棉结疵点格率。

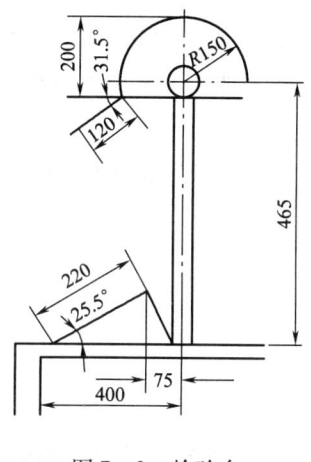

图 7-3 检验台

三、试验方法、计算与规定

(1)日光灯照明装置照度为 (400±100)lx。
(2)检验工作台是倾斜角度为 25.5°的斜面板(图 7-3)。
(3)将 15cm×15cm 的玻璃板置于每匹不同折幅、不同经向检验 4 处(检验位置应在距布头尾至少 5m,距布边至少 5cm 的范围内)。
(4)用不同标记点数棉结、杂质于玻璃板上。
(5)在 225 格的玻璃板上,清点织物表面的棉结、杂质所占格数。
(6)棉结杂质疵点格率的计算:棉结杂质合并检验,但棉结疵点格应分别统计。最后将所取样的疵点格相加,与所有取样的总格数比,得出百分率即为疵点格率,且计算精确至 0.1%,四舍五入为 1%。

$$棉结杂质疵点格率 = \frac{疵点格总数}{匹数 \times 4 \times 225} \times 100\%$$

$$棉结疵点格率 = \frac{棉结格总数}{匹数 \times 4 \times 225} \times 100\%$$

(7)棉结的主要规定如下。

①棉结由棉纤维、未成熟棉或僵棉因轧花或其他纺织工艺过程处理不当,集结而成(不论松紧)。

②棉结不论大小、形状、色泽,以检验者目力所能辨认的为准。

③棉结上附有杂质时,只作棉结不作杂质。

④经纱结头、布机结头、飞花织入或附着、经缩、纬缩和松股(指股线织物),不作棉结。

⑤粗节纱及竹节纱交织或并织的凸出点不算棉结,附有棉结的应算棉结。

(8)杂质的主要规定如下。

①杂质是附有或不附有松纤维(或绒毛)的籽屑碎叶、棉籽软皮、麻草、木屑、织入布内的色毛及淀粉等杂质。

②杂质以一般检验者的目力一看即能辨认的为准。

③杂质下有松纤维附于布面,但不成团的只称杂质。

④油污纱、色纱及黄棉纺入纱身的均不算做杂质。

⑤织物表面附着的杂质仍以杂质计。

(9)疵点格的主要规定如下。

①格内有棉结杂质,不论大小和数量多少,即为1个疵点格。

②棉结杂质在两格的分界线上时,如两格均已为疵点格时,仍称2个疵点格。两格中的一格已为疵点格,另一格为空格,仍作1个疵点格。如两格均为空格,则线上的棉结杂质作1个疵点格。

③棉结杂质在四格的交叉点上时,如四格均已为疵点格时,仍作4个疵点格。如4个中任何1个、2个或3个已为疵点格时,则仍作1个、2个或3个疵点格。如4个格均为空格,则交叉点上的棉结杂质作1个疵点格。

④1个或1条疵点格延及数格(2格以上)时,只作1格,如延及的格子是疵点格,则不再计入。

试验七十　小样织造试验

一、试验目的与意义

在小样织机上完成穿综、穿筘和织物形成等工作。通过试验,使学生对织造工艺过程建立起感性认识,从而进一步加深对课堂理论知识的理解,同时初步掌握织物小样的制作方法。

二、试验方法

(1)准备符合小样织机加工所需的织轴或经纱卷装。
(2)画出织物上机图,即组织图、纹板图、穿综图和穿筘图。
(3)根据织物上机图进行穿综、穿筘工作。
(4)调整小样织机工艺参数,织造织物小样。

三、试验记录

1. 小样织机的型号及其工艺参数(表7-8)

表7-8　小样织机的型号及其工艺参数

机器类型	开口装置	综框页数	每综穿入数		穿综顺序		筘号	每筘穿入数		缩率	
			地	边	地	边		地	边	经	纬

2. 织物小样规格(表7-9)

表7-9　织物小样规格

原料名称与混纺比	纱线规格	织物组织	幅宽	总经根数	边纱根数	密度	

试验七十一　机织面料分析和鉴别试验

一、试验目的
通过试验使学生达到认识机织物、分析织物的各种工艺参数,为学习织物结构与设计和纺织外贸工作做准备。

二、试验工具
织物样品、照布镜、拨针、钢尺、扭力天平、酒精灯等。

三、试验方法
1. 取样

(1)取样位置,就具有代表性,距布边也要大于5cm,离两端距离在大于1.5~3m(各种不同织物不同)

(2)取样大小,简单织物可以取15cm×15cm,组织循环较大的色织物取20cm×20cm。

2. 确定织物的正反面

(1)凸条织物。正面紧密而细腻,具有条状或图案凸纹,而反面较粗糙,有较长的浮长线。

(2)起毛织物。单面起毛织物,其起毛织物,其起毛绒一面为织物正面。

(3)观察织物的布边,如布边光洁、整齐的一面为织物正面。

(4)双层织物。如正反面的经纬密度不同时,则一般正面具有较大的密度或正面的原料较佳。

(5)纱罗织物。纹路清晰绞经突出的一面为织物正面。

(6)毛巾织物。以毛圈密度大的一面为正面。

3. 确定织物的经纬向

(1)如被分析织物的样品是有布边的,则与布边平行的纱线便是经纱,与布边垂直的则是纬纱。

(2)含有浆份的是经纱,不含浆份的则是纬纱。

(3)一般织物密度大的一方是经纱,密度小的一方是纬纱。

(4)筘痕明显之织物,则筘痕方向为织物的经向。

(5)织物中若纱线一组是股线,而另一组是单纱时,则通常股线为经纱,单纱为纬。

(6)若单纱织物的成纱捻向不同时,则Z捻纱为经向,而S捻纱为纬向。

(7)若织物成纱的捻度不同时,则捻度大的多数为经向,捻度小的为纬向。

(8)如织物的经纬纱特数、捻向、捻度都差异不大,则纱线的条干均匀,光泽较好的为经纱。

(9)毛巾类织物,其起毛圈的纱线为经纱,不起圈者为纬纱。

(10) 条子织物其条子方向通常是经纱。

(11) 若织物有一个系统的纱线具有多种不同特数时,这个方向则为经向。

(12) 纱罗织物,有扭绞的纱线为经纱,无扭绞的纱线为纬纱。

(13) 在不同原料交织中,一般棉毛或棉麻交织的织物,棉为经纱;毛丝交织物中,丝为经纱;毛丝交织物中,则丝、棉为经纱;天然丝与绢丝交织物中,天然丝为经纱;天然丝与人造丝交织物中,则天然丝为经纱。

4. 测定织物的经纬纱密度　参见棉型织物物理指标的检验试验,会用直接测数法测定。

5. 测定经纬纱缩率　参见经纬纱织缩率试验。

6. 测定经纬纱特数　会用称重法测定。

$$Tt = 1000 \frac{G}{L}$$

式中:Tt——经(纬)纱线密度,tex;

　　G——公定回潮率时的重量,g;

　　L——长度,m。

7. 定性鉴定常用原料　鉴别面料纤维种类,可以采用手感目测法、显微镜观察法、燃烧法、荧光灯法、溶解法,其中溶解法是准确定性和定量鉴别纤维的重要方法(表7-10和表7-11)。

表7-10　常见纤维在化学溶剂中的性能

试剂 纤维	盐酸 20%	盐酸 37%	硫酸 60%	硫酸 70%	硫酸 98%	氢氧化钠 5%	甲酸 85%	间甲酚 浓	二甲苯
棉	I	I	I	S	S	I	I	I	I
毛	I	IS	I	I	I	S	I	I	I
蚕丝	SS	I	S	S	I	S	I	I	I
麻	I	S	I	S	S	I	I	I	I
粘胶纤维	I	I	S	S	S	i	I	I	I
涤纶	I	S	I	I	I	SS	I	S	I
锦纶	S	I	S	S	I	I	S	I	I
腈纶	I	S	I	SS	I	I	I	I	I
维纶	I	S	I	I	I	I	I	I	I
丙纶	I	I	I	I	I	I	I	I	S
氯纶	I	I	I	I	I	I	I	I	I

注　S—溶解　I—不溶解　SS—微溶　SJ—加热溶解。

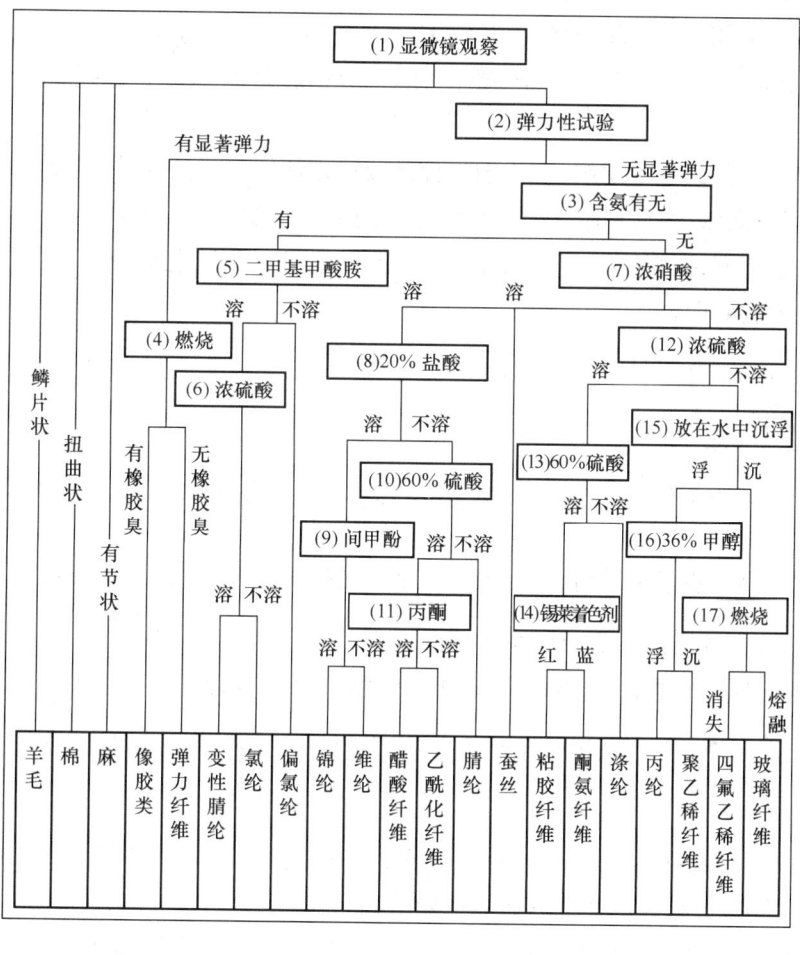

表 7-11　纺织纤维系统鉴别法

(1)显微镜观察																
鳞片状	扭曲状	有节状	有显著弹力				无显著弹力									
			(2)弹力性试验													
			有橡胶臭	无橡胶臭	(5)二甲基甲酰胺		(3)含氨有无									
					溶	不溶	有			无						
					(4)燃烧	(6)浓硫酸	(8)20%盐酸			(7)浓硝酸						
						溶 不溶	溶	不溶	溶		不溶					
							(10)60%硫酸	(9)间甲酚	(13)60%硫酸		(12)浓硫酸					
							溶 不溶	溶 不溶	溶 不溶		溶	不溶				
							(11)丙酮		(14)锡莱着色剂		(15)放在水中沉浮					
							溶 不溶		红 蓝		浮	沉				
											(16)36%甲醇	(17)燃烧				
												消失 熔融				
羊毛	棉	麻	像胶类	弹力纤维	变性腈纶	氯纶	偏氯纶	锦纶	维纶	醋酸纤维	乙酰化纤维	蚕丝	粘胶纤维	腈氨纤维	涤纶	丙纶	聚乙烯纤维	四氟乙烯纤维	玻璃纤维

8. 概算织物的平方米重量

$$G = \frac{g}{L \times b} \times 10^4$$

式中：G——平方米重量，g/m^2；

g——样品重量，g/m^2；

L——样品长度，cm；

b——样品宽度，cm。

9. 分析织物的组织及色纱的配合　主要掌握拆线分析法。

10. 区分各类面料的风格特征

(1)平布。它分为粗平布、中平布和细平布。

①粗平布大多用纯棉粗特纱织制。其特点是布身粗糙、厚实，布面棉结杂质较多，坚牢耐用。

②中平布用中特棉纱或粘纤纱、棉粘纱、涤棉纱等织制。其特点是布面平整丰满，质地坚牢，手感较硬，主要用作被里布。

③细平布用细特棉纱、粘纤纱、棉粘纱、涤棉纱等织制，布身细洁柔软，质地轻薄紧密，布

面杂质少。市销的细布主要用作同中平布。细布大多用作漂布、色布、花布的坯布。

(2) 府绸。采用平纹组织,其经密与纬密之比为 5∶3 以上。菱形粒纹效应,手感滑、挺、爽,有隐条隐格府绸、缎条缎格府绸、提花府绸、彩条彩格府绸、闪色府绸等,主要用作衬衫等。

(3) 麻纱。采用纬重平组织,采用细特棉纱或涤棉纱织制,且经纱捻度比纬纱高,比平布用经纱的捻度也高,织物具有像麻织物那样挺爽的特点。表面纵向呈现宽狭不等的细条纹。质地轻薄,条纹清晰,挺爽透气,穿着舒适。有漂白、染色、印花、色织、提花等品种。用作夏令男女衬衫、裙料等面料。

(4) 斜纹布。采用 $\frac{2}{1}\nearrow$ 组织,斜纹布布身紧密厚实,手感柔软,主要用作被里和衣裤。大多加工成色布和花布。

(5) 卡其。线卡采用 $\frac{2}{2}\nearrow$ 组织织制,正反面斜纹纹路均很明显,又称双面卡。半线卡采用 $\frac{3}{1}\nearrow$ 组织织制。纱卡则采用 $\frac{3}{1}\nearrow$ 组织织制。这种织物的结构紧密厚实、纹路明显、坚牢耐用。染色加工后主要用于春、秋、冬季服装布料。

(6) 哔叽。分为纱哔叽(经纬均用单纱)和线哔叽(经向股线,纬向单纱)两种。前者用 $\frac{2}{2}\nearrow$,后者用 $\frac{2}{2}\nearrow$。哔叽比相似品种的卡其、华达呢结构松,经纬向紧度接近,斜纹线倾斜角 45 度。

(7) 华达呢。斜纹组织织制。经密比纬密大一倍左右,斜纹倾角 63°。织物紧密程度小于卡其而大于哔叽。布身比哔叽挺括而不如卡其厚实。

(8) 横贡缎。纬面缎纹组织。纬密用经密的比约为 5∶3。因此,织物表面大部分由纬纱所覆盖。经纬纱均经精梳加工。织物表面光洁,手感柔软,富有光泽,结构紧密。染色横贡主要用作妇女服装及家纺面料。

(9) 牛仔布。由 $\frac{3}{1}\nearrow$ 组织织制。其特点是用粗特纯棉纱织制。经纱染色、纬纱多为本白纱,因此织物正反异色,经防缩整理。织物的纹路清晰,质地紧密,坚牢结实,手感硬挺。

(10) 牛津布。纬重平或方平组织织制。其特点是,细经粗纬,纬纱特数一般为经纱的 3 倍左右,且涤棉纱染成色纱,具有混色效应和针点效应,布身柔软,透气性好,穿着舒适,有双色效应。牛津布主要用作衬衣面料。

(11) 青年布。平纹织制的纯棉织物,织物中经纬密度接近。色经白纬,布面有混色效应。织物色泽调和,质地轻薄,滑爽柔软。青年布主要用作衬衫面料等。

(12) 米通布。又称为米通条,为细特高密平纹织物,经纱为 1A1B 色经排列,纬纱为一色;或者纬纱为 1A1B 排列,经纱为一色。

(13) 双层布。采用双层组织制织接结双层、表里换层织物或者局部采用双层组织的管状布。前者用以增加织物厚度,使织物正反面原料不同、色泽不同、组织不同、格型不同,后者局部增加立体感、装饰感。

(14)剪花织物。局部采用经起花或者双层组织织造后,将局部浮长线剪断,留下的固结组织起到装饰作用。

(15)灯芯绒。起毛组织织制。纬起绒方法,按每2.54cm(1英寸)宽织物中绒条数的多少,又可分为特细条灯芯绒(大于等于19条)、细条灯芯绒(15~19条)、中条灯芯绒(9~14条)、粗条灯芯绒(6~8条)和阔条灯芯绒(小于6条)等规格。

(16)绒布。绒布是坯布经拉绒机拉绒后呈现蓬松绒毛的织物,通常采用斜纹织制。其特点是纬纱粗而经纱细。绒布手感松软,保暖性好,吸湿性强,穿着舒适。

(17)绉布。纵向有均匀绉纹的薄型平纹棉织物。其特点是,经向采用普通棉纱,纬向采用强捻纱,经密大于纬密,坯布后松式染整加工,使纬向收缩约30%,因而形成均匀的绉纹。此外,还有弹力绉布、机械抓皱布、利用浓碱处理起皱的织物。

(18)泡泡纱。利用化学的或织造工艺的方法,在织物表面形成泡泡。主要分为印染泡泡纱和色织泡泡纱。前者是利用氢氧化钠对棉纤维的收缩作用,使碱液按设计的要求作用于织物表面,使受碱液作用和不受碱液作用的织物表面,由于收缩情况的差异而产生泡泡。若采用涤纶与棉相间隔的经纱或纬纱织造,则可利用在碱液作用下两种纤维收缩率的不同也可形成泡泡。后者则是利用地经和泡经两种经纱,泡经纱线粗且超量送经,使其在泡经部分形成泡泡,外观别致,立体感强,穿着不贴体,凉爽舒适。

(19)条格布。经、纬纱线用两种或两种以上颜色的纱线间隔排列,且大多以平纹组织织制,也可用小花纹、蜂巢组织或纱罗组织织制。

(20)纱罗。用纱罗组织织制的一种透孔织物,也叫绞综布。其特点是由地经、绞经这两组经纱与一组纬纱交织,常采用细特纱并用较小密度织制。纱罗织物透气性好、纱孔清晰、布面光洁、布身挺爽,主要用作夏季衣料。

(21)巴厘纱。用平纹组织织制的稀薄透明织物。其特点是,经纬均采用细特精梳强捻纱,织物中经纬密度比较小,由于"细"、"稀",再加上强捻,使织物质地稀薄透明("薄、透、漏"),手感挺爽,布孔清晰,主要用作夏令妇女的衬衣、头巾面料等。

(22)烂花布。特点是织制织物所用的经纬纱一般为涤棉包芯纱,利用内芯纤维和外层纤维不同的耐酸程度,根据布面花型设计的要求,将含酸印花糊料印到坯布上,并经焙烘、水洗,使腐蚀、焦化后的棉纤维被洗除,得到半透明的花纹图案。烂花布所用的原料,除涤棉外,还有涤粘、维棉、丙棉等。按加工不同,烂花布有漂白、染色、印花和色织等品种。烂花布的花纹有立体感,透明部分如蝉翼,透气性好,布身挺爽,弹性良好,主要用作夏服装、童装等。

(23)羽绒布。特点是织物的经纱、纬纱均为精梳细特纱,织物中经密、纬密均比一般织物高,从而可防止羽绒纤维外钻。所用的原料为纯棉或涤棉。一般采用平纹组织织制。按加工方法不同,通常有漂白、染色两种,且以后者为多,也有印花的品种。羽绒布结构紧密,平整光洁,富有光泽,手感滑爽,质地坚牢,透气而又防羽绒,主要用作登山服、滑雪衣、羽绒服装、夹克衫、羽绒被面料等。

(24)水洗布。是利用染整生产技术使织物洗涤后具有水洗风格的织物。按所使用的原料分,有纯棉、涤棉和涤纶长丝等水洗织物。纯棉水洗布采用细特纱、平纹组织织制,为紧捻纱。织物有漂白、染色、印花等品种。水洗布的手感柔软,尺寸稳定,外观有轻微绉纹,免烫。主要用作各种外衣、衬衫、连衣裙、睡衣等面料。

(25)纬长丝织物。织物的经向为纯棉纱或者涤棉混纺纱,纬向为涤纶长丝或者有光粘胶长丝,或者真丝,是一种交织织物。纬长丝织物一般以色织工艺加工,并采用小花纹组织织制,使纬丝在织物表面形成小形提花,以突出其光泽。织物品种以贡缎或者府绸为多。这种织物质地轻薄,挺括滑爽,手感滑糯,光泽晶莹,色泽柔和,丝绸感强,易洗快干。主要用作家纺床品面料等。

(26)氨纶弹力织物。氨纶弹力织物是用氨纶丝包芯纱(如棉氨包芯纱)作经或纬,与棉纱或混纺纱交织而成的织物,也可以是经纬均用氨纶丝包芯纱织制。这种织物,利用氨纶的弹性,形成非常优良的适体性。常见的品种有弹力牛仔布、弹力泡泡纱、弹力灯芯绒、弹力府绸等。这种织物的弹性良好,柔软舒适,穿着适体,服用性能好,主要用作牛仔裤、青年衣裤面料等。

(27)中长纤维织物。中长纤维织物是用中长化学纤维混纺纱织制的织物的总称。这类织物大多在棉纺织厂、色织厂生产。按所用的化纤原料分,主要有涤腈中长纤维织物和涤粘中长纤维织物两大类。前者有良好的抗皱性和免烫性,缺点是布面比较毛糙,染色牢度较差。后者有良好的手感和弹性,吸湿性良好,缺点是免烫性差。中长织物所用经纬纱线多数是股线,少数是单纱。按加工不同,白织匹染的主要品种有平纹呢、隐条呢、隐格呢、凡立丁、哔叽和华呢;色织的主要品种有中长花呢(包括中厚花呢、薄型花呢)、啥味呢、马裤呢、板司呢、海力蒙等。中长纤维织物均为仿毛织物。这类织物的毛型感强,手感柔糯,质地挺括,弹性好,抗皱免烫,易洗快干,缩水率小。

注:典型面料的见彩页。

思 考 题

1. 织轴好轴率考核标准是什么?其主要影响有哪些?
2. 织机开口清晰度对织造有何影响?如何测试?
3. 试述织机断头率的检测方法。
4. 如何测定经、纬纱织缩率、毛巾织物毛倍率?
5. 试述小样织造操作步骤与技巧。
6. 棉型织物物理指标有哪些?如何检测?

第八章　整理工序实训

> **本章知识点**
> 1. 掌握整理工序的基本内容与工艺流程。
> 2. 熟练掌握验布、折布与量布、分等工序的有关操作技能。
> 3. 掌握各类织疵的特征及其成因分析。

整理是纺织厂的最后一道工序,它虽然不是主要生产过程,但通过整理要将布匹定等,反映前面各工序的质量情况,从而促使产品质量提高。同时在整理工序,可以通过修、织、洗去除一部分外观疵点,以改善坯布外观质量。

实训一　整理工序的基本内容认识实训

(1)根据国家质量标准(包括部颁标准及企业标准)逐匹检验坯布外观疵点,正确评定坯布品等。

(2)验布分等发现连续性疵点或突发性纱疵等质量问题时,应及时通知有关部门跟踪检查,分析原因,并采取相应措施,从而防止质量事故蔓延。

(3)把坯布折叠成匹,计算下机产量。

(4)按疵点名称记录降等、假开剪、真开剪疵点,并分清责任,再落实到相关部门及个人的考核成绩,以供调查研究分析产品质量时作参考。

(5)按规定的范围对布面疵点进行修、织、洗,以改善布面外观质量。

(6)按国家标准(部颁标准及企业标准)及客户要求进行成包。成包时做好产量及品等记录,便于统计。

(7)做好本工序各工种质量把关工作。提高操作技术水平,大力降低次布漏验率和成品出厂差错,同时保证质量标准贯彻执行,满足用户要求。

实训二　整理工序的工艺流程认识实训

1. 验布　检验布面外观疵点。
2. 刷布　清除布面棉结杂质和回丝,改善布面光洁度。
3. 烘布　将坯布烘干,防止霉变。
4. 折布　将织物按规定长度折叠成匹,便于计算产量及成包。

5. 分等　根据国家标准,评定品等。
6. 修织洗　根据企业自定的修、织、洗范围整修布面疵点。
7. 开剪理零　按照规定进行开剪和理清大、中、小零布。
8. 打包　按照成包规定,将坯布打成裸装包或机包。

上述工艺流程可根据工厂的实际情况增设其他附属流程,如在打包前增加剪边纱(拉毛边)等;也有的工厂采取减少工艺流程,如加强温湿度管理及提高前道工序的除杂效率后,可取消刷布、烘布这两个流程,即经验布后直接折布。

实训三　验布工序实训

验布(图8-1)是保证出厂成品质量的重要一关。纺织各道工序,因各种原因产生的纱、织疵,都要通过验布检验出来。要达到这一目的,除了验布工思想集中和提高操作技术水平外,还应根据不同品种,配置适当的验布速度,以便检验出布面上的疵点,从而保证成品质量。

图8-1　验布

验布工序直接关系到消费者的切身利益,应引起重视,要尽一切努力减少漏验,提高产品质量。验布机如图8-2所示。

图8-2　验布机

一、验布工序的基本任务

(1) 将前道各工序产生的纱疵、织疵认真仔细地检验出来。

(2) 对检验出来的疵点,按相关质量标准中的外观疵点评分规定做好评分工作,并按不同疵点作出不同标记。

(3) 按照相关规定做好易修疵点的小修工作。

(4) 对连续性疵点和突发性纱疵,应及时填写速报单通知相关部门,同时跟踪检修或分析研究,以便采取有效措施防止疵点蔓延。

二、验布工序的操作要点

将前面各道工序产生的纱疵、织疵都检验出来,是验布工的主要职责,也是衡量一个验布工工作好坏的重要标志。要降低漏验率,除了在工作中思想要集中外,还必须熟练地掌握操作要点。

(1) 验布时站立的位置,要做到既能看到中间疵点,又能照顾到两边的疵点。

(2) 两眼要左右照顾,往复巡视,目光画"8"字,全面控制布面。当有怀疑或看不清的疵点时,应停车仔细检验。

(3) 发现一般疵点,必须仔细检查疵点上下各25cm范围内的布面;发现连续疵点,则必须仔细检查疵点上下各50cm范围内的布面。

三、验布工序操作的十二项注意点

(1) 在布两端1m处,要注意有否破洞疵点。因为在布机间落布及运输过程中,两端都在外面,容易轧破及撞破。另外已被发现的整匹连续性疵点,布两端一定还有相同疵点。

(2) 上机布和了机布1m处要注意是否有穿错、双经、三跳、油渍、小经缩、破洞等疵点。因为穿筘时容易造成双经、穿错,上机吊综不良容易造成三跳等。

(3) 验到穿交接班线时,要注意三跳及其他小疵点。因为织造车间交接班挡车时,飞花容易落入经纱中造成三跳;而验布工在穿交接班线时,注意力一般集中在做标记上,容易忽略小疵点。

(4) 有折皱的布,折皱处要拉平检查是否有疵点。因为折皱处疵点不易发现,因此要特别注意。

(5) 发现吊经时,应注意检查吊经处是否有断经和三跳。因为吊经一方面有可能是由于断经而造成,另一方面断经也可能造成三跳。

(6) 发现脱纬时,应注意布边是否有百脚、烂边。因为脱纬是造成百脚原因之一,并且脱纬也可能阻塞梭子瓷眼而使纬纱张力增大造成烂边。

(7) 发现双纬百脚时,应注意是否有稀纬。因为双纬、百脚都是断纬造成,而断纬不关车就会造成稀纬。

(8) 发现拆痕时,应注意织物反面是否有边撑疵、断经及结头。因为拆坏布后,布嵌进边撑时容易造成边撑疵。

(9) 发现棉球和断经时,应注意疵点反面是否有三跳。因为棉球和断经都会造成三跳。

(10) 发现一处星跳、跳纱、边撑疵时,则要将已验过的布退回 1m 并检查其反面,因为星跳、跳纱、边撑疵这三种疵点,断断续续的比较多。

(11) 发现一根拖纱时,要检查反面是否也有拖纱。因为断经拖纱通常在织物反面,而其正面通常是接头拖纱。

(12) 发现污渍、油渍时,应注意是否有三跳、破洞。因为油飞花能造成油污渍,也能造成三跳。另外,碰撞在机器上造成的破洞,基本都附有油污渍。

四、验布工序的五项小修

验布小修工作,有的厂在验布机上做,也有的厂不在验布机上做。但是从总的效果来看,在验布机上做小修较为合理。因为在验布机上进行小修的疵点,一般都是容易修的疵点,从时间上来讲,对于一个熟练的验布工,进行小修的时间要比做标记的时间短;另一方面,这些小疵点等到修织工序修理时,容易造成漏修。因此验布工应该学会小修工作,而且还要注意小修质量。进行小修的疵点可根据各厂具体情况加以规定一般有以下五项小修:拖纱,断疵,织入的 0.2cm 以下杂物,0.5m 内不满三只的纬缩、竹节、布开花,以及经向 0.5m 内容易修的毛边(包括边上容易修的 5cm 以内的脱纬和连续双纬)。

五、疵点标记

验布时所用的疵点标记,一般使用染成各种色泽的杂色纱线穿在距布边 0.5cm 的范围内。对于印染加工的品种,一般采用将疵点评分写在布面上,并在疵点上做出标记,这样即使疵点标记线脱落,也容易找到疵点。注意写在布面的墨水一定要采用酸性颜料配置,以便在印染加工中容易退去。

六、下灯光的使用

有下灯光装置的验布机,一般是在布的头、中、尾三段使用下灯光,主要是用以检验连续性疵点,如筘路、筘穿错、直条条影等;也有一些对加工质量要求高的品种(浅色、深色坯),采取两遍验布,一遍看上灯光,一遍看下灯光。在检验宽幅布(一般指幅宽在 110cm 以上的品种)时,一般采取两遍验布,一次看半幅,二次看完全幅,但也有的纺织厂采用两人各看半幅同时验布的方法。

七、布匹连接

当一联匹布验完,另一联匹布开始检验时,该两联匹布应在验布机上加以连接,以利折布。将两匹布连接,一般采用两种方法,有的厂用相当于 6~8 股 13.9tex×2(42/2 英支)的线加以缝合,待折布机折好后再抽出回用;也有的厂使用钢针连接,钢针长约 20cm,一幅布左右两边用两根即可,这种方法比较方便,但对稀薄织物不宜使用,以免造成破洞。

实训四　折布、量布工序实训

折布是将坯布折叠成匹,以便打包。折布机如图 8-3 所示。

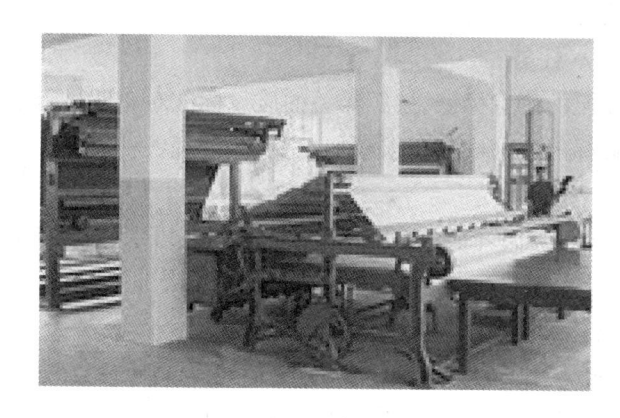

图 8-3　折布机

一、折布工序的基本任务
(1)将验好的布按一定长度(一般规定折幅为 1m,另加加放长度)整齐折叠成匹。
(2)标明布匹长度,填写坯布产量记录单,分清各班产量,并打上责任印。
(3)按验布做出的疵点类别标记,根据品种,分别堆放。

二、折布工序的操作要点
(1)布匹要求折幅整齐,两边布边平齐,底层布头拉出 50cm 左右,对折时将反面包在外面,以防污渍。
(2)要经常检查折幅,每班至少三次(一般由织布试验室检查考核)。同一台折布机上折不同的品种时,调换品种后的第一匹布应检查折幅,如发现不符合要求,应立即对折布机进行调整。
(3)待修布的堆放方法
①把折好的布匹对折,分两排放在堆布板上。采用这种堆布方法时,堆布板在移动过程中,布容易倒下。因此在堆放时应注意整齐,防止布倒下。
②把折好的布匹三折,三匹为一层并逐层交替变换 90°方向堆放。这样堆放的布匹在堆布板移动时,不易倒下,而且堆积容量也可增加。

三、量布工序的基本任务
量布是把已经折好布匹的整匹长度和织造车间各运转班分别生产的长度数清、分清。布匹的整匹长度一般在布头上加以标明。

实训五　分等工序实训

布匹经过验布及折布后,应按照相关的质量标准进行分等。

一、分等工序的基本任务
(1)根据验布工做出的疵点标记,按照相关的质量标准对布匹进行定等。
(2)按照相关质量标准中的成包要求或加工要求,处理各种情况。
(3)掌握修、织、洗范围。
(4)将降等疵点(包括真假开剪的疵点)的日期、车号、班别、责任等正确地记录下来。

二、分等工序的操作要点
(一)先分等后修织
先分等后修织是在折布后修织前进行分等。根据目前各地做法又可分为下列两种。

(1)每台折布机配一名分等工,对验布工标明的疵点逐一复验,检查疵点评分是否正确,掌握修、织、洗范围,处理真开剪及假开剪,并最后定等。分等工将修织的疵点做出标记,并在布头上写明修织疵点数。这种方法的优点是通过疵点复验,可促进验布工评分正确;修、织、洗范围掌握正确,修织工不易漏修疵点;当班疵布能及时定等,有利于质量管理。其缺点是分等工人较多,而且目光性疵点不易统一。

(2)由验布工对降等疵点按规定色泽做出查看标记,经折布后专门集中堆放,分等工对降等标记纸逐一进行查看,确定修织、开剪(真假)或降等。这种方法的优点是用人少,目光性疵点容易统一,修、织、洗范围能基本掌握。其缺点是如果验布工评分不正确,某些降等疵点到修织时才能发现,产生重复劳动。

(二)先修织后分等
这种方法大多数采用边修织边分等,即由修织工分等和掌握修、织、洗范围。采用修织工分等的厂,在分等后应增加复查工作。将分好等的布再复验一遍,并按真开剪及假开剪进行处理。这种方法一定要使所有修织工能掌握质量标准和修织范围,技术水平达到分等要求。实际上由于牵涉人多,标准不易掌握,特别是目光性疵点难以统一。另一方面修、织、洗范围不能掌握,经常会产生一些分散的累计性降等疵点,即修了一部分后才发现已超过修、织、洗范围。总的来说,这种办法不如先分等后修织的好。

以棉本色布分等标准为例:
棉本色布的品等分为优等品、一等品、二等品和三等品,低于三等品的为等外品。
棉本色布的评等以匹为单位,织物组织、幅宽、布面疵点按匹评等;密度、断裂强力、棉结杂质疵点格率、棉结疵点格率按批评等。最后以其中最低的一项品等作为该匹布品等。

(三)分等规定(以棉本色布为例)
1. 物理指标分等规定(表8-1)

表 8-1 物理指标分等规定

项目	标准	允许偏差			
		优等品	一等品	二等品	三等品
织物组织	设计规定	符合设计要求	符合设计要求	不符合设计要求	—
幅宽(cm)	产品规格	+1.5% -1.0%	+1.5% -1.0%	+2.0% -1.5%	超过+2.0% -1.5%
密度(根/10cm)	产品规格	经密 -1.5% 纬密 -1.0%	经密 -1.5% 纬密 -1.0%	经密超过 -1.5% 纬密超过 -1.0%	—
断裂强力(N)	按断裂强力公式计算	经向 -8.0% 纬向	经向 -8.0% 纬向	经向 超过 -8.0% 纬向	
备注	①当幅宽偏差超过1%时,经密偏差为 -2.0% ②断裂强力计算公式可参阅相关标准				

2. 棉结杂质疵点格率分等规定(表8-2)

表 8-2 棉结杂质疵点格率

织物分类		织物总紧度(%)	棉结杂质疵点格率(%)不大于		棉结疵点格率(%)不大于	
			优等品	一等品	优等品	一等品
精梳织物		85 以下	18	23	5	12
		85 及以上	21	27	5	14
半精梳织物			28	36	7	18
非精梳织物	细织物	65 以下	28	36	7	18
		65~75 以下	32	41	8	21
		75 及以上	35	45	9	23
	中粗织物	70 以下	35	45	9	23
		70~80 以下	39	50	10	25
		80 及以上	42	54	11	27
	粗织物	70 以下	42	54	11	27
		70~80 以下	46	59	12	30
		80 及以上	49	63	12	32
	全线或半线织物	90 以下	34	43	8	22
		90 及以上	36	47	9	24
备注	①棉结杂质疵点格率、棉结疵点格率 　超过本表规定,降到二等为止 ②棉本色布按经纬平均线密度(tex)分类: 　细织物:11~20tex 　中粗织物:21~30tex 　粗织物:31tex 以上 　经纬纱平均线密度 = $\dfrac{经纱线密度 + 纬纱线密度}{2}$					

3. 布面疵点分等规定(表8-3)

(1)每匹允许总评分数=每米允许评分数(分/m)×匹长(m)。计算至0.1,并四舍五入到1。

(2)一匹布中所有疵点加合累计,超过允许总评分为降等品。

(3)0.5m内半幅以上的不明显横档、双纬加合满4条评10分为降等品。

表8-3 布面疵点分等规定

限度 \ 品等 \ 幅宽(cm)	110及以下	110~150	150~190	190及以上
布面疵点评分限度(分/m) 优等品	0.2	0.3	0.4	0.5
一等品	0.4	0.5	0.6	0.7
二等品	0.8	1.0	1.2	1.4
三等品	1.6	2.0	2.4	2.8

4. 布面疵点的检验

(1)检验时,布面上的照明度为(400±100)lx。

(2)评分以布面的正面为准。平纹织物和山形斜纹织物以交班印一面为正面;斜纹织物中纱织物以左斜为正面,线织物则以右斜为正面。

(3)检验时,应将布平放在工作台上,检验人员站在工作台旁,以能清楚看出的为明显疵点。

5. 各类布面疵点的具体内容

(1)经向明显疵点有竹节、粗经、错纱、综穿错、筘路、筘穿错、多股经、双经、并线松紧、松经、紧经、吊经、经缩波纹、断经、断疵、沉纱、星跳、跳纱、棉球、结头、边撑疵、拖纱、修整不良、错纤维、油渍、油经、锈经、不褪色色经、不褪色色渍、水渍、污渍、浆斑、布开花、油花纱、猫耳朵、凹边、烂边、花经、长条影、磨痕等。

(2)纬向明显疵点有错纬(包括粗、细、紧、松)、条干不匀、脱纬、双纬、纬缩、毛边、云织、杂物织入、花纬、油纬、锈纬、不褪色色纬、煤灰纱、百脚(包括线状及锯状)等。

(3)横档有折痕、稀路、密路等。

(4)严重疵点有破洞、豁边、跳花、稀弄、经缩浪纹(三根起算)、并列三根串经、松经(包括隔开1~2根好纱的)、不对接轧梭、1cm的烂边、金属杂物织入、影响组织的浆斑、霉斑、损伤布底的修整不良、经向5cm内整幅中满10个结头或边撑疵等。

实训六 织疵分析实训

常见织疵的种类有断经、穿错及花纹错乱、筘路、稀纬、双纬、百脚、脱纬、密路、云织、纬缩、坏边、毛边、跳花、跳纱、星形跳花、边撑疵、结头疵和经缩等。

1. **边撑疵** 边撑部位的经、纬纱被轧断1~2根,或纱身起毛,易拉断(图8-4)。

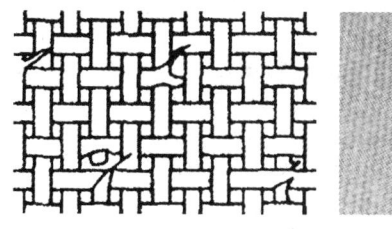

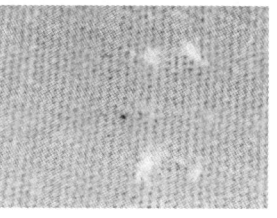

图 8-4 边撑疵

2. 烂边　纬纱在边部断裂(图 8-5)。

3. 毛边　有梭织机换梭时纬纱露在外边(图 8-6)。

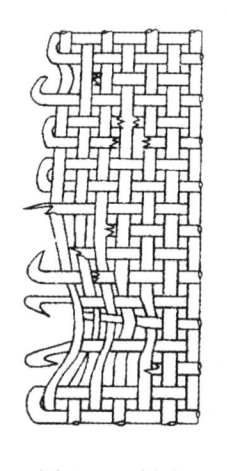

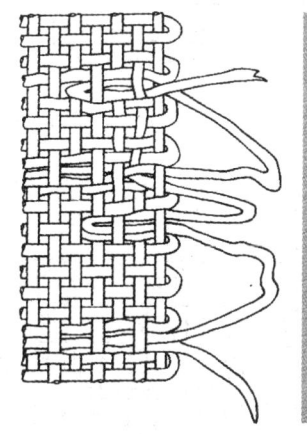

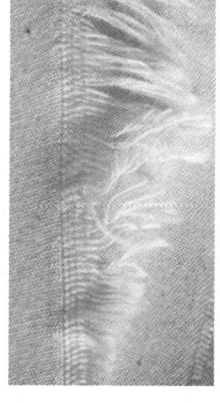

图 8-5　烂边　　　　　　图 8-6　毛边

4. 纬缩　纬纱扭结织入布内,或起圈呈现于布面上(图 8-7)。

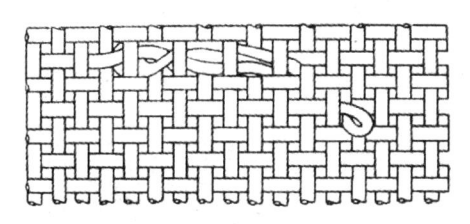

图 8-7　纬缩

5. 轻浆、棉球　轻浆纱线在织造时受经停片、综丝、钢筘筘齿的摩擦,导致纤维聚集于织口处形成棉球(图 8-8)。

图 8-8　轻浆、棉球

6. 跳花、跳纱(图8-9)

(1)跳花。3根及其以上的经纱或纬纱相互脱离组织,并列跳过多根纬纱或经纱而呈现"井"字状。如面积较大,则称为"蛛网"。

(2)跳纱。1~3根经纱或纬纱跳过5根及其以上的纬纱或经纱,在织物表面呈线状。

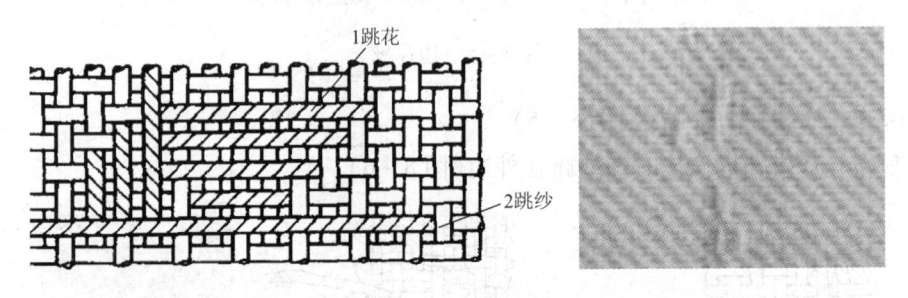

图8-9 跳花、跳纱

7. 星跳 1根经纱或纬纱跳过2~4根纬纱或经纱,形成一直条或分散星点状(图8-10)。

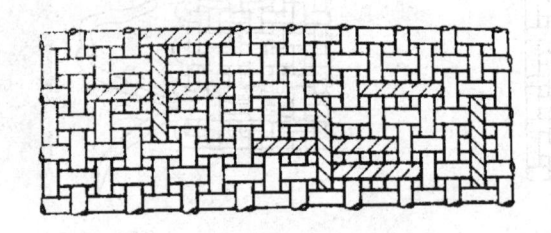

图8-10 星跳

8. 断疵 经纱断头处,纱尾织入布内(图8-11)。

9. 穿错 每筘穿入数过多、过少(图8-12)。

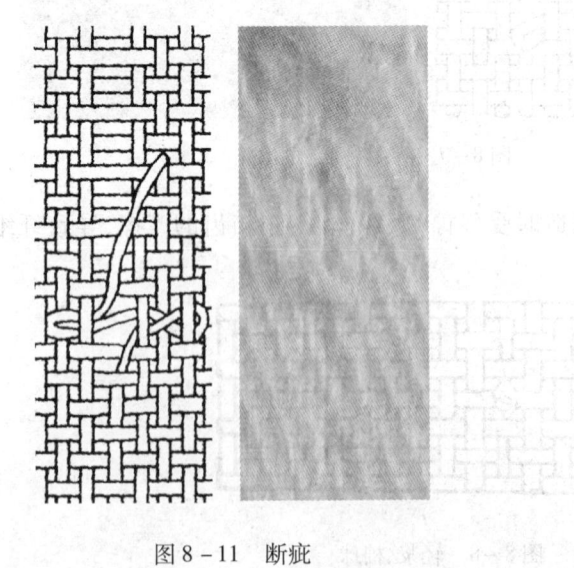

图8-11 断疵

图8-12 穿错

10. 经缩　部分经纱在织造过程中因受较大的意外张力而松弛,或经纱张力调节不当,使织入布内的经向屈曲波很高,像波浪状的起伏不平,成为经缩疵点(图 8 – 13)。

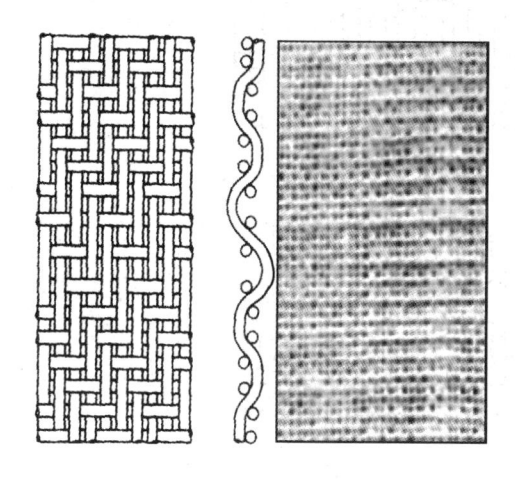

图 8 – 13　经缩

11. 脱纬　3 根及以上的纬纱同处在一个梭口(图 8 – 14)。

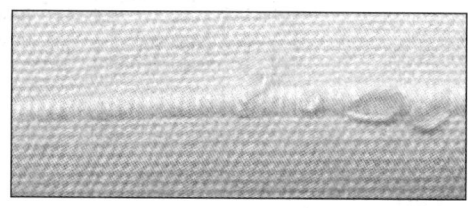

图 8 – 14　脱纬

12. 双纬　平纹织物的纬向组织中缺少 1 根纬纱,使 2 根相同的纬纱并合在一起(图 8 – 15)。

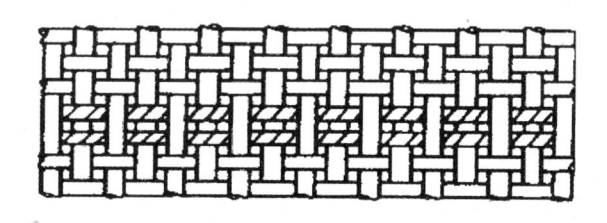

图 8 – 15　双纬

13. 稀纬　指纬密少于工艺标准规定(图 8 – 16)。
14. 密路　指纬密多于工艺标准规定(图 8 – 17)。
15. 棉球　布面分散有棉球状纤维球(图 8 – 18)。
16. 其他疵点　其他疵点还有稀弄、竹节、松经、百脚等,如图 8 – 19 ~ 图 8 – 22 所示。

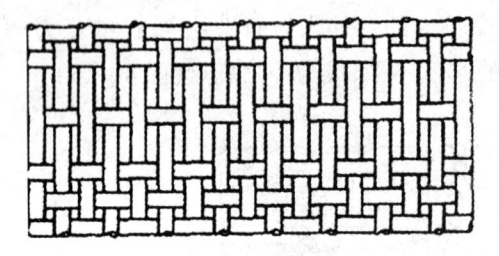

图 8-16 稀纬

图 8-17 密路

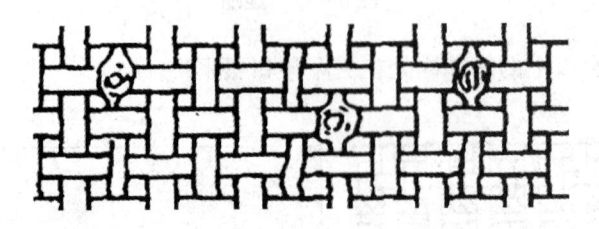

图 8-18 棉球

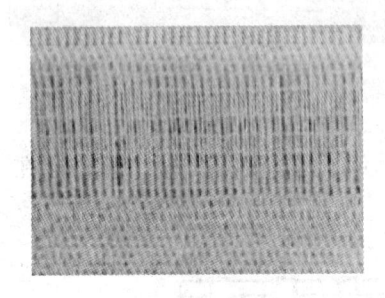

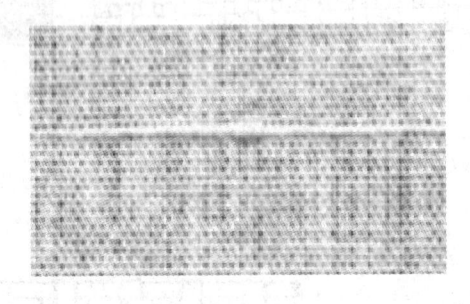

图 8-19 稀弄

图 8-20 竹节

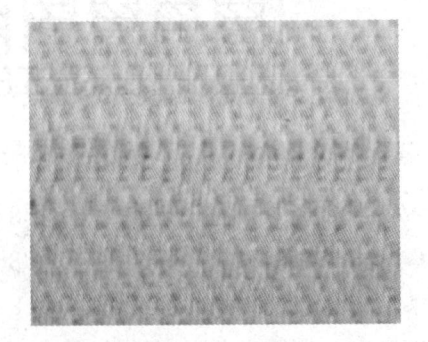

图 8-21 松经

图 8-22 百脚

思 考 题

1. 试述整理工序的基本内容与工艺流程。
2. 验布、折布、量布、分等等工序的操作有何要求?
3. 主要织疵有哪些? 试举三例说明书其特征及成因。

第九章 织造车间设备认识实训

> **本章知识点**
>
> 1. 通过现场教学,了解自动络筒机、整经机、浆纱机、整浆联合机、穿结经等准备设备与工艺流程。
> 2. 通过现场教学,掌握各类工厂常用织机的结构组成与工作原理。
> 3. 了解织造生产中的关键机构与辅助设备。

实训七 自动络筒机设备与工艺流程认识实训

一、了解自动络筒机的主要技术特点

(1)自动络筒机(图9-1)采用自动空气捻接器(图9-2)或机械搓捻器,接头直径小于纱线直径的1.3倍,捻接强力不低于原纱强力的80%。

(2)采用光电或电容式电子清纱器清除短粗节、长粗节、双纱、长细节等纱疵。

(3)村田7-Ⅴ型、7-Ⅶ型采用跟随(管纱退绕)式气圈破裂器(图9-3)或单锭变频式均匀退绕张力。

(4)使用金属槽筒(图9-4),具有表面光滑、耐磨、散热快、防静电、毛羽增加少等特点。

(5)采用计算机终端控制清纱、定长、速度等参数设定,并具有统计纱疵、产量等的功能。

(6)奥托康纳(Autoconer)自动络筒机采用先捻接后清纱工艺配置(图9-5)。

(7)其他如加装了防叠装置、气压式筒子重量平衡装置等。

图9-1 自动络筒机概览　　　　图9-2 空气捻接器

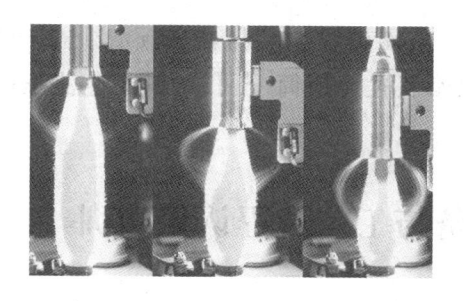

图9-3 跟随式气圈破裂器　　　　　　　　图9-4 金属槽筒

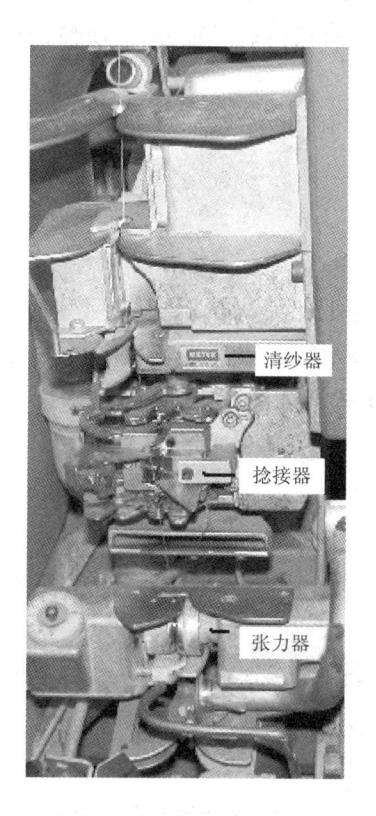

图9-5 先捻接后清纱(奥托康纳自动络筒机)

二、了解络筒的工艺流程及工艺部件

络筒是将纺纱厂提供的管纱或绞纱,经过络筒机卷绕成具有一定容量、成良好的筒子。络筒机已由一般机械式络筒机发展为自动络筒机。自动络筒机可基本上实现从管纱自动传递到锭位,生头、络纱、接头、定长、满筒落纱等均可自动实现;同时,纱线质量还可自动检测,络纱张力自动控制,防叠措施自动实施,络纱产量自动记载。国际上公认的最优秀的自动络筒机制造商有三家:意大利萨维奥(SAVIO)公司、德国赐来福(Schlafhorst)公司和日本村田机械株式会社,其最新型号 ORION M/L 型自动络筒机、Autoconer 338RM/K/E 型自动络筒机和 NO.21C Process Coner。

络筒机的主要工艺流程和工艺部件：管纱→气圈破裂(控制)器→预清纱器→张力装置→电子清纱器→张力传感器→捻接器→上蜡装置→槽筒→筒子，其工艺流程已趋于一致。

实训八　现代整经机设备与工艺流程认识实训

一、现代分批整经机设备与工艺流程认识实训

(1) 采用集体(间歇)换筒，由于筒子直径一致，可使片纱张力均匀。
(2) 取消了传动大滚筒，采用直接传动经轴方式，使整经速度加快，并且制动时纱线损伤减小。
(3) 采用摆动式伸缩筘，液压制动、上落轴。
(4) 宽幅、大卷装。
(5) 整经速度无级可调。

二、现代分条整经机设备与工艺流程认识实训

了解现代分条整经机设备技术特点和工艺流程。
(1) 分条整经机的主要设备构造如图9-6所示。
(2) 分条整经机的工艺流程如图9-7所示。

图9-6　分条整经机大滚筒与倒轴机构

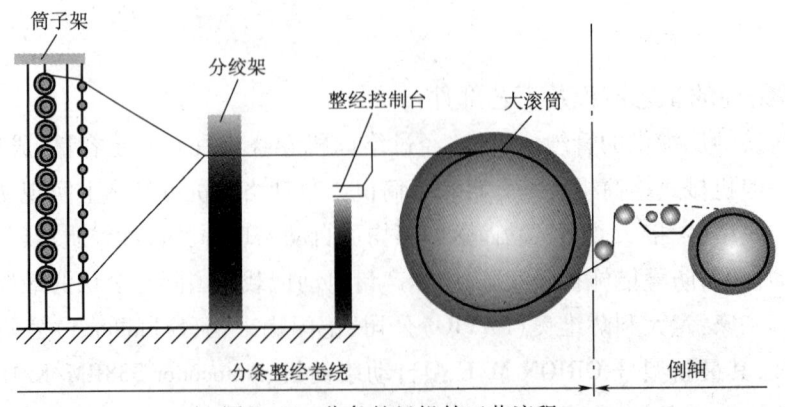

图9-7　分条整经机的工艺流程

(3)分条整经机的主要工艺部件有张力盘(图9-8)、分绞筘(图9-9)、定幅筘等。

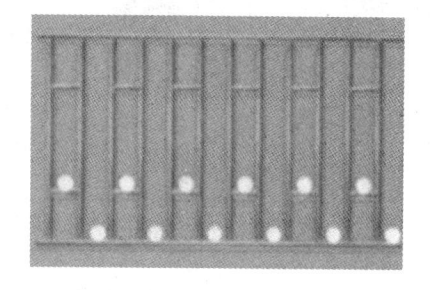

图9-8 张力盘

图9-9 分绞筘

实训九 浆纱机设备与工艺流程认识实训

一、实训目的与意义

(1)了解浆纱工艺流程。

(2)掌握浆纱机各个工作区域(退绕区、浆槽区、烘燥区、分绞区、卷绕区)的相应机构名称、原理、工艺部件的作用(图9-10~图9-14)。

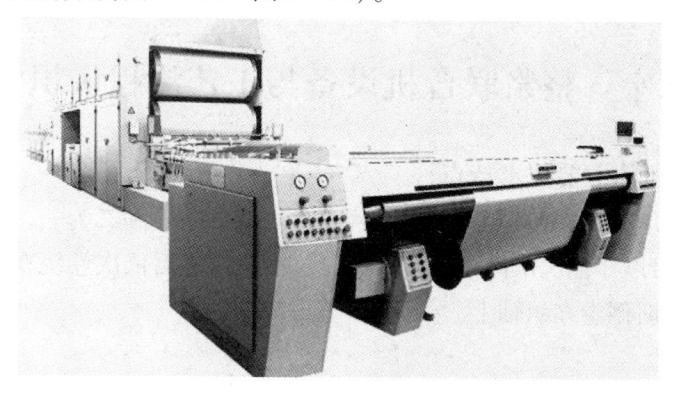

图9-10 烘筒式浆纱机卷绕机构

图9-11 浆槽

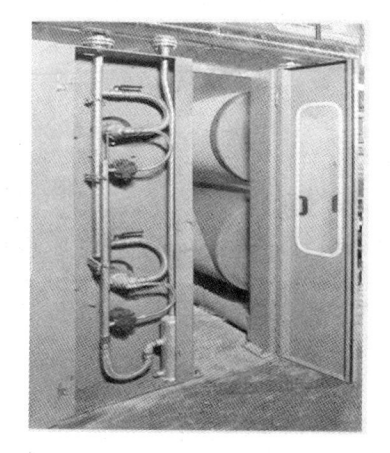

图9-12 烘筒

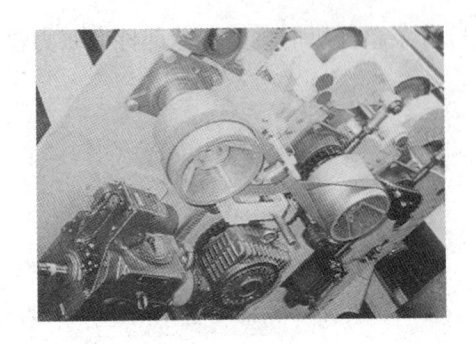

图 9-13　浆纱机轴架　　　　　　　图 9-14　铁炮式伸长调节装置

二、实训设备
浆纱机(并轴式浆纱机、整浆联合机、浆染联合机、模拟上浆机均可)。

三、实训内容
(1)现场绘制浆纱机的工艺流程图并将其整理到实验报告上。
(2)描述工艺流程图上所标注的各机构或工艺部件的作用及工艺要求。

实训十　整浆联合机设备与工艺流程认识实训

一、整浆联合机的主要技术特点
(1)整浆联合机(图 9-15)是将分条整经工序与浆纱工序合二为一,按全幅总经所需条带数,将经纱按条带顺序依次从筒子架上引出,经上浆、烘干后依次卷绕在整经大滚筒上,最后再将所有条带同时倒卷在织轴上。

图 9-15　整浆联合机

(2)由于每次引出的条带所包含的经纱根数(≤筒子架的容量)少,且相当于并轴式浆纱机,因而上浆的经纱覆盖系数小,有利于浆液的浸透性与被覆性。

(3)整浆联合机实际上是在分条整经机的筒子架与车头之间增加一套上浆和烘干装置。

二、实训要点

1. 筒子架引出区　张力装置、断头自停装置、定幅装置,以及集体换筒式的特点。
2. 浆槽　上浆辊、压浆辊、传动、气动加压、浸没辊等,以及浆纱伸长调节装置。
3. 烘筒区　烘筒结构、工作压力、最大压力、安全装置、进汽箱、表面喷涂、传动等。
4. 车头　分绞筘、定幅筘、可调锥度大滚筒、倒轴装置等。

实训十一　穿经、结经认识实训

一、穿经实训要点(图9-16)

1. 穿综方法　顺穿法、飞穿法、山形穿法与照图穿法。
2. 穿筘　每筘穿入数与上机筘幅。
3. 经停片穿法　顺穿法、山形穿法、并列式穿法、闭口式与开口式经停片的不同穿法。
4. 穿经　手工穿经与自动穿经。

图9-16　穿经现场

二、结经实训要点

结经适合同一品种且穿综顺序不变的织物,可有效减轻穿综、穿筘、穿经停片的劳动负荷。在复杂组织的情况下,尤其如此。

实训十二　GA747型挠性剑杆织机认识实训

一、实训要点

GA747型挠性剑杆织机的主要机构如图9-17~图9-24所示。

1. **纬向观察**　储纱架→动鼓式储纬器→压电陶瓷式纬纱自停→选纬指→纬纱剪→送纬剑、接纬剑(图9-20、图9-21)→传剑机构(图9-19)→非分离式筘座打纬机构(曲柄连杆打纬机构,图9-22)→左右边撑。

2. **经向观察**　织轴→机外送经机构(图9-25)→后梁高低→经停架高低、前后→穿综、筘→废边→(四经)纱罗边纱固结方式→伸幅辊→蜗轮蜗杆卷取机构(图9-23)→卷布辊。

3. **垂直观察**

(1) 复动式多臂开口装置(图9-18)。

图9-17　GA747型挠性剑杆织机

图9-18　复动式多臂开口装置　　　　图9-19　传剑机构

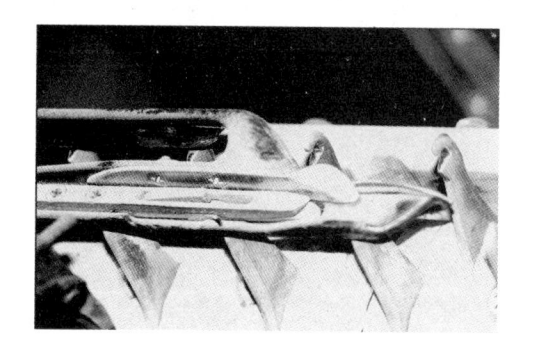

图 9-20　送纬剑

图 9-21　接纬剑

图 9-22　曲柄连杆打纬机构

图 9-23　蜗轮蜗杆卷取机构

图 9-24　机外送经机构

(2)开口时间的调节分度盘。

(3)传剑机构调节装置:扇形轮加偏心连杆式调节装置(图9-19)。

(4)机外送经及张力调节装置。

(5)蜗轮蜗杆间歇卷取机构。

二、主要技术特点

(1)传动机构:采用大力矩电磁离合制动器。

(2)公称筘幅:1800mm、2000mm。

(3)车速:180~200r/min。

(4)纬纱选择:6色选纬。

(5)开口控制:多臂开口采用消积式纹纸控制装置。

(6)打纬机构:四连杆打纬机构。

(7)卷取机构:蜗轮蜗杆间歇式卷取机构。

(8)送经机构:外侧式半积极送经机构。

(9)断纬控制:压电陶瓷式断纬停车装置。

(10)断经控制:电子式断经停车装置。

(11)储纬器:动鼓式储纬器。

(12)织轴盘片直径:ϕ600mm。

(13)最大卷布半径:ϕ300mm。

实训十三　新型挠性剑杆织机认识实训

本实训以苏尔寿(Sulzer)G6300型挠性剑杆织机为例。

一、主要技术特点

(1)采用电子多臂开口装置。

(2)采用分离式筘座打纬机构,因而引纬时期长,幅宽增加。

(3)采用定鼓式储纬器,绕纱盘转动惯量小。

(4)采用接近开关式或应变片式张力传感器配合伺服电动机的电子送经机构。

(5)采用电子卷取装置,则纬密可在织机上自动设定,无须变换齿轮。

(6)电脑终端设定织物组织、上机张力、车速等参数,以及统计断头、效率、产量等。

二、实训要点

苏尔寿(Sulzer)G6300型挠性剑杆织机的主要机构如图9-25~9-32所示。

1. 纬向观察　储纱架→定鼓式储纬器→压电陶瓷式断纬自停装置→选纬指(图9-32)→纬纱剪(图9-32)→送纬剑、接纬剑(图9-26、图9-27)→分离式筘座打纬→左右边撑(图9-32)。

第九章 织造车间设备认识实训

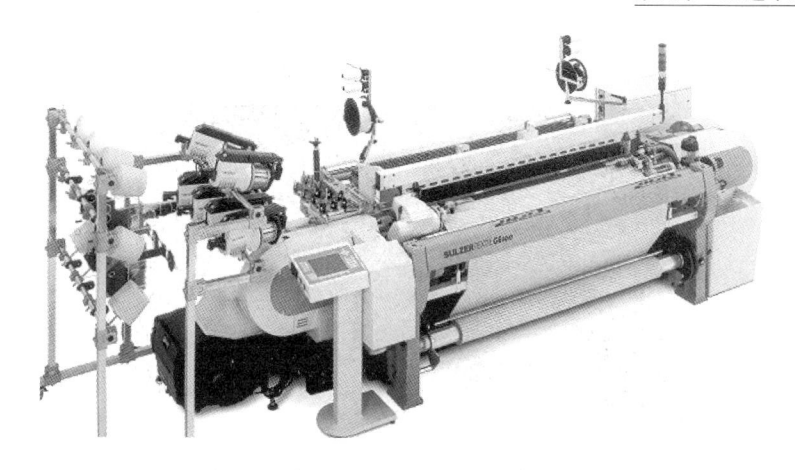

图9-25 苏尔寿(Sulzer)G6300型挠性剑杆织机

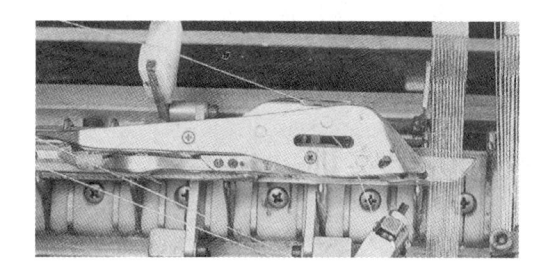

图9-26 送纬剑

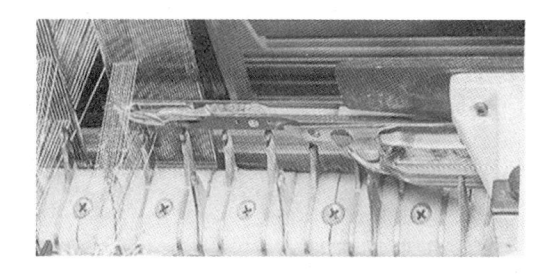

图9-27 接纬剑

图9-28 纬纱交接

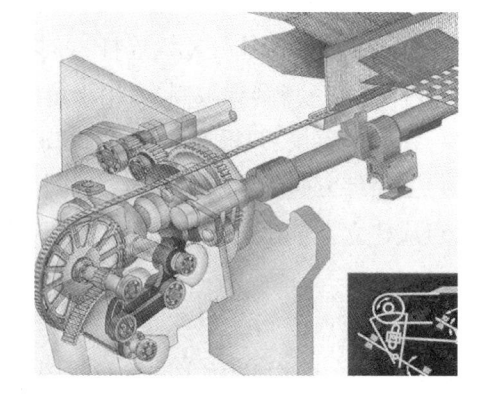

图9-29 传剑机构示意图

图9-30 共轭凸轮传剑箱

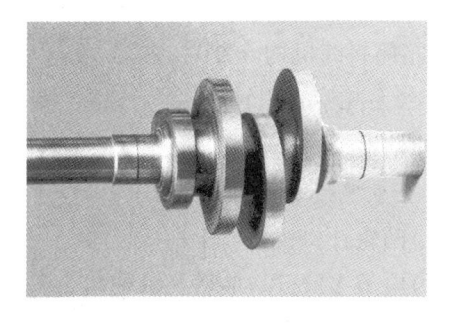

图9-31 共轭凸轮打纬轴

图9-32 选纬指、纬纱剪、假边筘、边撑等

2. 经向观察 双轴织造→后梁高低→经停架高低、前后→穿综、筘→废边(图9-32)→纱罗边固结→假边筘(图9-32)→伸幅辊→卷布辊。

实训十四 喷气织机认识实训

一、主要技术特点

(1)为克服气流的扩散与衰减,采用了异形筘和辅助(接力)喷嘴以增加幅宽。

(2)绝大多数喷气织机采用非分离式筘座(喷嘴随筘座往复摆动),可采用制造成本较低的连杆打纬方式(四连杆或六连杆),同时由于喷嘴的安装位置影响,喷嘴数量受到限制,因而纬纱种类和色泽受到限制,多用于量大面广的单色织物织造。

(3)引纬速度快、织机速度高、梭口高度小、上机张力大、不能拆坏布。

(4)当引纬方式为消极引纬时,应采用定长储纬器。

(5)应建立空气压缩机站提供无油、无水、无尘、冷却、稳定的压缩空气。

二、实训要点

喷气织机的主要机构如图9-33~图9-41所示。

1. 纬向观察 储纱架→定长储纬器(图9-34)→主喷嘴(图9-35)→辅助(接力)喷嘴(分组、间距、压力)(图9-36、图9-37)→异形筘→光电式断纬自停装置(图9-38)→非分离式筘座打纬机构→左右边撑。

2. 经向观察 织轴→后梁→经停架→穿综、筘→废边→行星轮式绳状绞边装置(图9-40)→伸幅辊→卷布辊。

3. 垂直观察

(1)凸轮开口机构(图9-34)。

(2)电子多臂开口装置(其他机台)。

(3)开口时间调节装置。

(4)中央润滑系统(图9-40)。
(5)主气管、汽缸。
(6)张力检测装置(图9-41)。

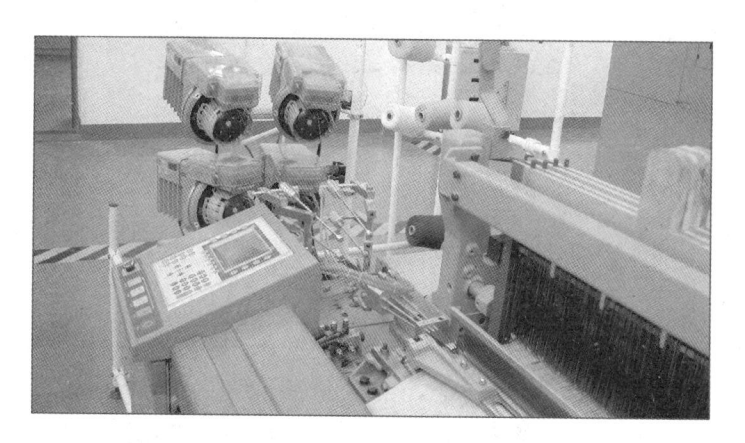

图9-33 喷气织机

图9-34 外侧凸轮开口机构

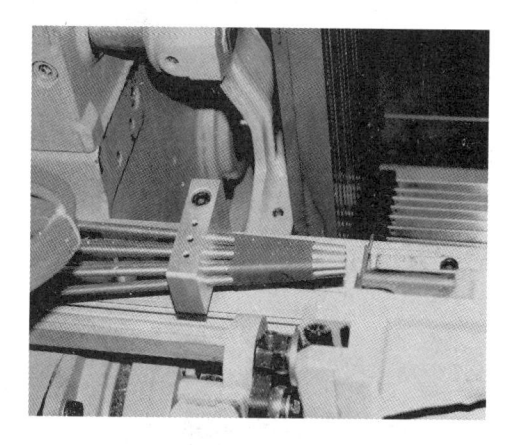

图9-35 主喷嘴

图9-36 辅助喷嘴组

图9-37 辅助喷嘴

图9-38 光电式断纬自停装置

图9-39 行星式绳状绞边装置

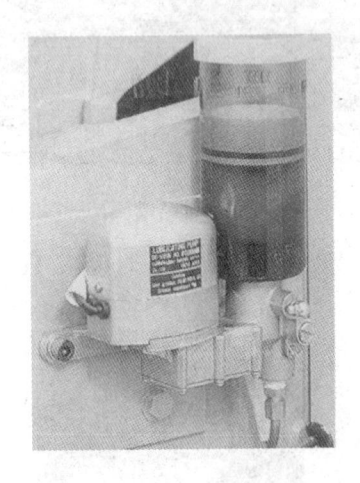

图9-40 中央润滑系统

图9-41 应变片式张力检测装置

实训十五 剑杆提花(毛巾)织机认识实训

一、剑杆提花(毛巾)织机的主要技术特点

1. 开口机构 采用电子提花开口装置。

2. 引纬传动方式　共轭凸轮积极传动,剑带动程可调。
3. 纬纱供给　使用独立的电子储纬器,实现纬纱筒子的连续退绕。
4. 纬纱选色　电子选色装置,最多可选八色纬。
5. 断纬自停方式　压电陶瓷传感电子式。
6. 打纬机构　共轭凸轮积极传动,并控制摆轴打纬,采用分离式筘座。
7. 断经自停方式　电气触点式。
8. 卷取送经　电子卷取电子送经
9. 织边装置　具有纱罗绞边装置。
10. 毛圈经轴送经装置　由伺服电动机传动,由独立的电气控制系统控制。
11. 起毛圈机构　毛圈的构造不需多余的筘座运动,随着幅撑梁、地经张力辊及相应的整个经纱的移动,改变了打纬钢筘与织口的相对位置而形成毛圈。起毛圈机构可以生产无毛圈部分组织,亦可以生产两种不同毛圈高度的组织,而且此两种高度的排列可在一定范围内随意选择。

二、实训要点

剑杆提花毛巾织机如图9-42所示。

(1)开口装置:电子提花开口装置。

(2)引纬方式:挠性剑杆引纬方式。

(3)打纬方式:共轭凸轮分离式筘座打纬(封闭安装)。

(4)选纬能力:8色选纬。

(5)纹针、通丝、综丝、绞边装置。

(6)装造目板分区。

图9-42　剑杆提花毛巾织机

实训十六　片梭织机认识实训

一、主要技术特点

（1）片梭织机属积极式引纬，其对纬纱的夹持作用适合多种纬纱织造，但选色能力不及剑杆织机。

（2）片梭织机采用分离式筘座，筘座于后止点的静止期长，且引纬期长，引纬速度较低的特点，这样有利于低速、宽幅织造。同时其还具有低速高产、机配件消耗少的特点。

（3）每引一纬调节一次纬纱张力，产品质量是所有引纬方式中最好的，所以片梭织机适合高档精纺毛织物的织造。

（4）采用折入边装置。

（5）设备制造成本高，价格昂贵。

二、实训要点

（1）片梭织机的引纬的主要动作及配合（图9-43）。

（2）纬纱张力的调节。

（3）片梭（图9-44）。

（4）折入边装置（图9-45）。

（5）片梭织机扭轴式投梭机构（图9-46）与有梭织机的投梭机构（图9-47）的对比。

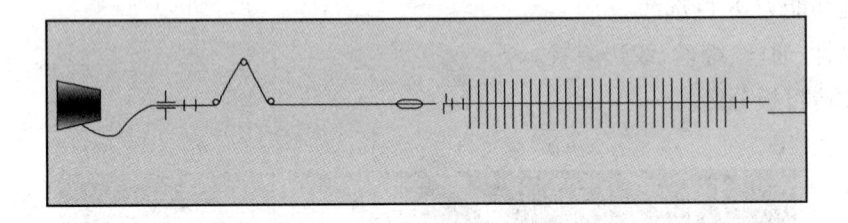

图9-43　片梭织引纬动作之一

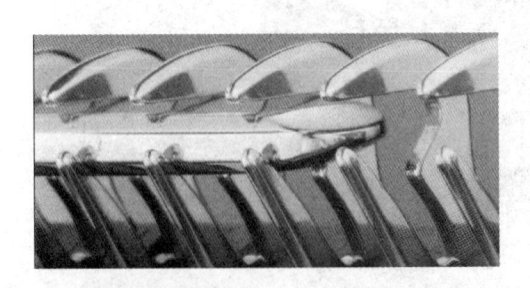

图9-44　片梭在导梭齿中飞行　　　　图9-45　折入边装置

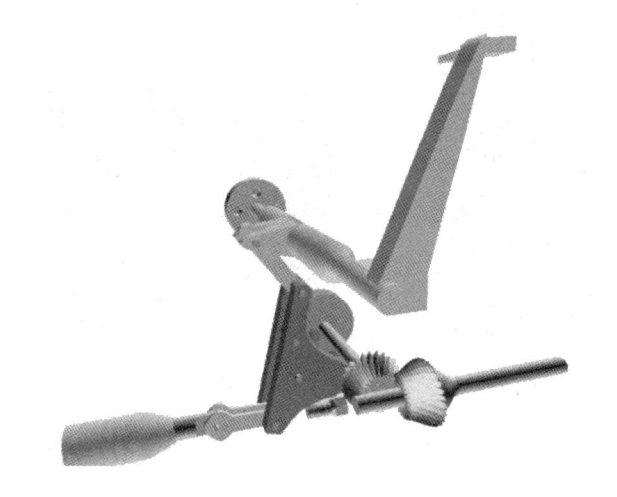

图 9-46　扭轴式投梭机构模型

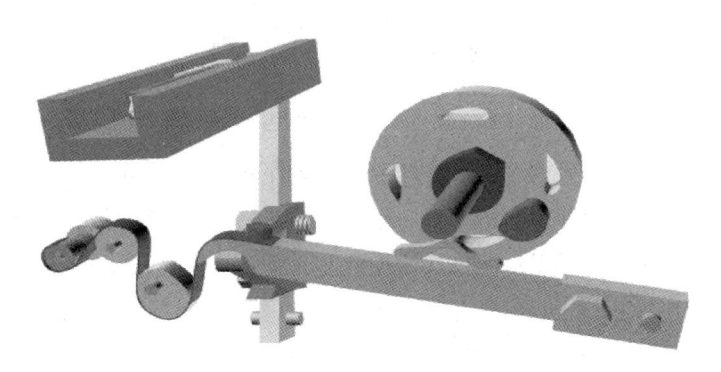

图 9-47　有梭织机的投梭机构模型

实训十七　喷水织机认识实训

一、主要技术特点

(1) 适合疏水性长丝织物的消极引纬方式。

(2) 因为喷水引纬不必像喷气引纬那样要克服气流的扩散与衰减问题,所以喷水织机不采用异形筘和辅助(接力)喷嘴以增加幅宽。

(3) 为了克服水流的重力落差,可对喷嘴设置一定的仰角。

二、实训要点

(1) 凸轮式引纬水泵的工作过程。引纬水泵如图 9-48 所示。

(2) 纬丝引入过程(图 9-49)。

(3) 热熔剪装置。

图9-48　引纬水泵　　　　　　　　图9-49　纬丝由喷嘴引入

实训十八　现代织造设备关键机构与辅助设备认识实训

一、现代织造设备关键机构与部件认识实训要点

1. 电子卷取(ETU,图9-50)　电子卷取具有如下两个明显特点。

(1)织物的纬密变化实现了自动设定,无需更换纬密齿轮,只需通过织机计算机或控制装置的键盘直接输入所需的纬密,而且纬密变化范围大、级差小,增强了织机的品种适应性。

(2)织造过程中的机上纬密可按设定的程序任意变化,这是电子卷取所特有的功能,使得织机能够生产出许多机械式卷取机构无法生产的纬密变化品种。

电子卷取基本原理是由变频器根据纬密值调整卷取电动机的转速控制卷取量,卷取辊轴上的轴编码器实现卷取量的反馈,测速发电机实现卷取电机的负反馈控制。

2. 电子送经(ELO,图9-51)　电子送经系统具有机构简单、灵敏度高、经纱张力调节

图9-50　电子卷取机构　　　　　　　图9-51　电子送经机构

准确、连续送经、适应织机高速的优异性能,是新型织机普遍采用的方式。送经方式是采用张力传感器将检测的模拟张力信号,经过 A/D 转换后,经过主控板 CPU 处理后与设定值进行比较、处理,再经 D/A 转换,传给变频调速器以控制电动机的转速和转向来调节送经量。

3. 储纬器　现代无梭织机入纬率很高,纬纱如直接从筒子上退绕,则因纬纱张力峰值过大,易造成纬纱断头。因而必须采用储纬器以匀化纬纱张力,对于喷气织机和喷水织机需要采用将储纬和定长两个功能合二为一的定长储纬器。

传统低速剑杆织机(如 GA747 型剑杆织机)采用动鼓式储纬器(图 9 - 53),由于定鼓式储纬器具有一定的转动惯量,转动惯量与鼓的直径的平方成正比,转动惯量越大,对储纬过程中的频繁的启动、制动越不利,因此鼓的直径不可过大,而过小的直径带来增加绕纱圈数的弊端,造成排纱困难,纱圈重叠。高速织机采用定鼓式储纬器(图 9 - 54)。

4. 机外卷取(图 9 - 55)　机内卷取方式,其布卷直径最大只有 350mm,机外卷取的布卷直径可达 1000mm,因而可有效地减少落布次数,提高运转率,但机外卷取方式会增加织机占地面积。

5. 电磁制动(图 9 - 56)　织机制动时,电磁制动器线圈通电,电磁离合器线圈断电,传动轴上的摩擦盘迅速与转盘脱离,与固定不动的制动盘吸合,实施强迫制动。

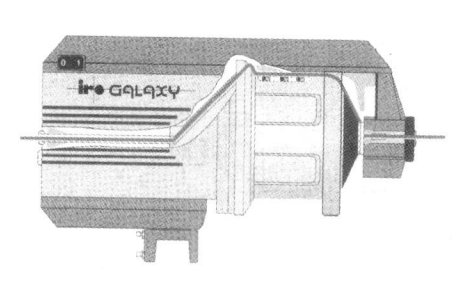

图 9 - 52　储纬器原理示意　　　　图 9 - 53　动鼓式储纬器

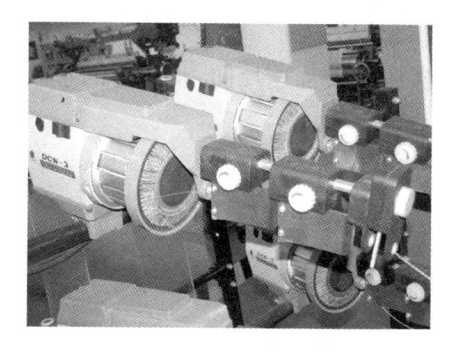

图 9 - 54　定鼓式储纬器　　　　图 9 - 55　机外卷取方式

图 9-56 电磁制动机构

二、辅助设备认识实训要点

(1)空气压缩机:空气压缩机→储气罐→干燥器→过滤器,其中无油螺杆式空气压缩机的原理如图 9-57 所示。

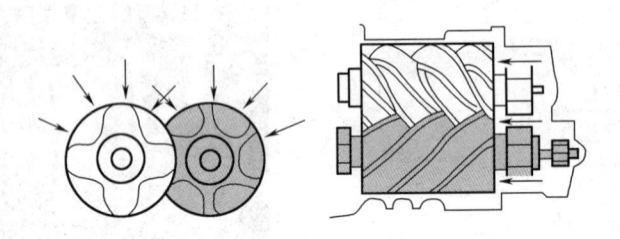

图 9-57 无油螺杆式空气压缩机原理图

(2)空气压缩机站(图 9-58)的作用:提供无油、无水、无尘、冷却、稳定的压缩空气供给现代浆纱机压浆辊的气动加压装置和喷气织机的引纬装置。

(3)水汽分离器(图 9-59):蒸汽在干燥净化器中旋转加速反向,将所含的水滴和颗粒杂质分离出去从而得到干燥和净化的蒸汽。

(4)疏水器(图 9-60)。

(5)气动加压汽缸(图 9-61)。

(6)安全阀(图 9-62)、气压表辅助设备。

(7)球阀(图 9-63)。

(8)电磁阀(9-64)。

(9)薄膜阀(图 9-65)。

第九章 织造车间设备认识实训

图9-58 空气压缩机站(自里向外依次为:空气压缩机、储气罐、干燥器、过滤器)

图9-59 水汽分离器

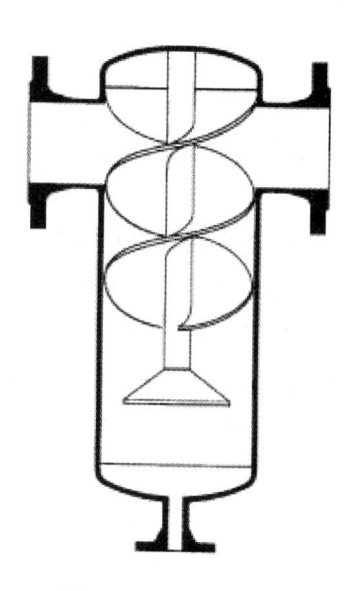

图9-60 疏水器

图9-61 气动加压气缸的执行元件

图9-62 安全阀

图9-63 球阀

图9-64 电磁阀

图9-65 薄膜阀

169

思 考 题

1. 试述自动络筒机、整经机、浆纱机等准备设备与工艺流程。
2. 织机分类如何？试述织机的主要结构组成与工作原理。
3. 织机上有哪些辅助机构？其作用如何？
4. 评价织机性能指标主要有哪些？
5. 电子卷取方式、电子送经方式有何优点？
6. 喷气与剑杆、片梭织机那个采用定长储纬器？为什么？
7. 现代织造辅助装置分别用于何种设备？起何作用？
8. 现代织造设备中的压缩空气有何应用？

第十章　织机安装与调试实训

> **本章知识点**
>
> 1. 通过实训教学,掌握GA747型剑杆织机安装原理与调试方法。
> 2. 通过实训教学,掌握天马剑杆织机的上机调试步骤。

实训十九　GA747型剑杆织机多臂开口部分

一、拆车

（1）拆车之前,必须将多臂机构的拉刀（0111、0112）和拉钩（0151B）松开,否则提综臂（0143）与刀片连片（0161）结合处的提综臂调节块（0144）容易损坏。

（2）用自制的杠杆松开综框和回综箱连接钩,用绳索拴住综框。

（3）脱开尼龙钢丝绳与提综臂间的连接。

（4）取下多臂开口机构前罩壳结合件（0100—6）、拆除油管。

（5）取下纹纸（0399）和纹纸传动轴结合件（0300—5）一套。

（6）拆下链条张紧轮一套,找到链条连接卡,拆下链条。

（7）取下油盘结合件（0400—9）。

（8）拆除齿轮盖板（0228）。

（9）拆下信号齿轮罩壳（0213）和信号轴信号齿轮（0212）,拆下圆锥齿轮轴结合件一套。

（10）松开左右小墙板的螺丝,取下左小墙板（0124A）和右小墙板（0125）。

（11）拆下主凸轮外侧的主伞齿轮（0207A）。

（12）取下复位链条和复位弹簧。

（13）拆下拉刀摆臂一套、上拉刀（0111）和下拉刀（0112）。卡簧最好只拆外面2只,取下拉刀摆臂以后,卡簧要装回原处。

（14）松开主凸轮支座（0127A）螺丝,取下主凸轮（0126A）。

（15）脱开提综臂（0143）与刀片连片（0161）间的连接。

（16）松开提综臂固定轴（0141）的支头螺丝,敲出提综臂固定轴,依次取下所有提综臂（0143）。

（17）松开刀片支轴（0132）支头螺丝,转动刀片支轴,使刀片支轴平面向下,依次取下刀片（0159）。

（18）依次取下上下拉钩结合件（0100—9A）。

(19)先后取下长竖针(0108)和短竖针(0109)。

(20)松开横针摆臂(0326、0327)与连接板(0324、0325)的连接螺丝。

(21)拆下分度凸轮(0306)、调节架摆杆结合件(0300—9)、横针压板摆杆(0328、0329)等。

(22)松开推针板与横针推刀连杆(0356)的连接,取下推针板(0359)。

(23)顺序依次取下短横针(0364)、长横针(0365),注意不能将探针拔出上探针栅板(0367)和下探针栅板(0368)。

(24)松开横针压板连接体(0373)。

二、装车

(1)装提综臂(0143):从机后穿入提综臂固定轴(0141),依次套上后提综臂夹片(0142)、提综臂、前提综臂夹片(0142),调整提综臂夹片,使提综臂与拉钩对齐,紧上紧固螺丝。

(2)依次装上20片拉钩结合件(0100—9),并检查拉钩结合件是否灵活。

(3)装刀片(0159):转动刀片支轴(0132),依次套上刀片(0159)。刀套完后,刀片前端应钩住拉钩结合件,转动刀片支轴,使刀片支轴平面向外,前侧轴头加工面应与小墙板外侧面平齐,紧上紧固螺丝。检查刀片运动是否灵活。

(4)装上刀片连片(0161),使刀片连片后端与提综臂相连,前端与刀片相连,装上尼龙钢丝绳结合件。

(5)调整钢丝绳导轮及回综箱的安装位置,使第一片提综臂、钢丝绳导轮、回综臂处于同一铅垂线上。调整钢丝绳长度及微调吊综钩的螺母,使全部综框平齐。

(6)横针的安装:安装横针之前,不要紧横针压板连接体(0373)螺丝,且内横针压板比外横针压板偏左一格。先装下层的长横针(0365),再装上层的短横针(0364)。

①长横针向上提起,将长探针也向上提起,穿入短探针(0371)孔内,再装入横针压板(0313)孔内,最后插入横针板(0377)的下排孔内(图10-1)。

②将短横针向上提起,先插入横针压板(0376)孔内,再穿过长探针(0370)孔内,最后插入横针板(0377)的上排孔内(图10-2)。

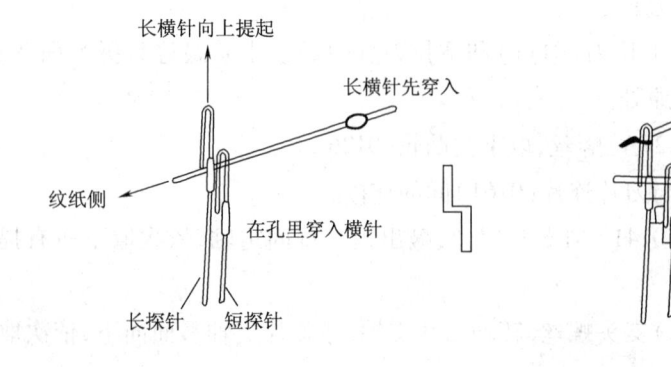

图10-1 穿下排横针　　　　图10-2 穿上排横针

注意：有压簧（0366）的横针，对应的横针板孔上有槽，插入后必须旋转90°，防止横针脱离横针板；无压簧的横针，对应的横针板孔上没有槽。

（7）插入长竖针（0108）和短竖针（0109）。

①先插入短竖针（0109），为美观起见，短竖针顶头（0110）朝外。

②插入长竖针（0108），为美观起见，长竖针顶头应插在下一根长竖针的内侧。

注意：每根竖针穿过一长一短两根横针，长竖针应套在有压簧的短横针孔内和没有压簧的长横针孔内，短竖针则与之相反（图10-3）。

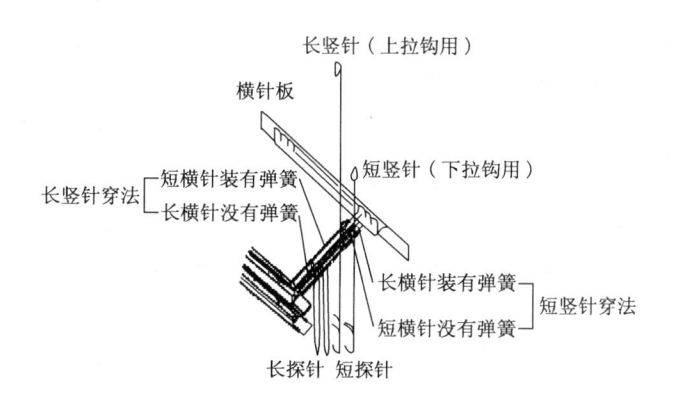

图10-3 穿竖针

（8）推针板（0359）的安装：在纹纸有孔的情况下，探针进入纹纸孔，横针下落搁在推针板（0359）上，此时推针板处于最外位置。在这种状态下，横针端面和推针板内端面的间隙要调整在2~2.5mm（图10-4），这项调整是通过松开横针推刀连杆（0356）的固定螺钉调节的。

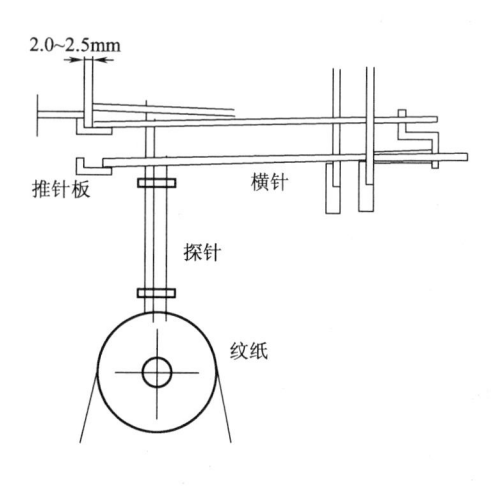

图10-4 装推针板

注意：固定上下推针板（0359）的螺丝互相之间不能相碰，并且上推针板（0359）的螺丝不能碰横针压板连接体（0373）；相邻的横针压板连接体也不能相碰；横针推刀连杆（0356）

固定螺丝的垫片不能缺省,否则,容易引起横针推刀连杆损坏。

(9)安装主凸轮(0126A)。

①用长芯棒插入左墙板(0101)和右墙板(0102)的装配孔中,将主凸轮装在主凸轮轴上向左右墙板侧靠紧,同时定位孔应套在长芯棒上。

②机前,在主凸轴上装入主凸轮支座(0127A),用4只紧固螺栓通过主凸轮支座的4只通孔旋入主凸轮的螺孔内(此时不能紧固)。旋紧主凸轮支座的夹紧螺钉后,再紧固这4只紧固螺栓。机后拧紧主凸轮支座夹紧螺钉后,取下4只紧固螺栓,套上主伞齿轮(0207A)后,再将这4只紧固螺栓旋入主凸轮的螺孔内,并紧固这4只螺栓。

注意:主凸轮定位时,1、3同向,2、4同向;主凸轮不能与左墙板(0101)和右墙板(0102)有缝隙,否则,安装左右小墙板后会影响主凸轮轴灵活度。

(10)装上拉刀摆臂一套,卡簧必须装回原处,再装上复位链条和复位弹簧,检查拉刀摆臂与主凸轮密接程度,若有间隙,必须更换拉刀摆臂。

注意:拉刀导向轴(0119)、导向轮(0139)不脱落;拉刀摆臂不能装反,油口必须朝上。

(11)装上左右小墙板,装上圆锥齿轮轴结合件一套,注意主伞齿轮(0207)和连接齿轮(0208)顶端平齐。

(12)套上分度凸轮(0306)、调节架摆杆结合件(0300—9)、横针压板摆杆(0328、0329)及两只拉簧(0337、0338)等。

(13)装上纹纸和纹纸传动轴结合件(0300—5)一套。

(14)装上油管,且要注意油管不能与摆臂等高速运转的机件相互摩擦,否则容易损坏油管。

(15)装上链条、张紧轮一套。调整张紧轮,使传动链条的张力适当,同时使传动链轮与张紧轮在同一直线位置。

(16)装上油盘结合件(0400—9)。

三、调试

1. 调整探针与纹纸孔的位置

(1)松开纹纸传动轴结合件拔盘(0320)上的紧固螺钉,轻轻转动纹纸传动轴结合件,调整好纹纸孔与探针的前后位置,使探针前后位于纹孔中央(图10-5)。此时应确认调节架滚子应在拔盘齿的凹部,然后再拧紧紧固螺钉。

(2)松开纹纸传动轴结合件紧圈上的紧固螺钉,左右调整好纹纸上的孔与探针在左右位置,使探针左右位于纹孔中央(图10-6)。此时,小墙板的内侧与紧圈的间隙应为0.1~0.2mm。

(3)检查纹纸垫轮(0316)是否挡住纹孔,若挡住,取下纹纸,重新固定纹纸垫轮。

2. 探针与纹纸间隙的调整　安装在横针压板摆杆(0328、0329)上的滚子在拉簧(0338)的作用下,压紧在分度凸轮(0306)上,转动分度凸轮,使滚子的工作动程处于最大,此时探针脱离纹纸,探针脱离纹纸的间隙是通过调节横针压板连接体(0373)来达到。间隙范围应为

1.5~3mm,并且要求左右一致(图10-7)。此时拧紧横针压板连接体及横针压板摆杆紧固螺丝。如果间隙过小,探针会与纹纸摩擦,导致纹纸损坏或探针弯曲;如果间隙过大,横针可能与推针板相碰,影响推针板正常运动。

图10-5 调纹纸与探针前后居中

图10-6 调纹纸与探针左右居中

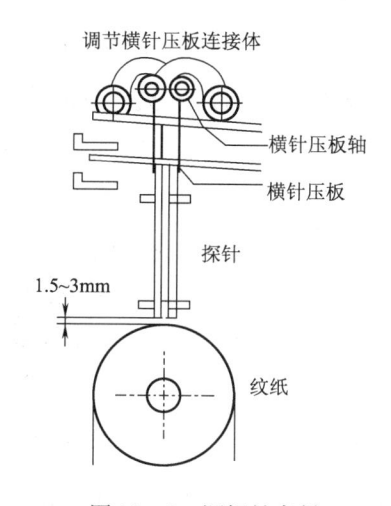

图10-7 调探针高低

注:如果分度凸轮不在最大半径处调节,设备运行后,横针和推针板相碰,导致推针板不能运动,从而影响提综的顺利进行。

3. **拔销与拔盘齿顶的间隙调整** 转动分度凸轮(0306),调整调节架(0333)凸轮滚子(0331)的位置,使分度凸轮的拔销(0307)在将要进入拔盘(0320)齿顶和要脱开齿顶两种位置时,拔销与拔盘齿顶的间隙尺寸基本一致。如果间隙不一致时,移动凸轮滚子(0331)在调节架上的机内外位置,进入间隙大,凸轮滚子(0331)向机内移动;反之,则向机外移动(图10-8)。

注意:调节架调好后,应重新调整纹纸孔和探针的中心位置,此时不要再动调节架凸轮滚子。

4. **安装信号齿轮(0212)**

(1)正转多臂开口机构链轮,使上拉刀(0111)退至最后位置。

(2)转动信号轴(图10-9),使上拉钩被顶起达到最高位置后,倒转信号轴使上拉钩稍稍回落。

(3)套上信号齿轮,紧上螺丝。

注意:安装信号齿轮时,信号轴的横动在0.2mm左右。

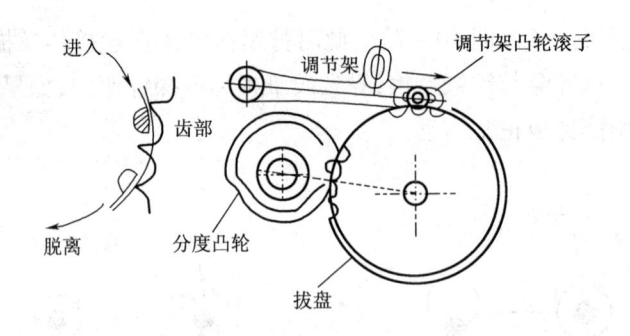

图 10-8 调整调节架齿轮滚子前后位置

5. 调整分度凸轮

(1) 正向转动多臂开口机构链轮,使上下拉刀外侧面相互垂直。

(2) 调整分度凸轮,使分度凸轮轴心线、拔销、拔盘轴心线三点共线,紧上分度凸轮螺丝钉以固定分度凸轮(图 10-10)。

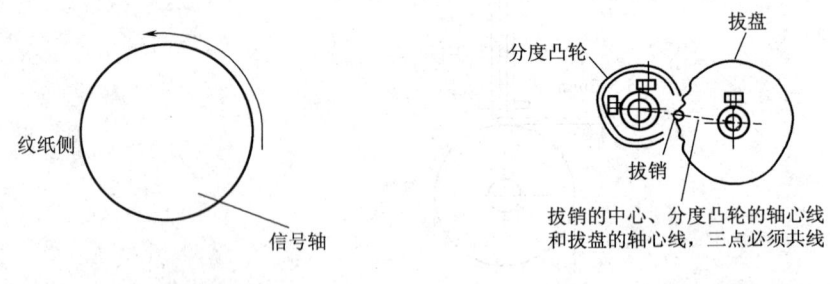

图 10-9　信号轴旋转方向

图 10-10　固定分度凸轮

6. 开口时间的调节　用手转动织机手轮,使多臂装置的上、下拉刀外侧面处于同一铅垂线上,此时多臂装置位于综平位置。松开多臂装置传动链轮上的固定螺钉,转动织机手轮,使织机处于综平位置,然后紧固多臂装置传动链轮的紧固螺钉,使多臂装置与织机同时处于综平位置,达到织机和多臂装置开口时间同步的要求。

实训二十　GA747 型剑杆织机传剑部分

GA747 型剑杆织机引纬是由送纬剑和接纬剑在 180°中央交接完成的。

一、拆车

(1) 松开传剑轮(26126)上的 5 只螺丝,取下剑头剑带(2610)。

(2) 松开护带管(2611)上的螺丝,取下导向块(2633)、护带管,取下传剑轮。

(3) 松开引纬连杆(2694)和扇形轮(2682)结合件,拆下传剑箱托脚(2680),拆下传剑箱。

(4)拆下扇形轮(2682)和托脚(2688、2689)结合件。

二、装车

(1)装上扇形轮(2682)和托脚(2688、2689)结合件,注意托脚与摇轴(3117)托脚之间不能有间隙。

(2)装上引纬连杆(2694)和扇形轮(2682)结合件,注意结合件不能与扇形轮外表面有间隙。

(3)装上传剑箱,注意传剑箱螺丝不要与扇形轮摩擦,调节扇形轮偏心轴,使传剑箱与扇形轮二八搭齿,固定偏心轴螺丝。装上传剑箱托架。装上传剑箱托架时注意必须先拧紧上面的螺丝,再拧下面的螺丝。

(4)装上护带管(2611),注意护带管下端要套入摇轴上的护管夹箍(2615)。

(5)套上传剑轮(26126),螺丝不要拧紧。

(6)装入剑带时,必须将剑头装置最外侧,以防在操作过程中损坏剑头、剑带。

三、调试

(1)将弯轴(3126)转至75°。再将送纬剑剑头(6680)拉至布的废边,接纬剑剑头(6470)拉至布的绞边,必须拧紧传剑轮(26126)上的螺丝。

(2)将弯轴转至180°,调送纬剑剑头至内侧第一块轨道片距离为13.5cm左右,调接纬剑剑头至内侧第一块轨道片距离为12.5cm左右,此时交接剑呈"人"字形,若不正确,可调引纬连杆与扇形轮的结合件的上下位置。如果剑头距第一块轨道片距离偏大,则将结合点往上移动;反之,则往下移动。

(3)再将弯轴转至75°,复查送纬剑剑头是否对准布的废边,接纬剑剑头是否对准布的绞边,误差应在2cm以内,否则按上述步骤重新校正,再转至180°,检查"人"字形交接,直至符合要求。

(4)紧上传剑轮(26126)上的所有螺丝。

四、交接剑同步调节

一般情况下,交接剑动作是同步的,一旦出现交接剑不同步情况时,请按以下步骤进行调节。

1. 有零度齿轮的调节方法

(1)将弯轴转至180°,打开电源开关,让制动器吸合,然后同时松开两侧零度齿轮上的固定螺丝。

(2)将两侧扇形轮(2682)拉至最机前位置。

(3)拧紧两侧零度齿轮上的固定螺丝。

2. 无零度齿轮的调节方法

(1)将弯轴转至180°,打开电源开关,让制动器吸合。

(2)松开两侧引纬连杆(2694)和中心轴的固定螺丝。
(3)将两侧扇形轮(2682)拉至最机前位置。
(4)拧紧两侧引纬连杆(2694)和中心轴的固定螺丝。

实训二十一　GA747型剑杆织机卷取部分

卷取部分采用蜗轮式间隙卷取机构。装在筘座脚上卷曲摆动脚(5111)往复运动,使卷取摆动杆(5112)往复摆动,通过连杆传动卷取撑头杆,卷取撑头(5109)便撑动纬密齿轮,再经与纬密齿轮固装在同轴的蜗杆(5107)传动蜗轮(5106),蜗轮传动刺毛辊结合件(5100)齿轮。

一、拆车

(1)松开螺丝,取下手轮和纬密齿轮。
(2)松开撑头杆上的开口销,取下撑头(5109)。
(3)脱开摩擦钢带弹簧,松开蜗杆(5107)上的螺丝,取下蜗杆。
(4)松开刺毛辊托脚,抬下刺毛辊。
(5)松开卷取传动轴扭簧和两侧紧圈。
(6)松开卷取导钩螺丝,取下卷取导钩,松开齿条螺丝,取下齿条(5201)。

二、装车

(1)先装上一侧卷取导钩,套上卷取传动轴,再装另一侧卷取导钩,且卷取导钩要垂直。
(2)装上两侧直齿条(5201),紧固卷取传动轴扭簧紧圈。注意扭簧的左右旋向,并使两个扭簧的初始扭力基本一致。
(3)装上刺毛辊结合件(5100)。
(4)装上蜗杆,注意蜗轮与蜗杆的啮合间隙,使其二八搭齿。
(5)装上摩擦钢带弹簧、撑头(5109)和纬密齿轮,最后再装上手轮。
(6)调节撑齿数时,卷曲指往上移,撑齿数增加;卷曲指往下移,撑齿数减少。

三、纬密计算方法

$$英制纬密 = \frac{纬密齿轮齿数}{每纬撑取齿数} \times 3$$

$$公制纬密 = \frac{纬密齿轮齿数}{每纬撑取齿数} \times 1.178$$

注:撑取齿数:1~3齿;纬密齿轮齿数:36~70齿。

实训二十二　GA747型剑杆织机传动部分

织机电动机通电后,通过三角皮带带动皮带盘,使滑套在曲轴衬套上的皮带盘空转。当织机启动时,电气控制机构发出指令,使电磁离合器中的线圈通电,产生磁场,吸合衔铁,因衔铁通过3只铆钉与2只板簧固接,所以铆钉作轴向运转时,板簧受扭曲产生变形,向线圈方向鼓出。因为铆钉和转子接触面装有摩擦材料,所以转子靠摩擦被带动。转子再通过膨胀圈带动曲轴回转。

一、拆车

（1）拆下三角皮带轮罩壳后(0349),取下三角皮带。

（2）拆下三角皮带轮(0305)盖板(0306)上的3只螺丝,拆下三角皮带轮膨胀圈(0311、0312)上的6只螺丝,用3只较长的螺丝顶出膨胀圈,取下三角皮带轮(0305)。

（3）拆下离合器膨胀圈(0311、0312)上的螺丝,取下膨胀圈及电磁离合器一套。

（4）松开信号盘(0322A)上的紧固螺丝,取下信号盘一套。

（5）拆下霍尔传感器,再拆下弯轴支撑及小墙板。

（6）拆下齿轮罩壳后,再拆下平稳运动凸轮(0302)和大齿轮。

（7）拆下制动器。

二、装车

（1）装制动器,制动器与法兰盘(0314)的间隙为0.4~0.5mm,紧上制动器膨胀圈上的螺丝。制动器与法兰盘的间隙要均匀一致,不一致时,可在法兰盘与机架间垫铜片(0315、0316、0317)。接通电源,检查制动器是否吸合;切断电源,检查制动器是否脱开。4个摩擦面需清洗干净,绝对不能有任何油污。

（2）将弯轴转至180°,制动器通电,转主轴使送纬剑和接纬剑交接成"人"字形,套上大齿轮,并使平稳运动凸轮(0302)紧固螺丝与弯轴同向,上下两只大齿轮平齐,套上膨胀圈并拧紧螺丝,再装上平稳运动凸轮,最后装上大齿轮罩壳。注意:如果两只大齿轮对齿不准确,则送纬剑和接纬剑交接就会不在180°。

（3）装弯轴支撑及小墙板,要注意小墙板的位置要与先前位置相吻合,紧螺丝时要先紧轴衬套与小墙板之间的螺丝,后紧小墙板与机架间的螺丝,装上霍尔传感器。

（4）装编码盘(图10—11)时将弯轴转至0,套上编码盘,且霍尔传感器与编码盘0发信座一定要对齐,编码盘0发信座与霍尔传感器的间隙为2~3mm。最后拧紧螺丝。

（5）装电磁离合器时,电磁离合器与销钉轴肩处要留有2mm的间隙。

（6）装三角皮带轮(0305),且三角皮带轮(0305)与电磁离合器的间隙为0.4~0.5mm。

（7）将铜衬套、曲轴衬套外侧面平齐,装上曲轴衬套端盖。

（8）装上三角皮带和三角皮带罩壳(0349)。

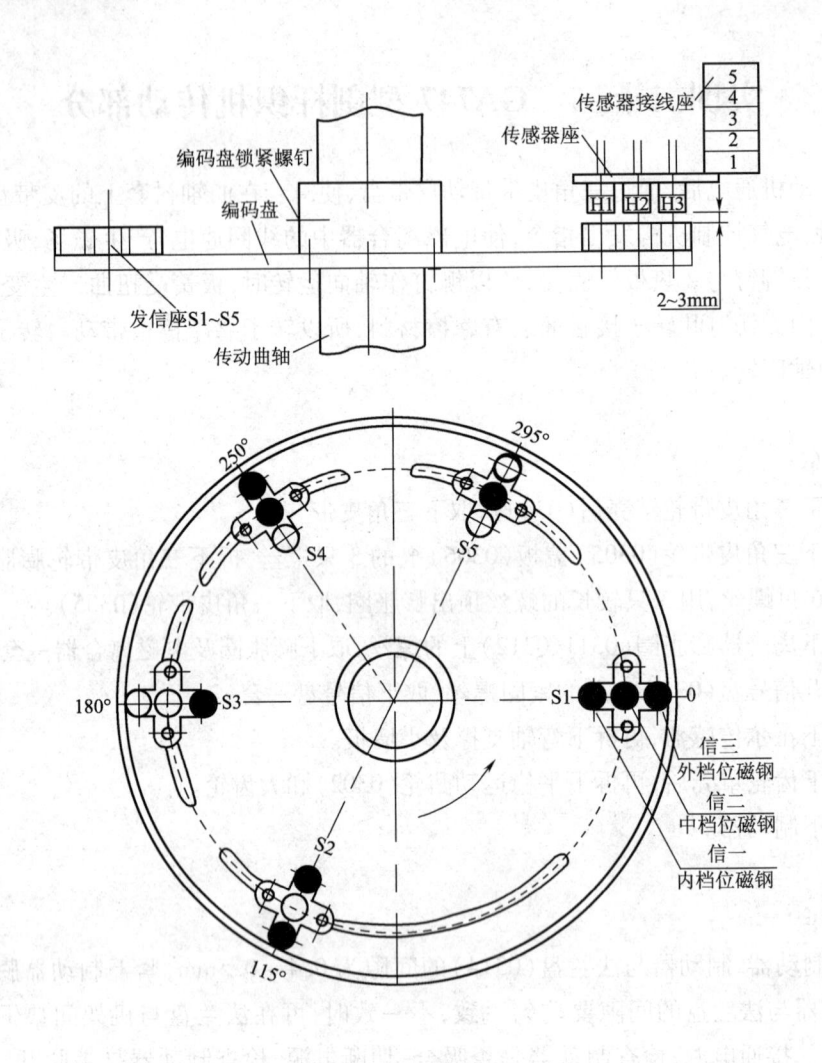

图 10–11 编码盘结构图

实训二十三　GA747 型剑杆织机剪切部分

固定在主轴上的链轮,经链条及活套在刺毛辊上的过桥双排链轮带动两纬剪凸轮。

(1) A 平面必须与纬剪凸轮(PAQ36113、PAQ36114)上紧固螺钉的中心线成 45°(图10–12),且每片纬剪凸轮必须与其对应接触转子对齐。如果不成 45°,则在调节剪切动作同步时,操作不方便。

(2) 将两纬剪凸轮上的紧固螺钉两两对齐排列,并且检查剪刀在剪切时的闭合情况,即上下刀刃作同步移动(各为 2.5mm 的动程),一般新的纬剪凸轮能够保证剪切动作同步,随着纬剪凸轮的磨损,剪切动作会逐渐不同步;如果

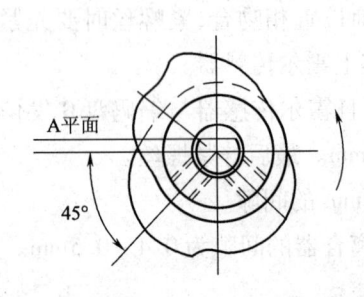

图 10–12　安装纬剪凸轮

剪切动作不同步,可转动任意一个纬剪凸轮,但每次必须按照同一方向轻微转动,直到剪切动作同步。

(3)在剪切过程中,两刀片表面之间不允许有退让,可通过螺钉来调节。两刀片之间的空隙距离一般为 0~1mm,可通过螺钉调节。

(4)调整剪切时间时,应将送纬剑送纬纱至梭口,且纬纱与织口成 45°~75°时,剪断纬纱。如果剪切时间太早,则纬纱易在送纬剑上滑脱;再如剪切时间过迟,则纬纱易被拉断。

实训二十四　GA747型剑杆织机选纬部分

一、拆车

(1)拆下选纬箱罩壳(2947)。
(2)拆下滑轮结合件(2900—23)。
(3)脱开钢丝绳与拉钩的连接,然后再脱开导纱推杆摆座(2900—1)的连接。
(4)拆下选纬箱盖板(2948)。
(5)用卡钳松开卡簧,脱开选纬杆组合件与摆臂结合件(2900—21)的连接。
(6)取下摆臂结合件弹簧。
(7)拆下选纬箱托脚。
(8)松开导纱推杆摆座(2900—1)的螺丝,取下导纱推杆摆座。

二、装车

(1)装上导纱推杆摆座(2900—1)一套。
(2)装上选纬箱托脚。
(3)挂上摆臂结合件的弹簧。
(4)套上选纬杆组合件与摆臂结合件,用卡簧固定。
(5)装上钢丝绳,下端与导纱推杆摆座连接,上端挂在拉钩上。
(6)装上选纬箱盖板(2948)。
(7)装上滑轮结合件(2900—23)一套。
(8)装上选纬箱罩壳(2947)。

三、调试

(1)选色杆组件(2900—7)工作时间的调整一般以弯轴位于 35°~40°,抽拉连接绳,一直拉至使选色杆组件伸足被阻后,再稍拉一些,并紧钢丝绳连接钩的螺帽。

(2)选色杆组件伸足时,头部的瓷圈与摆动之中的筘座上的剑带导轨面有 2mm 间隔。如果距离偏大,纬纱不能进入送纬剑钳口,导致引纬失败;距离偏小,纬纱不但不能进入送纬剑钳口,而且会损坏送纬剑剑头(6680)。

(3)相邻选色杆组件的瓷圈前后位置应相差半个孔以上。如果前后位置相差太小,相邻选色杆组件上下运动时,纬纱会相互摩擦,导致纬纱松弛,纬纱不能准确进入送纬剑钳口而停车。

(4)导向块的角度位置应调整到保证使纬纱能顺利滑入送纬剑剑头。

实训二十五　天马剑杆织机前调试实训

(1)根据公式计算出钢筘长度。

左边20(mm)+上机筘幅(mm)+右边30(mm)=钢筘长度(mm)

(2)使用大于8mm的废钢筘固定于已确定的位置筘座两侧。

注意:钢筘要居中安装(筘座中心的位置)(图10-13),且钢筘两侧距筘座两端距离 a 要相等。

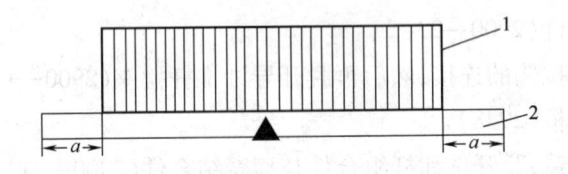

图10-13　钢筘位置调节

1—钢筘　2—筘座

(3)安装钢筘之前应选择好走剑板的前后导钩位置。

①钢筘左侧:前后导钩捕伸出筘端,又不得伸进大于25mm。

②钢筘右侧:后排第一个导钩应距筘边36~60mm,前排第一个导钩不能伸出筘端,又不得伸进大于25mm。

注意:固定两侧废钢筘(或上轴后固定钢筘)时,必须使用力矩扳手,且力大小为4.9N。

(4)安装侧导轨时,应距离钢筘或钢筘3mm。侧导轨中间如安装短导轨,则应保证左、右间距一致,并锁紧螺丝。

(5)利用定规检查侧导轨与导钩之间的位置。

①前后位置应居中,钢筘在最后位置时,伸出定规仔细观察其是否在两排导钩居中位置。

②侧导轨与导钩的高低位置,应使用测距片,伸出定规,用手轻压定规,导钩与定规之间的间隙为0.1~0.2mm,300mm处为0.1~0.2mm。

(6)在左侧边撑架上安装导纱钩。

(7)左侧导纱钩要求距筘边部1mm。

(8)调整积极式剪刀的剪纱程度,两刀片之间间隙为0.7~0.8mm。

(9)选纬器积极式剪刀侧距离导纱钩1mm。

(10)将织机转至315°,选纬器的刻度对准0°,锁紧螺丝。

(11)在调整两侧边撑托板时,里侧16mm(沿托板边缘测量与托布架之间的距离);外侧放到最低点。

(12)安装剑头和剑带之前要对剑头底板和剑带进行打磨,以保持光滑,并对剑头活动部件加少许稀黄油或少许机油。

(13)对齿形盘螺丝加黄油,齿形盘固定夹块螺丝左右都一致在下面,这样拧起来比较方便一些。

(14)把织机转到180°,左侧剑头超过中心标志40mm,固定之前把紧圈位置按上面说明确定好,来回往复拉动剑头,使剑带与齿形盘自然保持平行,然后固定。

(15)调整右侧开夹器挡板,应用千分尺的精准度在10丝以内。

(16)右侧剑头拉到中心,并在左剑头上放置一根纱,使纬纱能顺利进入右侧剑头槽里,达到顺利交接的目的,且在固定之前要对剑带进行来回拉动,使剑带与齿形盘自然保持平行,然后固定。

(17)织机反转至64°,调整左侧剑头动程,使左侧剑头尖部与钢筘边缘对齐;织机反转至57°,调整右侧剑头动程,使右侧剑头尖部对准钢筘边缘,最后固定动程螺丝。

(18)织机正转一圈,检查右侧剑头是否碰钢筘,如果碰钢筘,则可做一些调整。

(19)将织机转至180°,锁紧两侧动程曲拐螺丝。

(20)将织机转至350°,安装并调整左侧吸风装置,距剑头尖15mm,并调整开夹高度,推纬杆抬起0.5~0.7mm。

(21)固定右侧边撑托架,边撑托架与钢筘边端对齐,然后固定螺丝。

(22)调整边剪(两侧)的剪纱情况。

(23)右侧吸风装置在托布架边缘上定位,且注意要使其不能碰到钢筘。

(24)安装织边装置时,应根据工艺要求或品种来调整两侧织边的综平位置。

实训二十六 天马剑杆织机后调试实训

(1)后梁水平与垂直位置:应根据织物品种的不同,适当选择。

(2)后梁弹簧位置与弹性度:弹簧圈数为6~8圈,螺距为50~70mm。

(3)选择织机的综平时间:牛仔布(较重的棉、麻织物)为305°~320°,一般棉织物为310°~320°,长丝化纤织物为330°~340°。

(4)调整织机的开口动程。

(5)调整经停架的水平、垂直位置。

实训二十七 喷气织机人机界面操作实训

以GA708型、GA718型喷气织机为例。

一、上机后启动准备——张力校零

每次上机以后,对张力传感器进行校零处理,以保证上机张力参数的准确性。

(1)在显示屏上按下上机操作键盘,显示上机操作界面,如图10-14和图10-15所示。

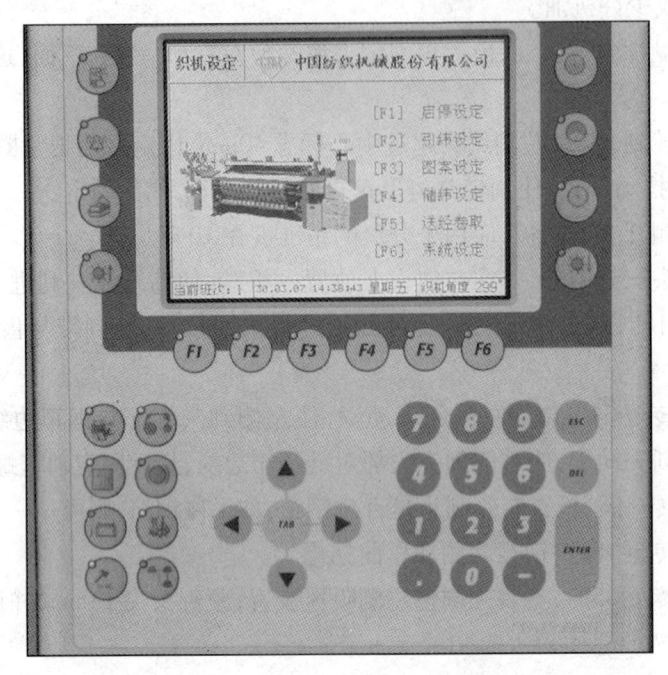

图10-14 GA708/718型喷气织机设定菜单

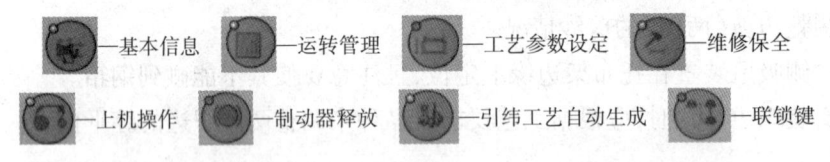

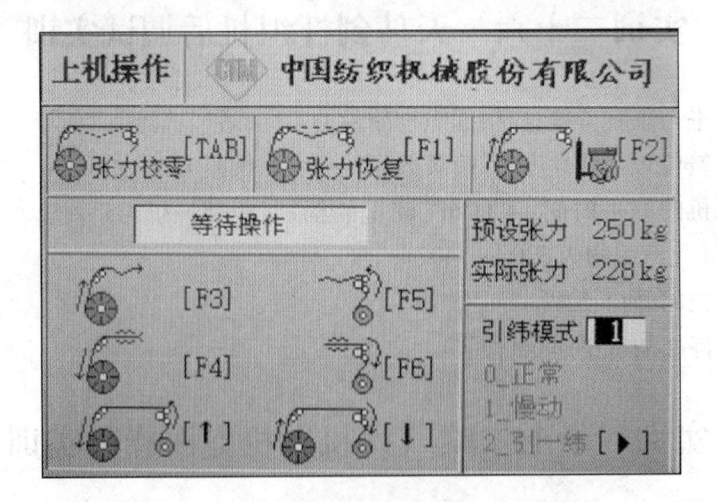

—基本信息 —运转管理 —工艺参数设定 —维修保全
—上机操作 —制动器释放 —引纬工艺自动生成 —联锁键

图10-15 上机操作界面

(2)同时按住联锁键和F3,放松经纱,待经纱张力完全放松后,同时按下联锁键和TAB键,张力传感器归零,同时显示屏上显示张力为零。

二、张力恢复操作

同时按住联锁键和 F1 键,送经轴缓缓倒转,经纱张力逐步增加,直至到预设张力,送经机构自动停止。

三、其他按键功能

(1)同时按下联锁键和 F2 键(仅对机械式卷取),手摇卷取机构卷取手轮,卷取的同时,送经机构同步送经。

(2)同时按下联锁键和 F3 键,电子送经机构缓缓放出经纱。

(3)同时按下联锁键和 F4 键,电子送经机构缓缓卷紧经纱。

(4)同时按下联锁键和 F5 键,电子卷取机构缓缓倒卷,放松布面。

(5)同时按下联锁键和 F6 键,电子卷取机构缓缓卷紧布面。

(6)同时按下联锁键和↑键,电子卷取、送经机构同步缓缓后移布面。

(7)同时按下联锁键和↓键,电子卷取、送经机构同步缓缓前移布面。

(8)引纬模式。引纬模式有 3 个选项,0、1、2,其中 0 为正常生产状态,1 为开慢车时的引纬模式,2 为引一纬模式。

四、张力设定操作

(1)按下显示盘上织机工艺参数设定按钮,显示屏显示织机设定菜单,如图 10 - 14 所示。

(2)根据织机设定屏幕的提示,按下 F5 键,显示送经卷取设定,如图 10 - 16 所示。

图 10 - 16 送经卷取(1)设定界面

(3)送经卷取设定界面,显示张力设定,根据经纱张力设定公式的计算结果,输入预设张力、张力上限、张力下限和纬纱密度。张力上限、张力下限根据织物品种确定,预设张力根据经纱张力设定公式的计算结果确定。

(4)纬纱密度可同时输入8种纬密,同时按联锁按钮和F2键,织制同一品种时可实现变纬密织造。

(5)同时按联锁按钮和F6键,可实现公制、英制经密的相互转换。

(6)织造时,当由于某种原因使上机张力超过预设张力上限或张力下限时,织机会自动停机,等解除张力报警时,方可继续织造。

五、引纬工艺参数的调整
(一)引纬工艺参数的人为调整
(1)按显示屏上织机工艺参数设定按钮,显示屏显示织机设定菜单。如图10-14所示。

(2)根据织机设定屏幕的提示,按下F2键,显示引纬设定(1)界面,如图10-17所示。

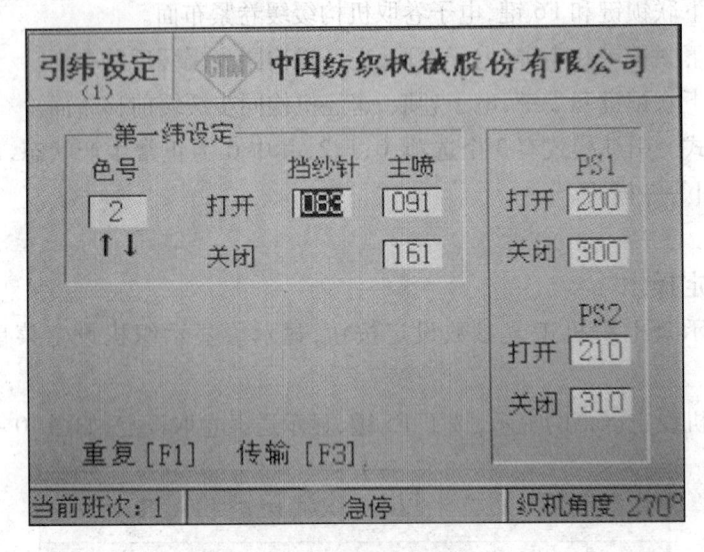

图10-17 引纬设定(1)界面

(3)引纬设定(1)界面为第一纬设定,需要输入挡纱针、主喷、短纬检测和长纬检测的角度。第一纬织造时,由于织机还没有达到正常的运转速度要求,因此,挡纱针、主喷的电磁阀的设定时间应比正常运转时稍晚些,一般情况下可晚10°左右。PS1为短纬检测时间,PS2为长纬检测时间,这两个参数一般情况下不需要调节。

(4)按下TAB键,显示引纬设定(2)界面,如图10-18所示,根据显示屏显示,输入挡纱针、主喷、增压喷、辅喷等喷射角度。这些角度可根据前述计算的结果输入,也可根据经验数据输入。

(5)启动织机,观察引纬设定(3)界面,即纬纱到达角,如图10-19所示。

(6)根据纬纱到达角的角度,可重新调整挡纱针、主喷、辅喷的喷射角度。

(7)根据纬纱到达角的角度及布面状况,可重新调整主喷、辅喷的压力。如纬纱到达比较早,可调小主喷、辅喷压力。如纬纱到达晚,可调高主喷、辅喷压力。需要注意的是:一般情况下,辅喷压力=主喷压力+$(0.5 \sim 1.5 kg/cm^2)$。

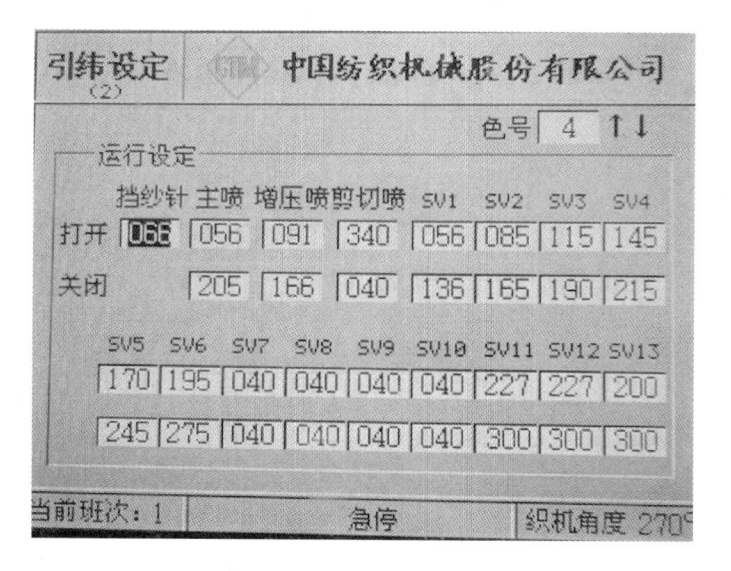

图 10-18 引纬设定(2)界面

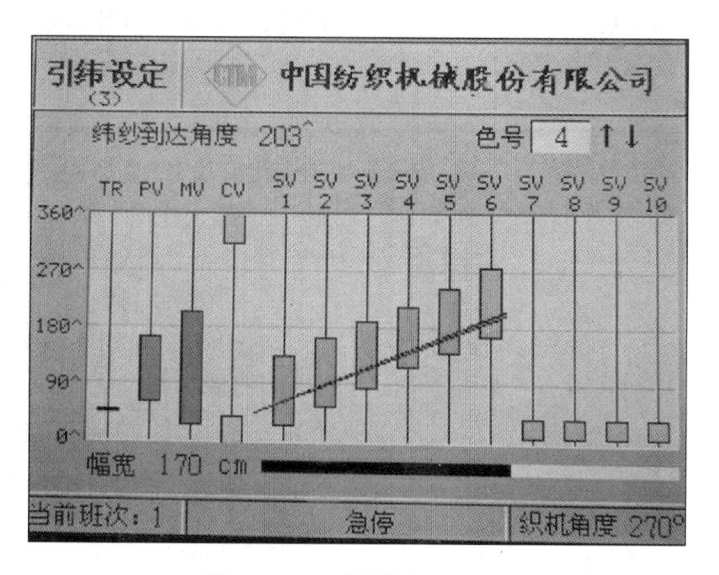

图 10-19 引纬设定(3)界面

(8)按下 TAB 键(连按两次),显示引纬设定(5)界面,即慢引纬设定,如图 10-20 所示。慢引纬设定比较简单,一般情况下,挡纱针的释放角度、主喷和辅喷等始喷角度都为 180°,电磁阀关闭时间一般为 200°。

(二)引纬工艺参数的自动生成

对于很多初学者来说,由于没有实际生产经验,不知道喷气引纬工艺参数设定的基本原则和工艺参数设定的基本范围,很多人不知道如何着手调整,为此 GA708 型、GA718 型喷气织机提供了一套引纬工艺参数自动生成的系统,下面介绍引纬工艺参数自动生成系统的使用方法。

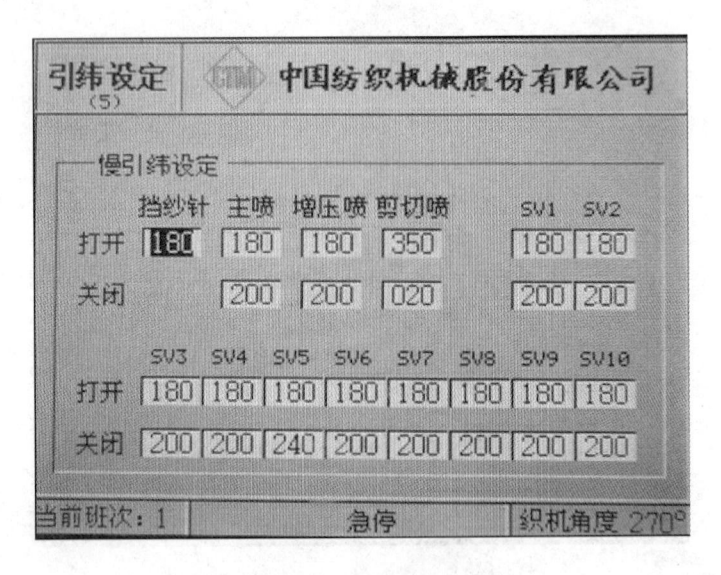

图 10-20　引纬设定(5)界面

(1)按显示屏上的纬纱引纬工艺参数自动生成键,显示屏显示纬纱条件菜单,如图 10-21 所示。

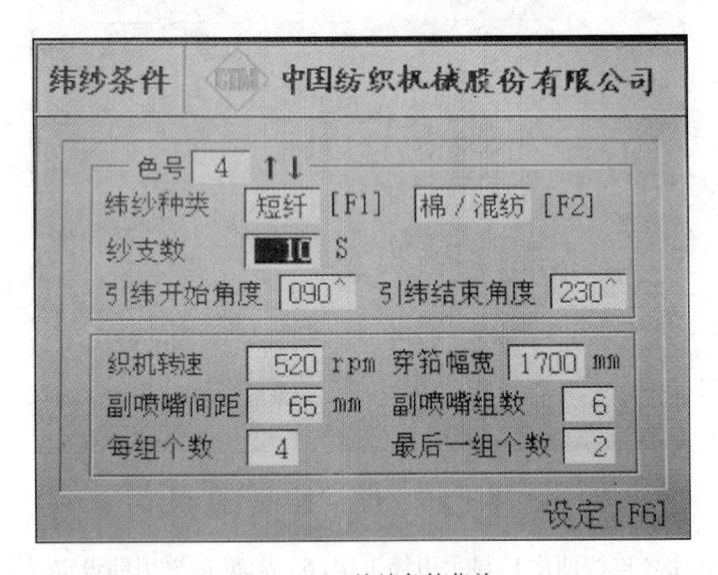

图 10-21　纬纱条件菜单

(2)按照纬纱条件显示菜单显示的内容,逐步选定纬纱的种类、纤维原料的种类,逐个输入纬纱的支数、引纬开始的角度、引纬结束的角度、织机的转速、穿筘幅宽、辅喷间距、辅喷组数、每组个数等数据。

(3)上述数据输入或选定后,同时按联锁键和 F6,喷气引纬工艺参数即能自动生成。

(4)前述引纬开始角度一般为 80~90°之间,引纬结束角度一般为 230~240°之间,织机转速在显示屏上的基本信息栏会自动显示,如图 10-22 所示。

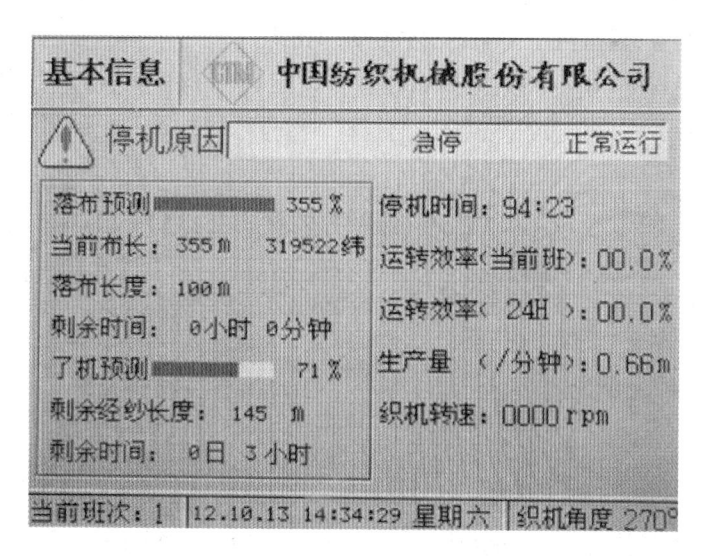

图10-22 基本信息界面

(5)引纬工艺参数自动生成后,启动织机,回到织机引纬设定(3)界面,观察纬纱到达角。

(6)根据纬纱到达角,重新调整挡纱针、主喷、辅喷工艺参数。

六、图案设定

(1)按显示屏上织机工艺参数设定按钮,显示屏显示织机设定菜单。

(2)根据织机设定屏幕的提示,按下F3键,显示图案设定(1)界面,如图10-23所示。

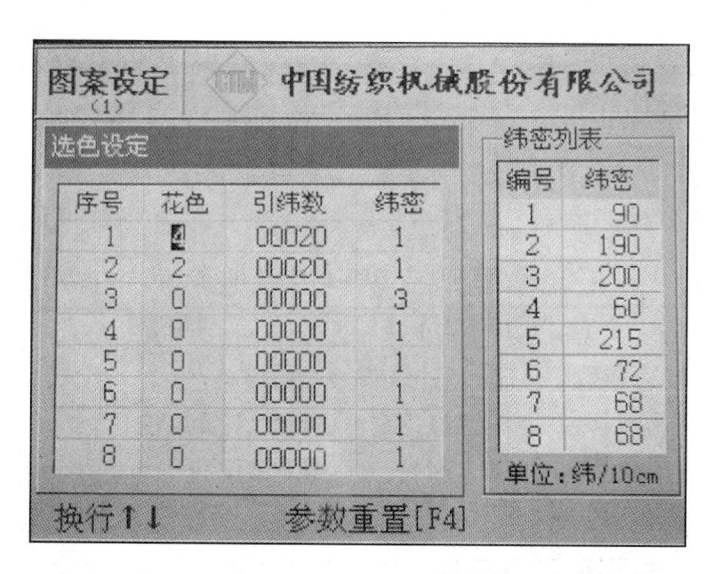

图10-23 图案设定(1)界面

(3)图案设定(1)界面为纬纱选色设定,输入主喷的编号。引纬数及选用何种纬密(纬密在第一节张力设定时已经输入。此处主要是根据张力设定时输入的8种纬密,选定此时应使用的纬密的编号,只有电子多臂时,才可变纬密织造)。

(4)按两次 TAB 键,显示图案设定(3)多臂设定(开口机构为多臂机构时),输入纹板图,如图 10-24 所示。

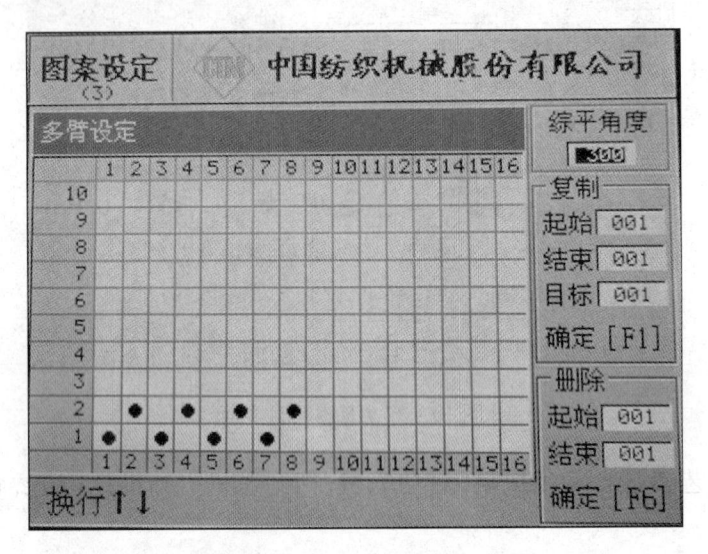

图 10-24 图案设定(3)界面

七、储纬设定

(1)按显示屏上织机工艺参数设定按钮,显示屏显示织机设定菜单。

(2)根据织机设定屏幕的提示,按下 F4 键,显示储纬设定(1)界面,如图 10-25 所示。

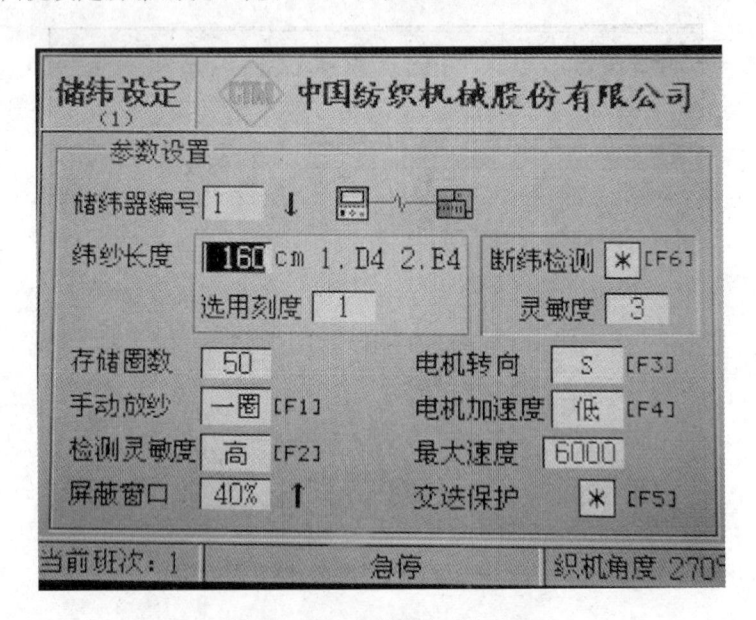

图 10-25 储纬设定(1)界面

(3)用↑键、↓键选定储纬器。
(4)输入纬纱长度,纬纱长度输入后,显示屏会自动显示储纬器储纱鼓应调节到的位置。
(5)根据显示的储纱鼓直径的调节位置,调节储纱鼓的直径。
(6)输入储纬器储纱的圈数、选定纱线的捻向,手动放松的圈数。
(7)启动织机,观察右边纬纱的长度,右侧纬纱被废边夹住后,纱尾应余1~3cm,余纱多时,浪费原料,余纱少时,右侧布边易产生纬缩或边百脚。如长度不合适,重新微调储纱鼓的直径,再开车观察,至合适为止。

实训二十八　喷气织机上机工艺参数设定

一、经纱张力的设定

(1)经纱张力设定范围一般为:
标准织物:30~300kg。
厚重织物:30~500kg。
(2)经纱张力目标值的设定可用下列公式计算:

$$T_e = \frac{W}{N_e} \cdot C$$

式中:T_e——经纱张力,kg;
　　　W——经纱总根数;
　　　N_e——经纱支数,英支;
　　　C——系数。

表10–1　上机张力C系数选用(短纤维纱)

织物组织	纱支N_e范围	C
平纹	—	1.0
经面织物	10	0.9
	>10	0.6
纬面织物	<10	0.7
	10~20	0.9
	>20	1.0

二、织机的平稳定时

1. 织机平稳定时参数的设定

(1)积极平稳运动是在经纱开口时A和闭口时B所发生的纱纱张力差异使张力辊积极的运动进行修正的装置,如图10–26所示。

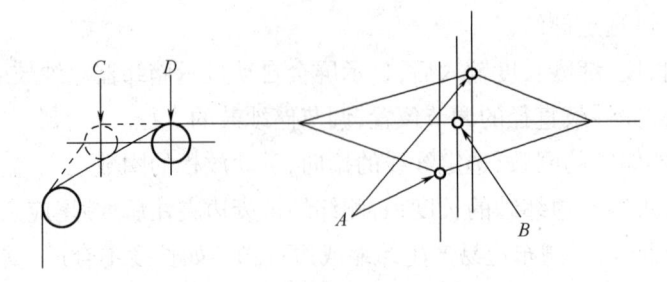

图 10-26 织机平稳定时示意图

C 为经纱闭口时张力辊的位置;D 为经纱开口时张力辊的位置。

(2)对于各种织物组织,开口平稳定时的标准见表 10-2。

表 10-2 开口平稳定时的标准

织物组织	综框号码	开口定时(°)	平稳定时(°)	
平纹中薄织物	1、2	310	标准 290	质地优先时 270
	3、4	290	标准 290	入纬优先时 310
斜纹 $\frac{2}{1}$	1、2	290	290	
斜纹 $\frac{2}{2}$	1、3			
斜纹 $\frac{3}{2}$	1、2			
缎纹	1、3			

对于平纹高密织物,也有使用下列设定的情形(表 10-3)。

表 10-3 高密平纹织物开口平稳定时的标准

综框号码	开口定时(°)	平稳定时角度(°)	
1、2	300	标准 310	质地优先时 270
3、4	320		入纬优先时 320

注 停经片偏转多的场合或者打纬特别困难时,请使用比标准平稳定时大的角度。

经纱断头多的场合或者质地不好时,使用比标准定时小的角度。

2.平稳定时的调节

平稳定时的调节如图 10-27 所示,调试步骤如下。

(1)将织机停止,取下右侧罩壳,急停按钮锁住。

(2)套上旋转手轮,右手急停行程开关,左手按一下制动器释放按钮,将织机手动旋转,使盖子 1 的隔距孔 1a 与支架 2 的隔距孔 2a 重合。

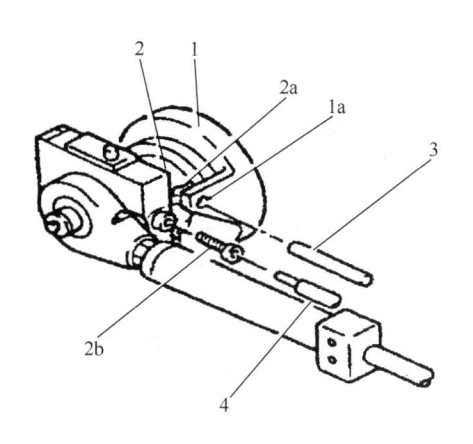

图10-27 平稳定时机构
1—盖子 2—支架 1a—盖子隔距孔 2a—支架隔距孔
2b—固定螺钉 3—停止销 4—专用工具

(3) 将工具停止销 3 从已经重合的孔中插入，注意左右必须同时进行。

(4) 将支架 2 的固定螺钉 2b 左右一起使用工具 4 松开。

(5) 将织机用手动旋转，对比前面设定的角度调整到所定的角度上。

(6) 将支架 2 的固定螺钉 2b 左右一起使用工具 4 紧固。

(7) 取出左右停止销 3，恢复到原状。

3. 平稳量的调节

平稳量调节参数设定。对于不同组织，开口角的平稳量与平稳杆的安装位置的标准通用如下。

按照织物，亦可参照表 10-4 调整，平稳量的调节如图 10-28 所示。

表10-4 平稳量调节对照表

开口角（度）	平纹组织		斜纹、缎纹组织
	A	B	
26	4	2	1
28	5	4	
30	5	4	
32	8	6	
34	8	6	
36	10	8	

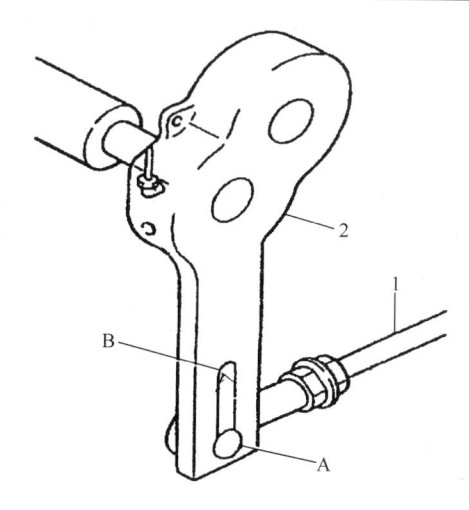

图10-28 平稳量调节装置
1—平稳杆 2—平稳杠杆 A—安装长孔上部 B—安装长孔下部

三、经位置线的调节

1. 后梁高度的调节

（1）后梁支架高度的设定。后梁支架的高度标准选用见表10-5。

表10-5　后梁支架的高度参考标准

织物组织	后梁支架的刻度
平纹织物、斜纹 $\frac{2}{2}$	0
经面斜纹、缎纹	+1
纬面斜纹、缎纹	-2
多臂	0

（2）后梁的高度调节如图10-29所示。

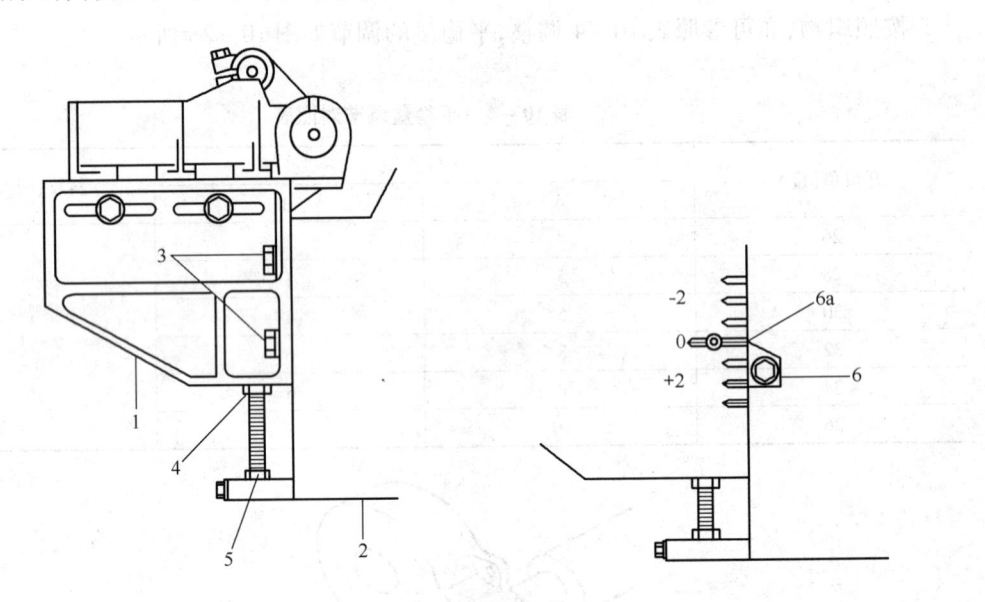

图10-29　后梁的高度调节

1—后梁支架　2—机架　3—螺栓　4—螺母　5—螺栓　6—刻度板　6a—刻度

①将后梁支架1紧固在机架2上的螺栓3,左右都要松开。

②将螺母4,左右都松开,旋转调节螺栓5,使后梁支架1上的刻度（设定的刻度）与刻度板6的重合位置6a相重合。

③将坚固螺栓3左右都紧固。

④将螺母4左右都紧固。

注意,左右后梁支架1的高度必须要在同一高度上。

2. 后梁前后调节　对于不同织物,后梁支架前后位置的设定标准见表10-6。

表10-6 后梁支架前后位置的设定标准

织物	后梁杆支架刻度
平纹	2
斜纹、缎纹	3
小提花织物	5

四、开口时间的调整

开口时间调整方法如图10-30所示。

（1）用微动正转，使曲轴角度与综框的成量开口定时相吻合。

（2）将非常停止按钮锁住。

（3）松开定时皮带盘2固定在曲轴1上的螺栓3，一共4个。

（4）将非常停止上按钮的闭锁解除，同时按联锁装置、微动开关，将曲轴角度重新转到变更的角度上。

注意：变更曲轴角度时，曲轴1与定时皮带盘2一起旋转的时候，将定时皮带盘2用锤子敲打两三次。

（5）将非常停止按钮闭锁起来。

（6）将紧固螺栓3紧固。

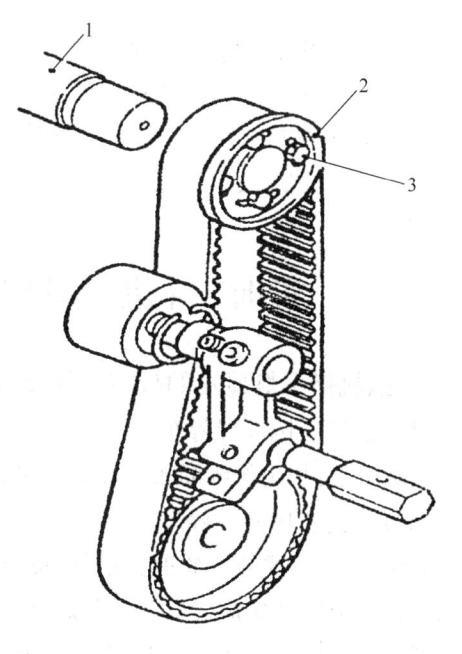

图10-30 开口时间的调节
1—曲轴 2—皮带盘 3—螺栓

思 考 题

1. 试述GA747型剑杆织机的安装原理与调试方法。
2. 天马剑杆织机的上机调试有哪些主要步骤？

第十一章 织机检修与操作实训

> **本章知识点**
> 1. 掌握 GA747 型剑杆织机维修与挡车操作要领。
> 2. 了解天马剑杆织机挡车操作要领。
> 3. 了解舒美特、斯密特、津田驹、毕加诺等织机重点检修内容。

实训二十九　GA747 型剑杆织机检修实训

一、织机指示灯显示的故障与处理方法

(1) 红灯亮：因断经停车。

处理方法：找出经纱断头后接好直接开车。

(2) 绿灯亮：因断纬停车。

处理方法：织平纹织物时，先拉清断纬，并将撑头扳起，把断纬处理好后按点动开关，使送纬剑将一根纬纱送进梭口，放下撑头后直接开车；织斜纹或提花织物时，先将撑头扳起，再将纹纸向后（逆时针）拨过 2 格，把断纬处理好并将活线打出后，将纬纱放进梭口一纬，放下撑头后直接开车。

(3) 黄灯亮：因储纬故障停车。

处理方法：接好纬纱或将储纬器张力瓷片内花毛清理干净后，先按电控箱上的停车按钮，再启动开关开车。

(4) 白灯亮：因电控箱故障自我保护停车。

处理方法：将电控箱电源关 10s 后再打开，白灯熄掉后直接开车。如白灯仍亮，就关车叫电工修理。

二、织机常见电气故障的检修

(一) 储纬器

1. 储纬器不工作

(1) 检查保险丝（FU1）是否完好，中间继电器（KA1）是否损坏（图 11-1）。

(2) 检查引线 23 与 28、24 与 29、25 与 30 之间接线是否脱落。

2. 储纬器纱线断但不关车

(1) 检查引线 26 与 31、22 与 27 之间接线是否脱落。

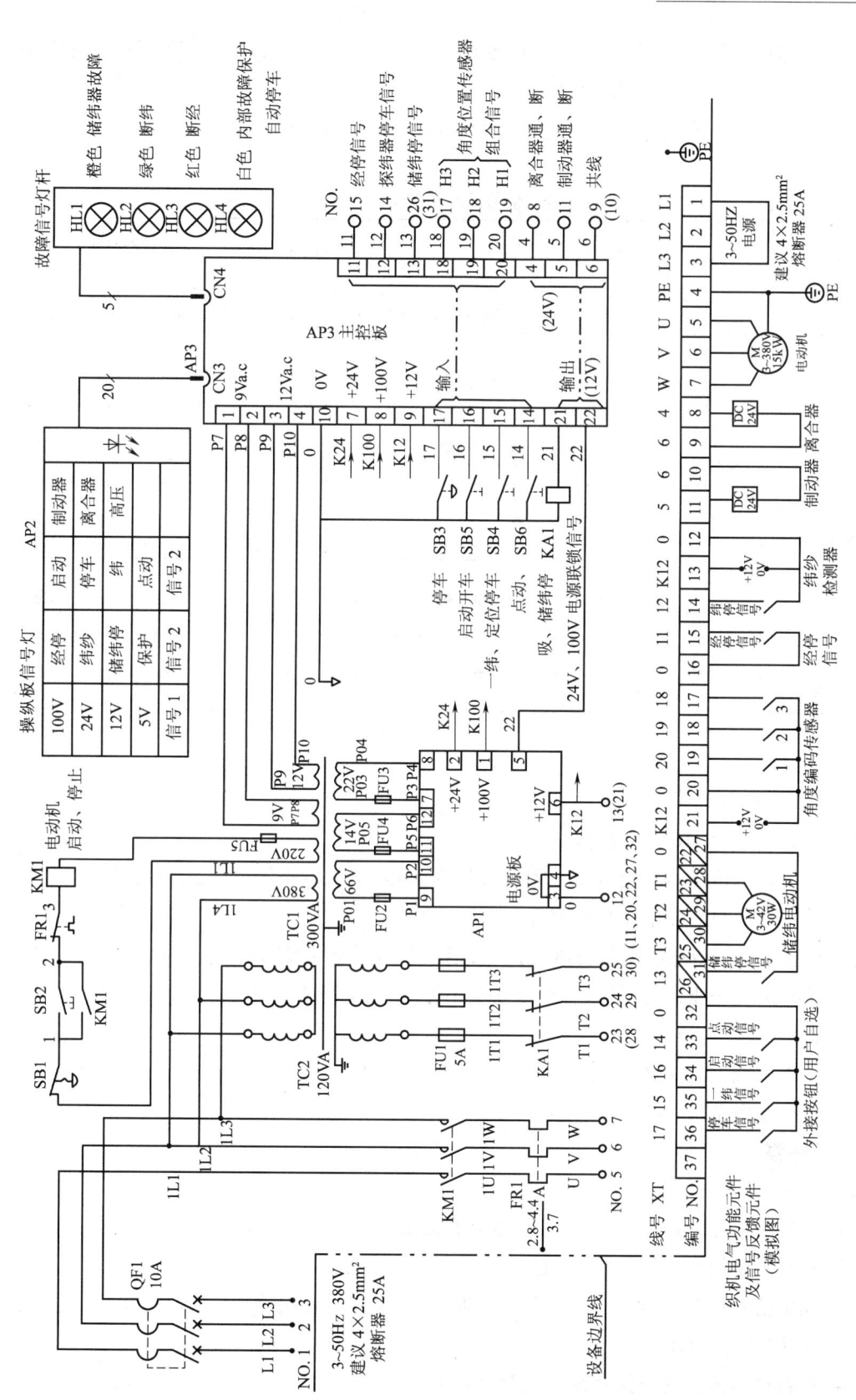

图 11-1 ZSHW-C 电控箱电路图

（2）检查霍尔传感器与信号盘之间位置是否正确（表 11-1），霍尔传感器是否损坏，霍尔传感器引线 17、18、19 是否脱落。

（3）储纬器纱线不断但停车时，应检查引线 26 与 31 之间是否短路。

表 11-1 信号盘及霍尔传感器角度

停车位及功能	织机刻度指标盘	发信座				编码信号			操纵面板发光二极管指示灯		
		编号	内信一	中信二	外信三	H1	H2	H3	信一	信二	信三
曲轴始心位（编码盘基准位）	0°	S1	●	●	●	○	○	○	亮	亮	亮
经停储纬停（平综位）	115°（发信位）	S2	●	○	●	○	❘	○	亮	熄	亮
其他（可不用）	180°	S3	●	○	○	○	❘	❘	亮	熄	熄
纬停（开口位）	250°（发信位）	S4	○	●	●	❘	○	○	熄	亮	亮
其他（可不用）	295°	S5	○	●	○	❘	○	❘	熄	亮	熄

（二）经停

1. 断经不停车

（1）检查引线 15、16 是否脱落。

（2）检查霍尔传感器与信号盘之间位置是否正确，霍尔传感器引线是否脱落，霍尔传感器是否损坏，检查 115°发信座是否损坏。

注意：如果霍尔传感器引线脱落或损坏，则整个机器都不能停车，包括停车按钮也失去作用；如果 115°发信座损坏，则只有经纱断头不停车，其他断头正常停车。

2. 经纱不断但停车

（1）检查引线 15、16 是否短路。

（2）检查经停架是否绝缘。

（三）纬停

1. 断纬不停车

（1）检查纬检器是否损坏，或其灵敏度是否太低。

（2）检查电脑板上回位拨码 K1 是否拨上。

（3）如果信号灯 1、信号灯 2、信号灯 3 都不亮，则需检查引线 17、18、19、20、21 是否脱线，霍尔传感器是否损坏。

（4）检查霍尔传感器与信号盘的位置是否正确。

(5)检查250°发信座是否损坏。

注意:如果霍尔传感器引线脱落或损坏,则整个机器都不能停车,包括停车按钮也失去作用;如果250°发信座损坏,则只有纬纱断头不停车,其他断头正常停车。

2. 纬纱不断但停车

(1)检查纬检器灵敏度是否太高,或其是否损坏。

(2)检查霍尔传感器其中一只是否损坏。

(四)白灯亮

(1)检查离合器、引线8与9、制动器引线10与11之间是否短路。

(2)离合器、制动器是否漏电。

三、织机常见机械故障的检修

(一)断经停车

(1)检查导轨片是否起毛,如果起毛则用砂皮擦去修复。

(2)检查剑带及剑头部件是否起毛、锐口,如果起毛、锐口则用砂皮修复。

(3)检查经纱的高低位置。

①剑带和剑头是否摩擦上、下层经纱。

②在织机转到180°,即弯轴到达后死心时,经纱是否与筘座相碰。

(4)检查经停装置:摆动杆是否与经停架两边相碰,弹簧是否松弛。

(二)断纬停车

(1)检查储纬器上是否缺纬,校正储纬器上纬纱的圈数。

(2)检查剑头夹持力是否适中。如果夹持力偏小,纱线会从钳口滑脱;如果夹持力过大,纱线不能深入钳口,同时也会滑脱。

(3)检查剑头的进剑时间与纬剪的剪切时间是否配合良好。如果剪切时间偏早,即纬纱在尚未完全进入送纬剑头钳口时已被切断,纬纱的断头处是光滑的,但是纬纱会滑脱在梭口内;如果剪切时间偏晚,纬线被拉断,断头处是不光滑的。最终要达到在进剑时间70°~75°时,进入组织边第一根纬纱被纬剪剪切。

(4)检查接纬剑退剑时间与平综时间是否配合良好(接纬剑退剑时间与平综时间基本一致,均为295°~320°,要在相应的角度使接纬剑剑头退到组织边第一根经纱)。如果退剑时间偏早,平综时间迟,右边的布边处产生纬缩;如果退剑时间偏晚,平综时间早,经纱会夹断纬纱。

(5)检查纬纱张力片是否适中。如果张力偏小,纬纱容易晃动,不易进入送纬剑钳口,也会造成送纬剑夹持力不足;如果张力偏大,纬纱容易被拉断。

(6)选色杆下落偏高、送纬剑剑头到达纬纱时,纬纱位于剑头上方无法进入钳口内,如果存在这样的问题,应调整选色杆的高低。相邻的选色杆的前后位置差异应在半个孔以上,若过小,在选色杆上下交替时,纬纱会相碰导致纬纱松弛或晃动,影响纬纱进入送纬剑钳口。

(7)检查送纬剑头是否变形,头部是否已经翘起。

(8)检查剑带是否严重磨损,使剑带与导轨片间隙过大,剑带运动不稳上下跳动。

(9)检查剑头夹纱弹力是否有不足或调节不当。再检查剑头进入梭口后,纬纱有无从钳口中滑脱现象(将织机转到送纬剑剑头刚进入梭口时,查看钳口中有无杂物,并用手拉纬纱)。如有容易滑脱现象,应调整钳口夹持力。

(10)检查送纬剑与接纬剑之间交接是否良好。将织机转动到180°位置,检查剑头位置是否正确,再用手拉动剑带检查其活动量。

(11)检查是否因为剑带导轨高低不平,使两侧接头时剑头跳动,造成交接剑失误。如果送纬剑剑带导轨磨损,接纬剑会从纬纱上面过去,从而导致接纬失误。

(12)检查是否因传剑轮与剑带孔眼严重磨损,导致剑头位置不稳交接不良。

(13)检查是否因为钳口磨损,使纬纱在钳口滑落。

(14)检查接纬剑钳口内是否留有纬纱,导致再次引纬时,不能将新纱头夹牢而滑脱。

(15)检查是否产生布面半幅或全幅双纬。布面半幅或全幅双纬产生的原因如下。

①剪刀不锋利致使纬纱拉断。一般剪刀磨钝后,应拆下来修理或更新刀片。

②送纬剑钳得太紧或纬纱在夹纱弹簧里钳得太靠里,接纬剑不能超过纬纱而引起交接失误。

③剪切时间不对,纬纱被送纬剑拉进梭口。

(16)检查接纬剑是否偏低,此种现象的校正方法是将接纬剑剑头前段垫纸加以校正。

(17)检查两剑在当中交接时间动程是否一致,如不一致可校正零度齿轮或者引纬连杆。此种现象的校正方法是把弯轴转至180°,制动器供电,送开零度齿轮或者引纬连杆上的固定螺丝,将两侧扇形齿轮拉至最机前位置,拧紧零度齿轮或者引纬连杆上的固定螺丝。

(18)检查扇形齿轮和传剑箱齿轮搭牙情况。如果搭牙偏小,剑带晃动就大,影响纬纱交接;如果搭牙偏大,机件容易磨损。

(19)检查在靠近右边纱的正常组织中是否多了一段纬纱(15~250mm),这是由于所引的纬纱长度超过设定长度,使右侧布边的纬纱纱尾过长,当接纬剑下次接纬时便把此纬纱带入梭口。合理的纬纱纱尾长度为20mm左右。

造成纬纱纱尾过长的原因如下。

①引纬张力过小,使设定长度过长。

②剪刀剪切过于迟。

③剪刀刀刃不锋利。

④释放器释放时间太迟。

(20)检查靠近织物右侧附近的组织中是否存在纬纱短缺问题。造成这种织疵的原因如下。

①纬纱张力过大,接纬剑在右侧布边处释放纬纱后,纬纱在弹性恢复下回弹,使纬纱短缺一段。

②右侧释放器在安装时过于偏内,使释放时间过早。

(21)检查废边纱根数是否少或者废边张力是否偏小。废边纱根数少或者废边张力偏小,夹持不住纬纱,导致纬纱松弛,造成停车。

(三)断边停车

(1)检查剑头剑带是否磨损。

(2)检查边撑刺环是否安装不良。

(3)检查绞边器是否过于挤压边综丝。

(4)检查开口时间是否过迟,且应按品种调整相关织造参数。

(5)检查吊综是否过高。

(6)检查绞边、经纱张力是否均匀。

(7)检查废边经纱张力是否失调。

(8)检查是否因为进剑时间早,导致剑头与边经摩擦造成断头。

(9)检查是否因为剑头存在起毛、锐口,而造成的边经断头。

(四)绞边不良

(1)检查机后绞边宝塔弹簧张力夹是否松弛。

(2)检查绞边器里边的八字滑块的磁铁磁性是否太小。

(3)检查绞边器上下绞边针插纱情况(绞边一般为平纹组织,上、下综框运动时,绞边针应左右各有一根绞边纱)。

(五)综框异响

(1)检查综框间隙是否正确,综框是否弯曲。

(2)检查是否因为综直条弯曲与综框摩擦,使综框板易损,螺丝松动。

(3)检查回综箱回综是否正常。

(六)停车不准

(1)检查制动器间隙是否过大。

(2)检查制动器和制动器法兰座两摩擦面是否有油污。

(3)检查发信座位置是否准确。

(七)勾纱

(1)检查托纱板位置是否正确。

(2)检查综框位置是否正确。

(3)检查平综时间是否正确。

(4)检查是否因为右侧废边张力不紧或废边太少,而导致勾纱。

(5)检查是否因为接纬剑出剑过早,或有时在工艺要求平综时经纱不能完成平综,而导致勾纱。

(八)云织

(1)检查卷取、送经作用是否正常。

(2)检查纬纱条干是否均匀。

(3)检查综丝及钢筘筘号的选用是否正确。

(4)检查织造工艺是否正确。
(5)检查机件是否磨损。

(九)双纬

纬纱张力小、供纬不良、纹纸的损坏、交接剑失误、剪切时间过迟、剪刀不锋利都可产生双纬现象。

(十)纬缩

纬纱张力不当、开口太迟、纬纱释放器磨损、平综时间和退剑时间不一致、废边张力过小、废边根数太少都可能产生纬缩现象。

(十一)边撑疵

(1)检查铜刺环内是否有回丝,转动是否不灵活。
(2)检查边撑盖与铜刺环的位置是否不居中。
(3)检查边撑刺针尖是否因碰弯而勾纱。

四、织机的维护保养

(1)新的传剑箱在运转3个月后,要拆开检查,齿轮间隙大小要进行调整。调整方法为:从接缝处拿掉薄的铜片,调整好,使其转动灵活,同时要换油。因为运转时是新的齿轮,在运转过程中有粉末出现,会和半流油污一起研磨,直接侵害齿轮本身,用柴油清洗后重新组装,可延长机件的使用寿命。还要调换齿轮的角度,一般每3个月要按90°调换1次,1年换4次,这样可大大延长齿轮的使用寿命。

(2)剪刀、边剪、绞边器要进行定期保养,而且扇形齿轮下面的偏心轴里是否缺油,同时大皮带盘中铜套不能缺油。

实训三十 GA747型剑杆织机经纬纱断头处理实训

一、经纱断头处理方法

主要是边撑处的经纱易断,也就是在边撑盖处断的经纱,从钢筘穿好的经纱不得往边撑盖里放,由于角度关系而致使纬纱织不进。正确的处理方法是,经纱呈垂直方向或相邻几根经纱处穿一下,然后放进边撑盖里,中间断的经纱只要拉一下或者用工具挂一下就可以解决。

二、纬纱断头处理方法

先把卷取撑头反过来,让卷取在打纬时不起作用。然后倒两格纹纸,再用一纬开车找出活纱,点动引入两根纬纱,放下卷取撑头然后启动开关开车。

实训三十一　天马剑杆织机挡车操作实训

天马剑杆织机的运转操作,不同于一般织机,挡车操作前必须了解该织机的安全操作规程、指示灯显示作用、关车注意事项等后,方可进行挡车操作。

一、织机安全操作规程
(1)挡车操作前必须经过一定的技术培训方可上机操作。
(2)非指定工作人员不得操作织机。
(3)禁止将杂物放在织机、电控箱上。
(4)操作时不应穿易与织机运转部分纠缠的衣物,头发过长必须戴工作帽。
(5)织机有异响,应立即停车,并开启红灯。
(6)禁止两人以上同时操作织机按钮。

二、织机指示灯显示作用
(1)黄灯亮:因断经停车。
(2)蓝灯亮:因断纬停车。
(3)白灯亮:因设定产量完成停车。
(4)蓝、白灯亮:见显示信息。
(5)黄、白灯亮:设定产量完成,但织机不停车。
(6)黄、蓝、白灯亮:错误状态停车,不能开车。
(7)开启红灯:表示织机故障,求援。
注意:织机横梁左右侧灯闪亮时,表示织机内部还在工作或即将启动,此时挡车工不能将手与织机任何部件接触。

三、织机关车注意事项
(1)挡车工在规定时间关车前,必须把织机调整到综平位置。
(2)待横梁两侧灯熄灭后,先关闭主电动机,再关闭电控箱上的主电源开关。

四、挡车操作的主要工作
(1)吸尘器的清洁。对于棉、毛等多飞花织物,每班清洁三次;对于再生纤维、化纤、长丝等少毛羽的织物,每班清洁一次。
(2)机台表面的清洁,包括织机各罩壳、选纬器、纬纱检测器、储纬器、张力片、毛刷、多臂开口装置外罩、电控箱等。
(3)检查卷取辊是否有废边、废纱缠绕,如果有则作相应清洁。
(4)了解织机运转情况,织物长度。
(5)了解各机台的边组织及其穿法(一定要严格按工艺要求做好,并注意有没有松边、烂边等情况)。

(6)检查布面,并检查上一班的经面管理情况(有没有错经、双经等)。

(7)检查纬纱筒子状况、质量及纬纱的纱线线密度、捻向及配色等。

(8)检查废边纱和绞边筒子是否退绕正常。

五、处理断纬、断经的技术要领

(一)断纬停台开车步骤

(1)将纬纱从储纬器中引出,通过纬纱感应器穿选纬器(指)。

(2)按慢动按钮(黑色),将左剑头前移,但不要碰到纬纱(50°)。

(3)找出并清理织口内断纬。

(4)如果需要寻纬,按反向导纬按钮,找出错纬。

(5)先按慢动按钮,使剑头带纬纱进入织口内,再按启动按钮开车。

(二)断经停车处理

找出断经,接好断头,且接头长度应符合相关质量标准(棉织物不超过3mm)。按工艺要求穿综、穿筘后,直接按启动按钮开车。

(三)注意断经断纬是否有规律

1. 纬向

(1)某一选纬指(或某一储纬器)纬纱经常断。

(2)经常左边或右边断。

2. 经向

(1)左侧或右侧断经。

(2)织口处经常断。

(3)某一综框经常断。

(4)借头要及时归还。

实训三十二　舒美特SM93型与斯密特TP400型、TP500型剑杆织机重点检修实训

一、烂边

造成烂边的主要原因是从纬筒上引出的纬纱与织机绞边筒子上引出的边经,两者没有完成良好的交织,因而形成烂边、豁边等疵点。它形成的原因如下。

(1)储纬器头部与其弹力罩接触过紧,纬纱张力相应增加,从而使纬纱在被接纬剑剑头拉出梭口前脱离剑头,造成烂边。

(2)废边平综时间太迟,刚释放的纬纱未与废边经纱交织,即缩回地组织内而造成烂边。

(3)右侧剑头夹持器磨灭或与筘座上的开口器接触过早。纬纱夹持力减小,纬纱未拉出布边,就脱离剑头;或提早脱离剑头,未拉出布边,形成烂边。

二、豁边

舒美特 SM 型的剑杆织机的两根绞边经纱如未与纬纱交织,就脱出于边纱之外,这种边纱疵点称为豁边。它形成的原因如下。

(1)绞边综丝安装不良,绞经卡死或歪斜,经纱运动受阻,致使绞经未与纬纱交织,布边之外形成豁边。

(2)绞边经纱分别从纬筒上引出后,如其中一根绞经的张力盘积聚飞花或回转不灵活,两根绞边经纱张力不一,绞边松弛,逐渐脱出毛边、形成豁边。

三、双纬(百脚)

剑杆织机产生的双纬(百脚)按形成原因可分为断纬双纬、带入双纬及引纬失误双纬;按布面上呈现形状可分为全幅、半幅双纬、边双纬与规律性双纬。它形成的原因如下。

(1)正常运转中如纬纱张力过小,引纬长度超出设定长度,纬纱在右侧布边会多出一段纱尾,当接纬剑下一次运动时,将这一段纱尾带入织口,因而形成一条 50~60mm 的短纬,称为双尾双纬;如纬纱张力过大,右侧布边纬纱释放后,弹性回复过大,织物右侧布边会造成纬纱短缺双纬。

(2)剑杆松动,剑头过紧过松,两剑头交接不符合规格,引纬交接失败,纬纱引到中央后,被左剑头带回,布面上出现 1/4 幅双纬(百脚)。

(3)接纬剑纬纱夹持器与右侧开口器接触面过大或开口器磨损起糙,纬纱提前释放,织物右侧布边会产生短缺双纬。

(4)纬纱张力太小,纬纱易缠绞成双纱被剑头引入,造成全幅双纬。

(5)边剪不锋利或纬纱剪不断,引入双根纬纱,形成全幅或半幅双纬。

(6)送纬机构及开口部件故障,形成规律性双纬。

四、断纬、缺纬

(1)送纬剑剑头夹纱弹簧片张力过大,纬纱易拉断;张力过小,剑头夹不住纬纱;弹簧片磨损,压纱不匀或积有杂物如飞花、棉杂、粒屑等会造成两侧中央交接失误,产生断纬。

(2)接纬剑剑头夹纱部分磨损,夹纱不紧会造成筘幅中央断纬。

(3)斯密特 TP400 型剑杆织机引纬,不采用储纬器,而采用两对弹簧片控制时,如弹簧片控制不良,则会出现与上述中相同的情况。

(4)剑带导轨磨灭、松动在 2mm 以上,交接失误,严重时会打坏剑头,磨损钢筘。

(5)开口时间调节不当,平综时间太迟或太早都会造成右侧布幅缺纬。

(6)引纬剪刀作用太早、太迟或刀口不锋利,都会引起断纬。

五、纬缩

剑杆织机的纬缩经常发生在织物的特定部位,即右侧边附近,有时分散在全匹,有时并带有缺边。织机多幅织造时,经常出现在最靠右的那幅布边两侧。它形成的原因如下。

(1)纬纱动态张力偏大,纬纱在右侧布边释放后,迅速反弹后退产生纬缩。

(2)经纱表面不光滑、纱疵多、纬纱定捻不良、织造车间相对湿度过低,都会产生纬缩。

(3)织物每筘穿经根数较多,经纱开口时相互粘连,造成开口不清而产生纬缩。

(4)织机开口时间太迟,纬纱释放时,梭口尚未全部闭合,纬纱在梭口内向左方收缩,产生纬缩。如闭口时间太早,纬纱可能强行拉断,造成断纬形卷曲纬缩。

(5)织机上机张力偏小,绞边经纱松弛,开口不清,易造成纬纱反弹扭结纬缩。

(6)右剑头释放时间过早,梭口尚未闭合,纬纱在梭口内收缩形成纬缩。

六、断经

(1)剑杆动程调节不当,剑杆进出梭口,两侧边纱挤压摩擦而造成经纱断头。

(2)边纱张力过大过小,吊综高低位置校正不良,造成边纱断经。

(3)送纬剑、接纬剑两剑头、剑头座、剑杆带、剑带导轨沟槽磨灭,部件有毛刺棱角,当剑杆进出两侧梭口时,上述部件与经纱摩擦产生断经。

(4)经停片、综丝、钢筘磨损,经纱织造时被擦断。

(5)经轴轴幅与穿筘筘幅中心不一,增加综丝、筘尖与边纱摩擦而增加断头。

(6)地脚螺丝松动、机器振动、剑杆运动不稳、碰断经纱。

七、破洞

破洞系舒美特SM型剑杆织机特有织疵,主要是它在织制纯棉细布或稀薄织物时,卷取张力大于摩擦力时,钢片与链轮之间产生滑移,以缓和布面张力,但当手轮旋得过紧,摩擦力超过成布断裂强度时,钢片和链轮产生滑移前,紧贴在布辊上的成布会逐渐扯成破洞。

实训三十三 津田驹ZA型与毕加诺PAT型喷气织机重点检修实训

一、断纬

(1)纱尖缠结式断纬:主要是边纱、绞边纱、假边纱松弛,或经纱纱疵、飞花附着等原因造成开口不清;主喷嘴、辅助嘴压力过高或过低,或其安装位置不正造成。

(2)纬纱呈弯曲形断纬:主要是引纬力不足,开口不良,纬纱延时到达等原因造成。

(3)纬纱与左侧布边经纱绞住型断纬:主要是开口时间与纬纱飞行时间配合不当,纬纱被左侧边经纱绞住而造成断纬。

(4)纬纱与中部经纱绞住型断纬:主要是纬纱与中部经纱绞住,形成S形弯曲,原因系经纱片纱张力不匀或经纱附有纱疵,造成中部经纱开口不清而产生断纬。

(5)引纬长度不匀型断纬:主要是储纬测长不稳定,引纬力不足造成。

(6)纱尖吹断型断纬:主要是引纬的喷气压力太高,或纬纱的弱节造成。

(7)纬纱中间吹断型断纬:主要是引纬力太强,作用时间太长,或纬纱细节在布幅宽度范围内被吹断。

(8)纬纱在储纬侧断裂型断纬:主要是纬纱在释放停止过程中,因引纬力太强,或纬纱有细节、弱纱造成。

(9)剪刀失误型断纬:主喷嘴侧纬纱在引纬后、打纬前未曾剪断而造成。

(10)其他原因造成的断纬:如原纱质量、织前准备质量以及操作人员素质等。另外,由于喷气织机频繁高速运动,因此其比有梭织机对其他条件的要求更高。

二、纬缩

(一)共性原因

(1)经纱羽毛纱、大结头纱疵使开口不清,影响纬纱喷射张力,造成扭结纬缩。

(2)纬纱捻度过大、捻度不匀、定捻稳定性差、纬纱纱筒上有扭结纱圈,均可造成扭结或毛圈纬缩。

(3)空压机系统供气不足,机台压力太低。

(二)非共性原因

1. 左侧布边纬缩

(1)主喷嘴电磁阀调节不当,气压过大,开启时间过长,纬纱左侧送入量过多,张力偏小,形成起圈或扭结纬缩。

(2)纬纱夹张力太小或磨损导致的纬纱尾端夹不住而形成纬缩。

(3)剪切时间过早,纬纱弹入织口,而形成纬缩。

2. 右侧布边纬缩

(1)主喷嘴压力太高,纬纱前端到位后,纬纱仍向左侧布边飞行,导致右侧张力减小,而形成纬缩。

(2)右侧引纬力不足,右侧的引纬气流应强于左侧和中部,否则不能保住纬纱到位和拉直纬纱。

(3)引纬时间太早,纬纱头端扭结。

(4)右侧废边位置太长,纬纱反弹入梭口。

3. 全幅性纬缩

(1)纱罗绞边装置不正常。

(2)气流引纬力严重不足,纬纱缺乏足够张力,没有按工艺设定时间到位。

(3)辅助喷嘴位置安装不当,经纱开口不清,影响纬纱正常飞行。

(4)异形筘质量不良或筘片磨损,喷嘴喷出的压缩空气无法在筘片内形成全幅或片段截纬气流,致使开口不清,形成纬缩。

三、双脱纬、稀纬

(1)探纬器探头 H1、H2 灵敏度不够或不起作用(控制箱内探测器开关关闭),引纬故障产生后不停车,造成双脱纬、稀纬。

(2)津田驹 ZA 型喷气织机对织口板安装校正不标准,挡车工开车时,对织口出现误差,倒牙或卷牙过多、过少,开车后造成稀纬或密路。

(3)主喷嘴经纱断头,挡车工处理后,没有把接头经纱放在边撑匣盖下,开车时,经纱抬得太高,投纬受阻造成双脱纬。

(4)开车时,箱型储纬器储纬箱内钩纱长度过短;开车后,出口侧形成双纬或稀纬。

四、烂边、豁边、松边

(一)定义

喷气织机和有梭织机的布边疵点虽然名称相同,但其含义则有所不同。

(1)烂边。绞边经纱未按组织要求与纬纱交织,致使边经纱脱出毛边之外,产生的疵点称烂边。

(2)豁边。边经纱与纬纱交织不紧,致使绞边纱滑脱的疵点称豁边。

(3)松边。绞边经纱虽与纬纱交织,但交织松散,使边部经纱向外滑移,造成的疵点称松动。

(二)形成原因

1. 津田驹 ZA 型喷气织机

(1)绞边纱传感器不灵,边纱断头或用完时,不停车造成烂边。

(2)机器清洁后,飞花、回丝粘附在边纱上。开口时,开口不清,易造成烂边。

(3)夹边纱断头,传感器失灵,绞边纱断头后,不停车造成烂边。

(4)夹边纱、绞边纱张力大小不适应,造成烂边或松边。

(5)边部经纱、夹边纱、绞边纱穿筘不到位造成松边。

(6)边剪剪破布边,形成豁边。

2. 毕加诺 PAT 型织机

(1)小滑块磁铁、大滑块托脚磨损,绞边作用失灵。

(2)松紧带套错或折裂,边杆磨损或弯曲;前者失去左右交换绞经的作用,后者难以保证绞经在地经两侧交换,因而造成烂边。

(3)绞边筒纱张力不匀,成形不良;轴芯弯曲,绞边纱退绕时,张力周期性变化,布面出现规律性烂边。

(4)绞边纱穿综、插筘未按工艺规定。

(5)纱罗综安装位置不正,纱罗综与绞经穿入的位置左右不对称,上下不垂直。

(6)绞经通道磨损不光滑,绞边经纱强力过低,造成绞边经纱断头后,缠绕在一起,使经停片不下落而造成烂边。

(7)机台清洁工作不良,飞棉、飞花附在绞边经纱上形成棉球,从而引起绞边作用失效,造成烂边。

五、毛边

废纬纬纱不剪或剪纱过长的疵点称毛边。

(1)捕纬边纱张力不足,或穿筘位置不当,不能准确捕住纬纱,形成毛边。

(2)箱形储纬器夹纱器作用不良,定长皮带松弛,前者易造成密集型毛边,后者易产生漏剪毛边。

(3)最后一组喷嘴角度时间不准,影响送出纬纱长度,造成毛边。

(4)探纬侧左侧剪刀不剪纱或剪刀位置调整不当,造成毛边。

(5)捕纬纱太细、太光滑,使绞经张力不足,造成毛边。

实训三十四　JAT610型、GA708型、GA718型、SPR700型等喷气织机织疵及相关调试

一、双纬

双纬指入纬不良,形成环状双纬现象。纬纱头部被入纬处边纱所阻,其余部分吹入织口形成环状"双纬",如图11-2所示。

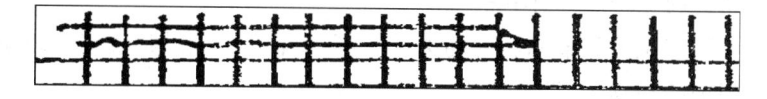

图11-2　双纬

(1)检查入纬时,边纱是否松弛、开口不清。检查吊综高度。

(2)检查左侧绞边纱的动作时间开口是否清晰。

(3)观察待机时,入纬前纬纱在织口内的状态和长度。

(4)检查剪切状况、剪切时间、切断位置、剪纱时后部纱张力大小。

(5)入纬时间推迟点,开口提前点。

(6)调整定时销与主喷嘴的同步关系。

二、大纬缩、边纬缩、起圈纬缩

1. 大纬缩　大纬缩(呈环状)现象指在织口内,纬纱前端弯折(环状),入纬侧的对侧有大(环状)纬缩,如图11-3所示。

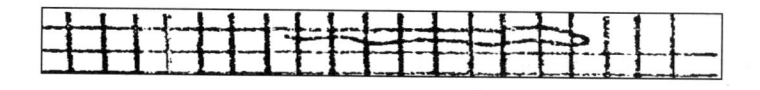

图11-3　纬缩

(1)检查入口300mm之内的纬纱状况(是否出现纬纱从织口内飞出)。

(2)检查是否在部分辅助喷嘴有故障(安装错误、配管破裂)。

(3)检查待机时(入纬前)的纬纱状态。

(4)检查钢筘是否不合格(硬伤、加工不良,往往在同部位发生大纬缩)。

(5)检查经纱开口是否不清或开口迟缓。

(6)改变辅助喷嘴的同步时间。辅助喷嘴改变角度(5°→7°或7°→5°),降低转数→若有效果再改善浆纱。

2. 边纬缩 边纬缩指边上小纬缩现象,纬纱的头部回缩仅差一点未能到达布边,如图11-4所示。

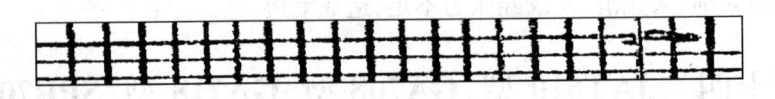

图11-4 边纬缩

(1)是否因综框的吊带伸长,下层经纱未能提起来,检查综框高度。
(2)检查部分辅助喷嘴最有无故障(不喷气、安装角度)。
(3)检查纬纱到达时间是否迟到。
(4)切断纬纱后的纬纱后端张力是否过大。
(5)切纬时间提前些,开口时间晚些。
(6)试调整一下主压力和辅助压力的关系。第4、第5个辅助喷嘴射角改小些。
(7)装牵引用辅助喷嘴(选购件)。

3. 起圈纬缩 起圈纬缩指钻出上(下)经纱的小纬缩现象。提取错纬时,可发现其已在经纬下(上)部交错着(一般在下层经纱处),如图11-5所示。

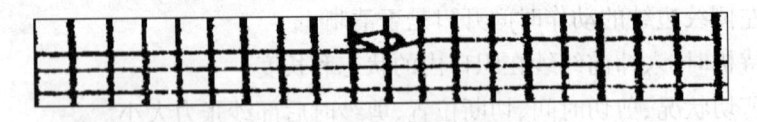

图11-5 起圈纬缩

(1)检查开口时间和引纬时间。
(2)降低车速看看。
(3)检查开口清晰度——改善浆纱,主要减少毛羽。
(4)改变上下层纱的张力差异,后梁上下移动。
(5)加大开口量。
(6)平稳时间推迟。
(7)改变穿筘根数,使筘齿隙的空间率改变,即筘号改大

三、断纬

1. 吹断纬 吹断纬指吹断纬纱(前端、中部)现象。纬纱承受不了主喷嘴的气压而被吹断,如图11-6所示。

(1)检查压纱板簧的压力。
(2)检查单纱强力。

图 11-6 吹断纬

(3)降低转数。

(4)提早送纬,使总的压力降下来。

(5)推迟剪切纬纱时间,降低全体的压力。

(6)串联的喷嘴(选购件)能使总体的压力降下来。

2. 储纬器断纬　定长盘绕纱中造成断纱现象。纬纱的强力承受不了定长绕纱的张力。

(1)对筒子安装位置,卷绕的硬度,导程、形状进行检查。

(2)检查纱质量(单纱强力)。

(3)检查板簧压力。

(4)送纬时间提前将压力降下来。

(5)推迟剪切纬纱时间,降低全体的压力。

(6)主喷嘴终喷时间提前(100°~170°改为 100°~150°)。

(7)采用强制排气型的主喷嘴气阀(选购件),可使气压下降迅速。

3. 撞断纬　指打纬时绷断纬纱现象。打纬造成的断纬,多发生在细支、高密的产品上。(纬缩率大的织物,在靠近两侧布边处易发生)如图 11-7 所示。

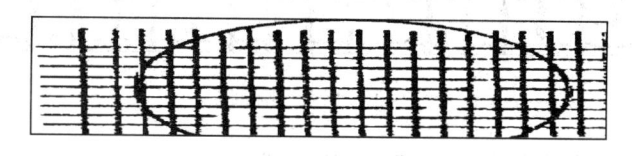

图 11-7　撞断纬

(1)检查纬纱单纱强力——提高单纱强力(提高捻度)。

(2)检查强力不匀——在络纱机上将强度不好的部分除去。

(3)检查扩布幅的量。

(4)检查打筘点。

(5)降低点经纱张力。

(6)将经纬密度系数定在限度之内。

(7)加强边撑的作用。

(8)平稳时间提前些。

(9)送经量加大些。

四、长短纬

长短纬指打进的纬纱长短不一,如图 11-8 所示。

图 11-8 长短纬

(1) 只在开车的时候,一纬失常。
① 对定长带的安装位置及测长量按照使用说明书进行检查。
② 检查电磁针控制基极、基板的调整是否有误。
③ 检查闭合标准角度和迟缓角度的设定值。
(2) 在运转中发生。
① 对长出或短少的量进行检查。看长出或短少的长度相当定长盘上多少圈(一圈或两圈…),同开车时候的第一次投纬的量是否一致再采取对策。
② 除去上述方法外,要对定长部分的机械方面进行调整。
③ 对上述以外的现象,需排除机械上的故障,修正调整不当的部位。

五、松纬、松边

1. 右侧松纬 指右侧纬纱松弛(纬缩)现象,纬纱没有完全伸直就闭口打纬所造成,如图 11-9 所示。

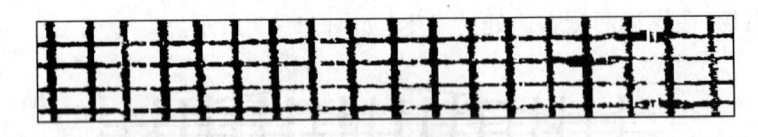

图 11-9 右侧松纬

(1) 是否有的辅助喷嘴有故障(堵眼、配管破裂)。
(2) 检查辅助喷嘴末端的安装角度。
(3) 将右端的辅助喷嘴的间距和倾角都改小。
(4) 整个开口的时间提前。
(5) 将辅助喷嘴的压力提高,开度加大。
(6) 使用牵引用辅助喷嘴(选购件)。

2. 左侧松纬 指左侧纬纱松弛现象,纬纱没有完全伸直就闭口打纬了,如图 11-10 所示。

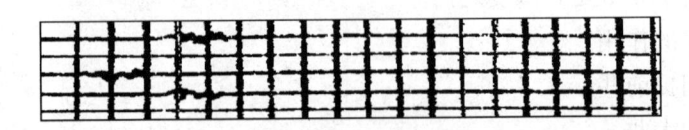

图 11-10 左侧松纬

(1) 检查是在筒子直径变化时发生的还是在交叉使用筒子时发生的。
(2) 检查综框高度,高了降低点。

(3)将气压调到比规定值高一点,提早剪切纬纱。
(4)将主喷嘴辅1、辅2喷嘴都开大些。
(5)开口时间总的后延一些。

3. 松边 指布边松弛现象,不管加不加边组织,布边总是结构不好,如图11-11所示。

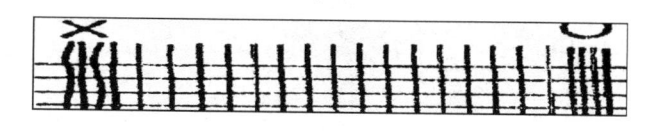

图11-11 松边

(1)检查左侧有无多余的退绕纱,还原到应有状态。
(2)检查穿筘根数,进行调整。
(3)检查织轴卷绕状态是否两端边部高出。
(4)检查纱罗边装置(张力簧安装位置、轴套磨损、设定时间)。
(5)检查布撑走布状况,边上有无刮布的情况。
纱罗纱、经纱、(加纱)它们各自之间的张力平衡十分重要,应调整好。

六、边撑疵

边撑针从布面上退出时将纬纱切断(高密织物时较多),形成边撑疵,如图11-12所示。

图11-12 边撑疵

(1)检查边撑动作,针是否损坏。
(2)织口的扩幅量大。
(3)边撑向织轴方向倾斜点。
(4)送经张力缓和运动的设定时间、量变化,尽量减少边撑吃布程度。
(5)降低张力。
(6)应急处理,可将边撑盖压低点。
(7)改变针号,由粗号、中号、细号试到极细号,但撑布效果逐渐降低。

七、停车痕

由于停车时经纱伸长,在斜纹织物上产生一种停车痕,如图11-13所示。
(1)检查开口大小。
(2)开口量可小点。
(3)停台时间不可过长(特别是处理断经的时间)。

图 11-13 停车痕

(4)织口前移。

八、密路、稀弄(纬)

1. 密路　一开车马上打纬,打入的纬纱密度大,形成段状疵点。如图 11-14 所示。

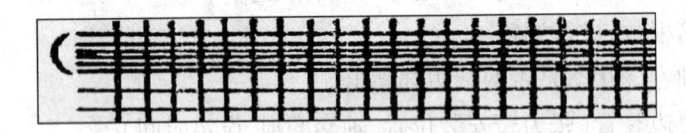

图 11-14 密路

(1)机上有起动机能补偿,并检查其数值。
(2)检查其整个开口时间。
(3)给入起动,织口补正(+)信号将起动角调大些。
(4)织口前移。

2. 稀弄(纬)　一开车马上打纬,打入的纬纱密度小,形成段状疵点,如图 11-15 所示。

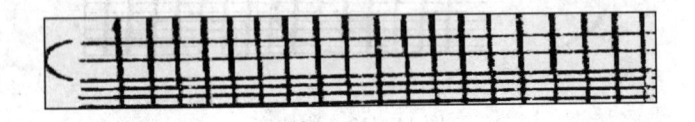

图 11-15 稀纬(弄)

(1)机上有启动机能补偿,并检查其数值。
(2)检查整个开口时间。
(3)检查主电动机皮带张力,使起运、停止时没有打滑的声音。
(4)给入启动、织前补正(-)信号,使启动角度调小。
(5)使整个开口时间滞后一点。
(6)提高一点车速。

思 考 题

1. 试述 GA747 型剑杆织机维修与挡车操作要领。
2. 天马剑杆织机挡车操作要领有哪些?
3. 试举一例织机,说明其重点检修内容。

第十二章　通用试验仪器的操作与化学试剂的配制实训

本章知识点

1. 掌握通用试验仪器,如各类天平、电烘箱、生物显微镜等的使用方法。
2. 了解有关常用化学试剂的配制方法。

实训三十五　通用实验仪器的操作实训

一、TL02 型链条加码天平

(一)天平的结构

图 12-1 中横梁 1 是用铝或铜合金制成。中间装有中刀 2,两边装有边刀 3,构成一等臂杠杆。这三个刀刃是称重时的三个着力点,构成简单的杠杆结构。刀刃的质量和部位正确性与天平的准确度和灵敏度有着重要关系,刀刃常用玛瑙制成。横梁两端有专供调节平衡用的平衡螺丝 4,指针 5 设置在横梁中间,针尖紧靠刻度板 6,借指针的摆动可读出平衡位置。调节到平衡以后,不可随意变动。两边刀刃上挂有秤盘 7,支柱 8 上端有用玛瑙制成的中刀垫 9。转动把手 10,天平开启,中刀垫上升,把横梁举起,使横梁脱离翼子板 11 上的两只支脚螺丝 12 而开始摆动。

图 12-2 中链条 2 的一端装在横梁上,另一端与指针 3 相连。指针的升降由手轮 4 通过线绳 5 和滑轮 6 而传动指针升降。指针带动链条升降,使链条加在横梁上的重量增减,达到和加减砝码同样的效果。

(二)主要技术规格

(1)最大载荷:200g。
(2)分度值:10mg。
(3)标尺范围:0~1000mg。
(4)盘直径:135mm。
(5)形尺寸:510mm×200mm×420mm(长×宽×高)。

(三)操作要点

(1)使用前必须先校正好天平的水平位置和零位,秤盘必须保持稳定不晃,而且要平衡。不平衡可以调节两边平衡螺丝。

(2)左手取试样,轻轻放左盘中央,右手用镊子取砝码放入右盘中央,不可以使秤盘摇晃，否则既增加称量操作时间又影响数据准确。若秤盘已摇晃，应用手轻轻按住秤盘使之稳定下来。

图 12-1　TL02 型链条加码天平

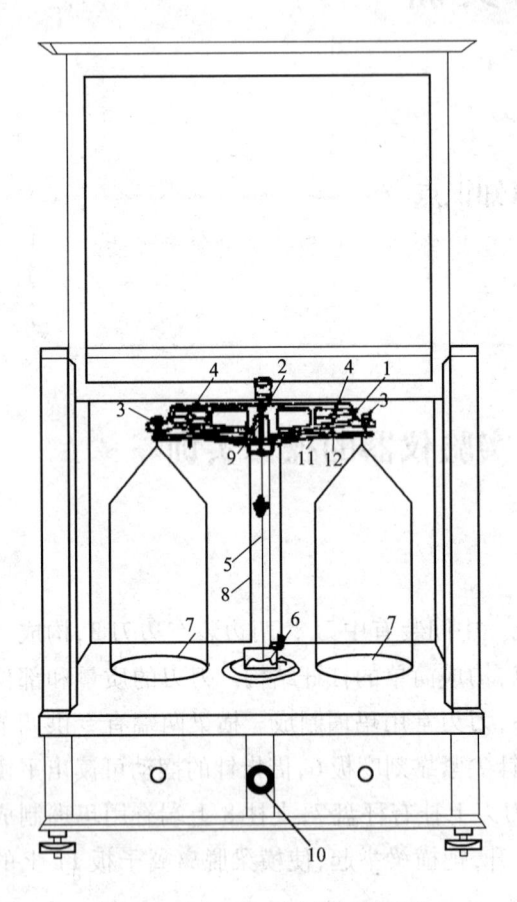

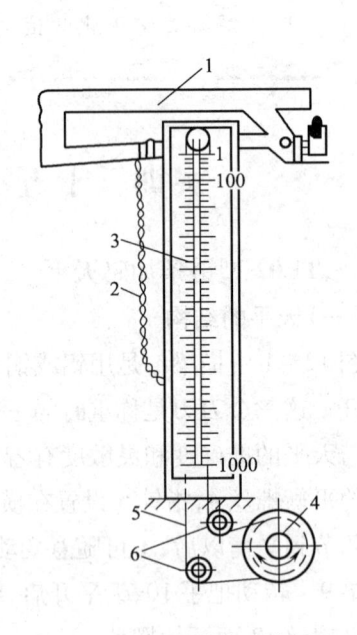

图 12-2　链条加码装置

（3）开启天平转动把手时，必须轻轻缓慢地转动，防止横臂升起时的震动而影响天平的准确性。

（4）称量时应掌握指针摆动的规律，指针往右偏表示左面秤盘内物重于砝码，指针往左偏表示右面秤盘内砝码重于称物，当指针停止在零点时或指针摆幅左右相等格数时称量工作完毕。

（5）称量时如要加减砝码，必须先将天平关闭，不能开启着加减砝码。

（6）称量完毕即关闭天平，记准数值以后，选用镊子将砝码取下放入盒内，然后再将称物取出，并轻轻用软毛刷将秤盘刷干净。

二、TG-328A 型电光分析天平

电光分析天平感量小，其精度可达 0.001g。一般化验定量分析和微量试验要求准确，都用电光分析天平。TG-328A 型电光分析天平如图 12-3 所示。

图 12 – 3　TG – 328A 型电光分析天平

(一)主要技术规格

(1)最大载荷:200g。

(2)分度值:0.1mg。

(二)机械加码范围

(1)微分刻度全量值:10mg。

(2)每小格刻度值:0.1mg。

(3)称盘直径:75mm。

(4)变压器:110~220V→6~8V,50Hz。

(5)外形尺寸:390mm×300mm×440mm。

三、电烘箱

电烘箱用于烘干纱线、浆料和织物等,并测试它们的回潮率与含水率。

(一)烘箱的结构

烘箱外形如图 4 – 8 所示,包括三个组成部分。

1. 电加热部分　其一般放在烘箱下方,由电热丝绕在瓷方板上。电热丝必须均匀分布,以使烘箱四角温度一致,烘箱电热丝一般采用 18~24 号镍铬合金丝。

2. 箱体部分　其包括内外箱体结构及中间减少热传导的石棉层或其他玻璃层结构及箱内排气孔等。

3. 恒温控制部分　其包括水银触点温度表、恒温电子继电器、指示灯、鼓风电动机等。此部分的作用是当温度升高到预定数值时,水银触点温度表两个触点接触,电源接通,继电器释放,交流接触器也相应断电,切断加热电源使温度不再升高。同时指示灯发亮,开始排风使烘箱温度下降。当烘箱温度低于预定数值时,两个触点脱开,于是继电器吸合,电热丝重新加热,排风电动机关闭,烘箱温度继续升高。

(二)主要技术规格

(1)烘箱工作室平均标准温度:105~110℃。
(2)控制温度表调节温度范围:50~150℃。
(3)控制表调节灵敏度:±0.5℃。
(4)恒温调节时间:不大于1.5min。

四、生物显微镜

(一)生物显微镜的结构

生物显微镜的结构如图12-4所示。

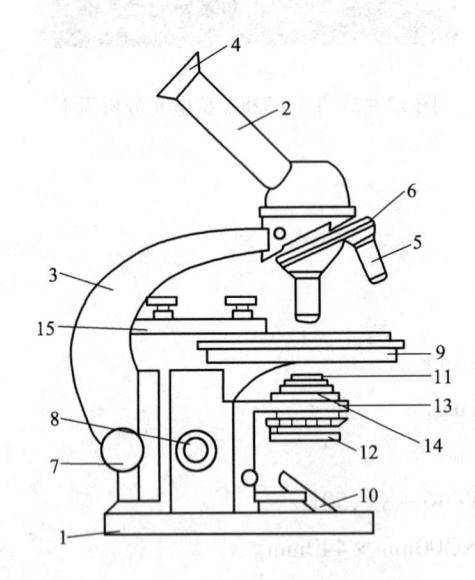

图12-4 生物显微镜的结构
1—底座 2—镜筒 3—镜筒支臂 4—目镜 5—物镜 6—物镜转换器 7—粗动调焦机构
8—微动调焦机构 9—工作台 10—反光镜 11—聚光镜 12—滤色片框 13—孔径光栅
14—聚光镜升降机构 15—十字推进器

(二)工作原理

目镜4由上方装入镜管内,物镜5由下方旋在转换器上。目镜和物镜放大倍数的乘积就是显微镜的总放大倍数(表12-1)。使用物镜转换器可以迅速方便地更换物镜,以改变总

表12-1 显微镜的放大倍数

目镜 \ 物镜	4×	10×	40×	100×
5×	20×	50×	200×	500×
10×	40×	100×	400×	1000×
16×	60×	160×	640×	1600×

放大倍数。显微镜放大倍数愈大,则视界愈小。纺织厂试验常用的放大倍数为100~500。

工作台是放置试样用的,上设有纵横坐标标尺的机械移动装置。反光镜与工作台间有聚光镜和光阑,光阑可以调节光线的射入量。

(三)显微镜的调节方法

(1)显微镜的光源分为天然光源和人工光源两种。天然光源利用日光,要求北向进光,以使光线均匀缓和,视野照明均匀。如日光强度不够,则应用照明灯人工照明。照明灯距离显微镜的反光镜约30cm,使平行光束射在平面反光镜上。调节照明灯集光器,使集光器射出的光束成为平行光束,以使视野照明均匀。

(2)调节显微镜聚光镜,使光线集中照射观察物,以增加成像的亮度。

(3)把载玻片放在工作台上,装上低倍物镜、目镜,从镜身侧面观察盖玻片和物镜,缓慢降下物镜到接近于盖玻片的位置,然后透过目镜观察,用粗动调焦机构慢慢提高镜筒,使能看到物象时立即停止,再用微动调焦机构作精细调节,直至物像最清晰为止。然后换上所需放大倍数的物镜,便可方便地找到清晰的物像。

(四)主要技术规格

1. 目镜　放大倍数有$5\times,10\times,16\times$。

2. 物镜　放大倍数有$4\times,10\times,40\times,100\times$。

3. 聚光镜数值孔径　1.3倍。

4. 微动调焦

(1)调节范围:1.8mm。

(2)刻度格值:0.002mm。

(3)粗动调焦范围:34mm。

5. 移动台移动范围

(1)横向移动范围:76mm。

(2)纵向移动范围:30mm。

(3)游标格值:0.1mm。

(五)注意事项

(1)使用显微镜时,必须注意先将镜筒下降使物镜靠近盖玻片,然后再徐徐上升,以免损坏物镜和压碎盖玻片。

(2)镜头如有灰尘沾污,可用橡皮球将灰尘吹去,然后用擦镜纸、绸绢等浸润少量乙醚擦之。

(3)显微镜存放位置应避免日光直射。

(4)显微镜使用完毕后,需将镜筒渐渐上升此,用软笔刷去工作台上灰尘,用绸绢擦净反光镜上灰尘,然后用布罩套好。

五、电炉

电炉用于浆纱或织物退浆及其他烧煮、加温溶解等试验。

(一)普通电炉的主要技术规格

(1)功率:800~1000W。

(2)电压:220V。

(二)高温电熔炉(用于灰分的化验分析和其他灼烧试验)的主要技术规格

(1)最高使用温度:1000℃。

(2)加热室尺寸:110mm×150mm×275mm(长×宽×高)。

(3)功率:2700W。

(4)电压:220V。

(三)设备的维护保养

(1)存放煮物的容器四周必须保持干燥才能放到电炉上,不要直接放在电热丝和耐热陶瓷板上,以免损坏容器。

(2)定期由电气部门进行安全检查,如发现电热丝或其他部件损坏,则必须及时调换,以消除安全隐患。

(3)电炉必须安放在水泥板等不燃物的试验台上使用,避免放在木板等易燃物的台面上,并且在电炉附近必须有灭火设备。

实训三十六 化学试剂的配制实训

一、甲基橙指示液的配制

甲基橙分子式为 $C_{14}H_{14}O_3N_3SNa$,相对分子质量为327.34。

(1)作用:甲基橙是酸的指示剂,遇酸颜色由橙色变红。

(2)配制:称取甲基橙0.10g溶于100mL蒸馏水中,过滤储于试剂瓶中备用。

(3)性状:外观为橙黄色粉末或结晶性鳞片,微溶于冷水,易溶于热水,并在乙醇中不溶解,其变色范围pH 3.1~4.4。

二、酚酞指示液的配制

酚酞分子式为 $C_{20}H_{14}O_4$,相对分子质量为318.31。

(1)作用:酚酞是碱的指示剂,遇碱颜色由原色变为红色。

(2)配制:称取1g酚酞溶解于100mL中性乙醇中,储于试剂瓶中备用。

(3)性状:外观为白色的结晶粉末,微溶于水,易溶于乙醇,其变色范围pH 8.3~10.0。

三、24.7%(21.9°Bé)稀硫酸的配制

(1)作用:24.7%(21.9°Bé)稀硫酸用做退浆剂。

(2)配制:在1000mL烧杯中放置冷水500mL后用100mL量筒量取95.6%(66°Bé)的浓硫酸100mL(浓硫酸缓缓注入烧杯中需以玻璃棒不停搅拌,混合)。硫酸与水混合时,只能将

硫酸注入水中,切不可将水注入硫酸中。

四、稀碘液的配制

(1)作用:稀碘溶液用做淀粉指示剂。

(2)配制:精确称取1g碘,同时称取3g碘化钾,先将碘化钾溶于不含二氧化碳的温蒸馏水中,再把碘放入,然后冲至1000mL。

五、棉型织物洗油剂的配制

(1)配方:皂片180g、香蕉水(醋酸戊酯)720mL、酒精630mL、氨水170mL、水6000mL。

(2)配制:先将皂片放入6000mL开水中,冷却后在放入其他配方用料。

六、除锈剂的配制

配方:草酸40%、醋酸(浓度为98%)60%。

七、浆纱墨印用色的配制

将可溶性淀粉50g加入200mL蒸馏水中,调成糊状,将其倒入1000mL新煮沸的热水中,随后将20%的碘溶液倒入。

八、布机、整理责任戳用墨印色的配制

在2500mL的蒸馏水中放入125g已事先调成糊状的可溶性淀粉,搅拌、煮开、冷却后,加入20%的碘化钾溶液50mL,过滤后使用。

思 考 题

1. 试述各类天平、电烘箱、生物显微镜等仪器的使用方法。
2. 试述常用化学试剂的配制方法。

参考文献

[1] 蔡永东. 新型机织设备与工艺[M]. 上海:东华大学出版社,2003.

[2] 朱苏康,高卫东. 机织学[M]. 北京:中国纺织出版社,2004.

[3] 萧汉滨. 祖克浆纱机原理与使用[M]. 北京:中国纺织出版社,1999.

[4] 朱苏康. 机织实验教程[M]. 北京:中国纺织出版社,2007.

[5] 深田要,一见辉彦. 经纱上浆[M]. 北京:纺织工业出版社,1980.

[6] 周永元. 纺织浆料学[M]. 北京:中国纺织出版社,2004.

[7] 郭嫣,王绍斌. 织造质量控制[M]. 北京:中国纺织出版社,2005.

[8] 张振,过念薪. 织物检验与整理[M]. 北京:中国纺织出版社,2002.

[9] 上海市棉纺织工业公司《棉织手册》编写组. 棉织手册(下册)[M]. 2版. 北京:中国纺织出版社,1989.

[10] 毛新华. 纺织工艺与设备(下册)[M]. 北京:中国纺织出版社,2004.

附录 纺织试验结果的数据处理

1. 试验结果的算数平均值 $\overline{X}$

$$\overline{X} = \frac{x_1 + x_2 + x_3 + \cdots + x_n}{n} = \frac{\sum x_i}{n}$$

式中：$\overline{X}$——多次测试结果的算数平均值；

x_i——各次测试值，$i = 1, 2, \cdots, n$；

n——测试次数。

2. 绝对偏差 d

单次测定结果的绝对偏差 d 是指个别测试结果 X 与几次测试结果的算数平均值 $\overline{X}$ 之间的差别：$d = X - \overline{X}$。

3. 相对偏差

相对偏差是绝对偏差占平均值的百分比。

$$\text{相对偏差} = \frac{d}{\overline{X}} \times 100\%$$

4. 平均偏差 $\overline{d}$（算数平均偏差）

$$\overline{d} = \frac{|d_1| + |d_2| + \cdots + |d_n|}{n}$$

其中 $d_1, d_2, \cdots, d_n$ 分别为第 $1, 2, \cdots, n$ 次测试结果的绝对偏差。平均偏差没有正负号。

5. 相对平均偏差

$$\text{相对平均偏差} = \frac{\overline{d}}{\overline{x}} \times 100\%$$

6. 标准偏差（均方根偏差）S

单次测定结果的标准偏差 S 可按下式计算：

$$S = \sqrt{\frac{d_1^2 + d_2^2 + \cdots d_n^2}{n-1}} = \sqrt{\frac{\sum d_i^2}{n-1}}$$

其中 $d_1, d_2, \cdots, d_n$ 分别为第 $1, 2, \cdots, n$ 次测试结果的绝对偏差。

7. 变异系数 CV

变异系数 CV 是单次测定结果的相对标准偏差。

$$CV = \frac{S}{\overline{x}} \times 100\%$$

8. 标准误差 S_x

$$S_x = \frac{S}{\sqrt{n}}$$